普通高等教育教材

# 分析仪器使用与维护

刘玉海　杨嘉伟　罗世鹏　主编

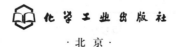

·北京·

## 内 容 简 介

《分析仪器使用与维护》主要介绍了紫外-可见分光光度计、红外光谱仪、原子吸收光谱仪、原子发射光谱仪、气相色谱仪、高效液相色谱仪、气相色谱-质谱联用仪、酸度计、离子计、电位滴定仪、扫描电子显微镜、透射电子显微镜、X射线粉末多晶衍射仪和一些仪器附件设备的工作原理、分类结构、操作方法、使用注意事项、安装与验收方法、维护保养、一般故障分析和排除方法等,结合产教融合案例,对各类仪器在使用中出现的典型问题做了详细的阐述。

本书适用于从事仪器分析检测工作的中、高级操作人员阅读,也可作为高等院校和专业培训机构分析检测专业的教材。

图书在版编目(CIP)数据

分析仪器使用与维护 / 刘玉海,杨嘉伟,罗世鹏主编. -- 北京:化学工业出版社,2024.12. -- (普通高等教育教材). -- ISBN 978-7-122-47160-4

Ⅰ. TH830.7

中国国家版本馆CIP数据核字第20248SN690号

责任编辑:李 琰　　　　　文字编辑:杨玉倩
责任校对:王 静　　　　　装帧设计:关 飞

出版发行:化学工业出版社
　　　　(北京市东城区青年湖南街13号　邮政编码100011)
印　　装:三河市君旺印务有限公司
787mm×1092mm　1/16　印张14　字数344千字
2025年5月北京第1版第1次印刷

购书咨询:010-64518888　　　　　售后服务:010-64518899
网　　址:http://www.cip.com.cn
凡购买本书,如有缺损质量问题,本社销售中心负责调换。

定　　价:58.00元　　　　　　　　版权所有　违者必究

# 前言

随着计算机科学和仪器自动化技术的飞速进步，现代分析化学发展趋势就是利用现代分析仪器来更快速、更灵敏和更准确地获得形形色色物质的尽可能全面的信息。现代化的分析实验室必然离不开使用现代分析仪器，分析仪器的使用与维护能力是分析检测专业的核心专业能力之一，了解分析仪器的使用方法及其维护技巧，是提升实验室工作效率和数据可靠性的关键。本书围绕着分析检测专业方向的"专业实践能力"和"专业问题解决能力"要求，强调理论与实践一体化，体现了应用型的特点，重视技能，重视应用，知识点指向明确的应用方向，同时又不破坏知识结构和逻辑顺序且具有一定的理论深度。通过本书的学习，读者可在掌握对某一种仪器进行使用或维修保养技能的同时，能够将仪器的结构原理以及对应的分析方法密切联系起来，从而进一步加强对同类分析仪器进行使用和维修保养的能力。

本书旨在为读者提供一套系统的分析仪器使用与维护指南。书中涵盖常见光谱分析仪器、电化学分析仪器、色谱分析仪器以及微观结构表征仪器从基础理论到实际操作的各个方面内容，重点介绍这些分析仪器的工作原理、操作方法、数据处理、安装调试及其在实际应用中的注意事项。同时，深入探讨仪器的日常维护和故障排除，帮助读者掌握有效的维护技巧，以延长仪器的使用寿命和确保实验结果的准确性。

分析仪器的有效使用不仅依赖于其自身的性能，更依赖于操作人员的专业知识和实践经验。因此，本书不仅适合科研人员和技术人员参考，也为相关专业的学生提供了宝贵的学习资源；通过丰富的产教融合案例和实用的技巧，希望能够帮助读者在实际工作中应对各种挑战，提升工作效率和数据质量。

在编写本书的过程中，参考了大量的文献资料和行业实践经验，力求内容准确、实用。我们还特别邀请了多位在分析仪器领域有着丰富经验的行业专家提供指导，确保书中的信息具有权威性和前瞻性。

全书共分4章，其中第1、2、4章主要由刘玉海完成；第3章主要由罗世鹏完成；产教融合案例和实验项目主要由行业专家杨嘉伟、李瑞懿、刘桂华、寇海娟、钱凯完成。感谢李仁智和杨旭在校对和排版方面的帮助。本书由刘玉海、杨嘉伟、罗世鹏担任主编，李瑞懿、刘桂华、寇海娟、钱凯担任副主编，全书由刘玉海统稿和定稿。

本书在编写过程中得到了编者所在院校有关领导及同仁们的大力支持；化学工业出版社在本书的编写和出版方面给予了大力支持，在此表示感谢。

限于作者的能力和水平，书中的不足之处是难免的，恳请读者批评指正，并提出宝贵意见。希望本书能够成为读者在分析仪器使用与维护方面的得力助手，为大家的科研和工作提供帮助与启发。

编　者

2024年10月

# 目录

绪论 ································································································ 1

## 第1章 光谱分析仪器的使用与维护 ·············································· 3

### 1.1 光谱法与光谱分析仪器 ······················································ 4
1.1.1 光谱法分类 ·································································· 4
1.1.2 光谱分析仪器简介 ························································· 5
1.1.3 光谱分析仪器性能指标 ··················································· 8

### 1.2 紫外-可见分光光度计 ························································ 9
1.2.1 紫外-可见分光光度计的结构、分类 ································· 10
1.2.2 紫外-可见分光光度计常用仪器型号及操作方法 ················· 11
1.2.3 紫外-可见分光光度计的维护保养与常见故障排除 ············· 13

### 1.3 红外光谱仪 ····································································· 18
1.3.1 傅里叶变换红外光谱仪的结构 ········································ 20
1.3.2 傅里叶变换红外光谱仪常用仪器型号及操作方法 ··············· 23
1.3.3 傅里叶变换红外光谱仪的维护保养与常见故障排除 ············ 26

### 1.4 原子吸收光谱仪 ······························································· 30
1.4.1 原子吸收光谱仪的分类、结构及功能 ······························· 32
1.4.2 原子吸收光谱仪的安装与检定 ········································ 34
1.4.3 原子吸收光谱仪常用仪器型号及操作方法 ························· 40
1.4.4 原子吸收光谱仪的维护保养与常见故障排除 ····················· 44

### 1.5 原子发射光谱仪 ······························································· 47
1.5.1 原子发射光谱仪的分类、结构及功能 ······························· 49
1.5.2 原子发射光谱仪的安装与检定 ········································ 55
1.5.3 原子发射光谱仪常用仪器型号及操作方法 ························· 60
1.5.4 原子发射光谱仪的维护保养与常见故障排除 ····················· 62

### 1.6 实验项目 ········································································ 65
项目1 紫外-可见分光光度计的维护与检定 ································ 65
项目2 傅里叶变换红外光谱仪的维护与检定 ······························ 66
项目3 原子吸收光谱仪的维护与检定 ······································· 68
项目4 电感耦合等离子体原子发射光谱仪的维护与检定 ··············· 69

### 1.7 光谱分析仪器产教融合案例 ················································ 72

# 第 2 章 色谱分析仪器的使用与维护 75
## 2.1 气相色谱仪 75
### 2.1.1 气相色谱仪的结构及功能 75
### 2.1.2 气相色谱常用气体 82
### 2.1.3 气相色谱仪的安装与调试 84
### 2.1.4 气相色谱仪常用仪器型号及操作方法 89
### 2.1.5 气相色谱仪的维护保养与常见故障排除 91
## 2.2 高效液相色谱仪 110
### 2.2.1 高效液相色谱仪的分类、结构及功能 110
### 2.2.2 高效液相色谱仪的安装与调试 112
### 2.2.3 高效液相色谱仪常用仪器型号及操作方法 117
### 2.2.4 高效液相色谱仪的维护保养与常见故障排除 121
## 2.3 气相色谱-质谱联用仪 129
### 2.3.1 气相色谱-质谱联用仪的结构、原理和分类 130
### 2.3.2 气相色谱-质谱联用仪常用仪器及使用方法 138
### 2.3.3 气相色谱-质谱联用仪的维护保养 145
## 2.4 实验项目 151
项目 1 气相色谱仪的维护与检出限和精密度检定 151
项目 2 液相色谱仪的维护与检出限和精密度检定 156
## 2.5 色谱分析仪器产教融合案例 156

# 第 3 章 电化学分析仪器的使用与维护 160
## 3.1 酸度计与离子计 160
### 3.1.1 酸度计 161
### 3.1.2 离子计 165
## 3.2 电位滴定仪 168
### 3.2.1 电位滴定仪的结构及功能 169
### 3.2.2 电位滴定仪的维护保养与常见故障排除 170
## 3.3 实验项目 171
项目 酸度计的维护与检定 171

# 第 4 章 微观结构表征仪器的使用与维护 173
## 4.1 扫描电子显微镜 173
### 4.1.1 扫描电子显微镜简介 174
### 4.1.2 扫描电子显微镜的使用方法和维护 175
## 4.2 透射电子显微镜 184
### 4.2.1 透射电子显微镜简介 185
### 4.2.2 透射电子显微镜的使用方法和维护 186
## 4.3 X 射线粉末多晶衍射仪 190

  4.3.1　X射线粉末多晶衍射仪简介 …………………………………………… 192
  4.3.2　X射线粉末多晶衍射仪的使用方法和维护 …………………………… 193
 4.4　实验项目 ……………………………………………………………………… 196
  项目　X射线衍射仪和扫描电子显微镜的使用与维护 ……………………… 196

## 附录1　仪器的检定与校准 …………………………………………………… 198

## 附录2　常见分析仪器的检定规程 …………………………………………… 204

## 附录3　分析仪器附加设备的使用与维护 …………………………………… 205
 附3.1　空气压缩机 ……………………………………………………………… 205
  附3.1.1　空气压缩机的分类、原理和结构 ………………………………… 205
  附3.1.2　空气压缩机的维护保养 …………………………………………… 206
 附3.2　真空泵 …………………………………………………………………… 207
  附3.2.1　真空泵的分类、结构及功能 ……………………………………… 207
  附3.2.2　真空泵的维护保养与常见故障排除 ……………………………… 210
 附3.3　氢气发生器 ……………………………………………………………… 211
  附3.3.1　氢气发生器的分类、结构及功能 ………………………………… 211
  附3.3.2　氢气发生器的维护及使用注意事项 ……………………………… 212
 附3.4　氮气发生器 ……………………………………………………………… 213
  附3.4.1　氮气发生器的分类、结构及功能 ………………………………… 213
  附3.4.2　氮气发生器的维护及使用注意事项 ……………………………… 213

## 参考文献 ………………………………………………………………………… 215

# 绪 论

本教材主要包括对光谱分析仪器、色谱分析仪器、电化学分析仪器和微观结构表征仪器等以及与这些分析仪器密切相关的附加设备进行维护保养及一般故障的排除所必需的知识。通过本教材的学习，能使读者在掌握对某一种仪器进行维护保养或维修的同时，还能与仪器的结构原理密切地联系起来，从而使对仪器进行维护保养甚至排除一般故障的能力得到加强。

分析仪器是研究和检测物质的化学成分、结构和某些物理特性的仪器。随着仪器分析方法的广泛应用和发展，各种分析仪器在工业、农业、科研、环境监测、医疗卫生以及资源勘探等几乎所有的国民经济的部门得到越来越多的应用。

数十年来，分析仪器得到了迅速的发展，不仅各种新产品推向市场的周期逐渐缩短，而且一些新的分析仪器不断制造成功，这就使得现有分析仪器的型号、种类繁多，并且涉及的原理亦不相同。根据其原理和使用方向一般可将分析仪器分为七类，如表0-1所示。

表0-1 分析仪器的类别与品种

| 仪器类别 | 仪器品种 |
| --- | --- |
| 电化学分析仪器 | 酸度计、离子计、电位滴定仪、电导仪、库仑仪、极谱仪等 |
| 热学式分析仪器 | 热导式分析仪（$SO_2$测定仪、CO测定仪等）、热化学式分析仪（酒精测定仪、CO测定仪等）、差热分析仪、热重分析仪 |
| 磁学式分析仪器 | 热磁式分析仪、核磁共振波谱仪、电子顺磁共振波谱仪等 |
| 光谱分析仪器 | 吸收光谱分析仪（分光光度计）、发射光谱分析仪、荧光光度计、磷光光度计等 |
| 微观结构表征仪器 | X射线分析仪、放射性同位素分析仪、电子探针、电子显微镜、电子能谱仪 |
| 色谱分析仪器 | 气相色谱仪、液相色谱仪、色谱-质谱联用仪等 |
| 物理特性仪器 | 黏度计、密度计、水分仪、浊度仪、气敏式分析仪器等 |

上述分析仪器尽管品种、型号繁多，但万变不离其宗，通常由样品的采集与处理系统、组分的解析与分离系统、检测与传感系统、信号处理与显示系统、数据处理及数据库五大基本部分组成，如图0-1所示。

由于生产的发展、技术的进步以及人类生活的改善，人们对分析仪器的要求越来越高，分析仪器得以不断发展，从而满足人们在生产实践或认识自然过程中的迫切需求。人们对自

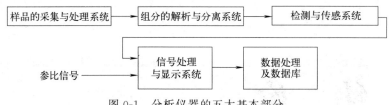

图 0-1　分析仪器的五大基本部分

然认识的不断深入以及新技术、新材料的广泛应用，大大推动了分析仪器的改进、功能的完善。可以预见，分析仪器蓬勃发展的时期已经到来。目前，分析仪器的发展主要呈下列趋势。

① 微机化。计算机技术作为 20 世纪最伟大的发明之一，其向分析仪器领域的全面渗透，使分析仪器的面貌发生了巨大的变化。特别是微型处理芯片的制造成功，使越来越多的分析仪器内部带有计算机系统，计算机已成为分析仪器必不可少的一部分。计算机技术的广泛应用，使分析仪器在数据处理能力、数字图像处理功能等方面有了很大的提高。

② 自动化。越来越多的分析仪器采取人机对话方式，以键盘及显示屏代替控制钮及数据显示器等。分析工作者以计算机程序的方式直接输入操作指令，同时控制仪器并快速处理数据，并以不同方式输出结果。分析工作中不可缺少的制样、进样等过程在计算机控制下也可以自动进行。

③ 智能化。计算机技术的发展和应用，将使分析仪器更趋智能化。许多分析仪器具有工作状态的自检、工作条件的设定及仪器的安全启动等功能，从送样的数量、温度的过程监控、异常状态的报警，以及数据的采集和处理、计算，一直到动态显示和最终曲线报表等均可实现智能化，并能对分析的结果进行理解、推理、判断和分析的指导工作。

④ 微型化。在逐渐实现分析仪器微机化、自动化、智能化的同时，为了方便野外等离线分析工作和加快分析仪器的小型化、微型化的进程，出现了不少便携式、微型化的分析仪器，其功能更加完善，测定灵敏度更高。

# 第1章 光谱分析仪器的使用与维护

人们对光谱的研究可追溯到较久远的年代。在1666年，牛顿通过玻璃棱镜将太阳光分解成从红到紫的各种颜色的光谱，并由此发现白光是由各种颜色光组成的复合光，这是最早对光谱的研究。

1802年，W. H. Wollaston 观察到了光谱线，其后在1814年，J. Fraunhofer 发现了太阳光谱中的暗线。1859年，G. Kirchhoff 与 R. Bunson 将光谱应用于分析研究，他们证明光谱学可以用作定性化学分析的新方法，并利用这种方法发现了几种当时未知的元素，证明了太阳里也存在着多种已知的元素。

随后，光谱分析随着光谱学研究的逐步深入而不断发展，从研究最简单的氢原子光谱一直到今天的量子力学理论，这无不对光谱分析理论的完善和实践的进步有着十分重要的意义。也正是在这过程中，各种新的光谱现象被发现，不同的光谱分析方法也相继建立，并出现相应的商品化光谱分析仪器。这些发现都为光谱分析发展甚至是产生一种新的光谱分析方法起了十分重要的作用。如1928年，印度物理学家拉曼发现：当单色光通过静止透明介质时，产生一些散射光。在散射光中，含有一些与原光波波长不同的光，即拉曼效应，拉曼效应的发现造就了一种新的光谱分析方法的产生，并由此出现了拉曼（Raman）光谱仪。

目前，光谱分析已成为现代分析化学手段最多、应用最广泛、功能最强大的分析方法之一，从原理上得到长期研究，并在理论上已经趋于完善。近年来仪器的发展很难有重大的技术突破，主要发展在于进一步提高仪器测定的稳定性和分析性能、提高分析速度和灵敏度以及自动化程度、拓宽其应用范围，同时作为商品仪器还要适应现代检测的需要，不断向实用化、小型化、普及化等方面发展。

凡是基于检测能量作用于待测物质后产生的辐射信号或所引起的变化的分析方法均可称为光学光谱分析法，常简称为光学分析法。根据测量的信号是否与能级的跃迁有关，光学分析法可分为光谱法和非光谱法两大类。

非光谱法测量的信号不包含能级的跃迁，它是通过测量电磁辐射的某些基本性质，如折射、散射、干涉、衍射和偏振等变化的分析方法。非光谱法不涉及物质内部能量的跃迁，不测定光谱，电磁辐射只改变了传播方向、速度或某些物理性质。属于这类分析方法的有折射法、偏振法、光散射法（比浊法）、干涉法、衍射法、旋光法和圆二色性法等。

光谱法是基于物质与辐射能作用时，测量由物质内部发生量子化的能级之间的跃迁而产生的发射、吸收或散射辐射的波长和强度，以此来鉴别物质及确定它的化学组成和相对含量的方法。该方法基于测量辐射的波长及强度。这些光谱是由物质的原子或分子的特定能级的跃迁所产生的，根据其特征光谱的波长可进行定性分析；而光谱的强度与物质的含量有关，可进行定量分析。

本章介绍紫外-可见分光光度计、红外光谱仪、原子吸收光谱仪及原子发射光谱仪的使用、维护保养及常见故障的排除方法，对于原子吸收光谱仪、原子发射光谱仪等大型光谱分析仪器还涉及安装调试的知识，重点内容是对仪器的正确使用与维护保养。通过本章的学习，在充分了解仪器结构、原理的基础上，培养对仪器进行安装、调试，以及利用相关工具、仪器及设备正确地维护光谱分析仪器的能力，并在此基础上能够对一些常见故障进行分析、排除。在学习本章时应达到如下要求：

① 了解各种光谱分析仪器的分类、原理及常见型号仪器的结构组成。
② 在熟悉仪器结构组成的基础上，学习对仪器进行安装、调试的方法。
③ 通过使用万用表、低频示波器等仪器、设备，能够正确地对仪器进行维护保养。
④ 能够对一些常见故障现象进行分析，了解故障产生的原因，并加以排除。
⑤ 能按照有关国家标准对维修后和使用中的光谱分析仪器的性能进行检定。

## 1.1 光谱法与光谱分析仪器

按波长区域不同，光谱可分为红外光谱、可见光谱和紫外光谱等；按产生光谱的基本微粒不同，光谱可分为原子光谱、分子光谱；按光谱表现形态不同，光谱可分为线光谱、带光谱和连续光谱；按产生的方式不同，光谱可分为发射光谱、吸收光谱和散射光谱。

### 1.1.1 光谱法分类

**(1) 发射光谱法、吸收光谱法和散射光谱法**

依据物质与辐射相互作用的性质，光谱法一般分为发射光谱法、吸收光谱法和散射光谱法三种类型。

发射光谱法是测量原子或分子的特征发射光谱，研究物质的结构和测定其化学组成的分析方法。发射光谱法主要包括：原子发射光谱法、分子磷光光谱法、化学发光法等。由于荧光光谱法测量的也是原子或分子的特征发射光谱，因此，所有的荧光光谱法，包括原子荧光光谱法、分子荧光光谱法和X射线荧光光谱法等均属于发射光谱法。

吸收光谱法是通过测量物质对辐射吸收的波长和强度进行分析的方法。吸收光谱法包括原子吸收光谱法、紫外-可见分光光度法、红外光谱法、电子自旋共振波谱法、核磁共振波谱法等。

散射光谱法中用于物质分析的主要方法为拉曼光谱法。

**(2) 原子光谱法和分子光谱法**

依据物质与辐射相互作用之时发生能级跃迁的粒子种类不同，光谱法可分为原子光谱法和分子光谱法。原子光谱法是由原子外层或内层电子能级的变化产生的，由于原子的电子能级是量子化的，因此，原子光谱一般为线光谱。属于这类分析方法的有原子发射光谱法、原子吸收光谱法、原子荧光光谱法以及X射线荧光光谱法。

分子光谱法是由分子中电子能级、振动和转动能级的变化产生的，主要是由许多振动能级叠加在分子中基态电子能级上而形成的。在振动能级上叠加了许多转动能级，而电子能级、振动和转动能级差越来越小，因此，分子中各种能量差的跃迁都有可能产生，分子光谱表现为一基本连续的带光谱。属于这类分析方法的有紫外-可见分光光度法、红外光谱法、分子荧光光谱法和分子磷光光谱法等。

光谱法的上述两种方法分类可用图1-1简单表示。

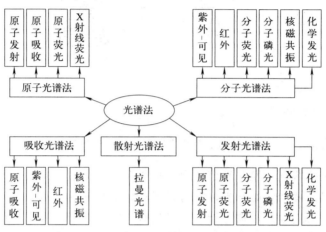

图 1-1 光谱法的分类

基于光谱法原理而设计的仪器即为光谱分析仪器。参考光谱法的分类，光谱分析仪器也可按同样的方法进行分类。表1-1为常用光谱分析仪器及其应用。

表 1-1 常用光谱分析仪器及其应用

| 仪器名称 | 缩写 | 光谱所在波长区 | 主要用途 |
|---|---|---|---|
| 原子发射光谱仪 | AES | 紫外-可见 | 元素分析 |
| 原子荧光光谱仪 | AFS | 紫外-可见 | 元素分析 |
| X射线荧光光谱仪 | XRF | X射线 | 元素分析 |
| 分子荧光光度计 | MFS | 紫外-可见 | 痕量有机化合物等分析 |
| 原子吸收光谱仪 | AAS | 紫外-可见 | 元素分析 |
| 紫外-可见分光光度计 | UV-Vis | 紫外-可见 | 无机、有机化合物鉴定和定量测定 |
| 红外光谱仪 | IR | 红外 | 有机化合物结构分析 |
| X射线吸收光谱仪 | XRA | X射线 | 晶体结构测定 |
| 拉曼光谱仪 | RS | 红外或紫外-可见 | 物质的鉴定、分子结构研究 |

## 1.1.2 光谱分析仪器简介

不同的光谱分析仪器结构差异很大，但一般都包括五个基本单元：光源、单色器、样品容器、检测器和数据处理系统。各单元从光谱分析原理上，特别是在光谱仪器中起的作用是非常相似的，但采用的具体装置有很大的不同，此外，光谱分析仪器光路的设计和在仪器整个装置的安装方向也有较大不同,图1-2为发射光谱仪、吸收光谱仪、荧光光谱仪结构示意图。

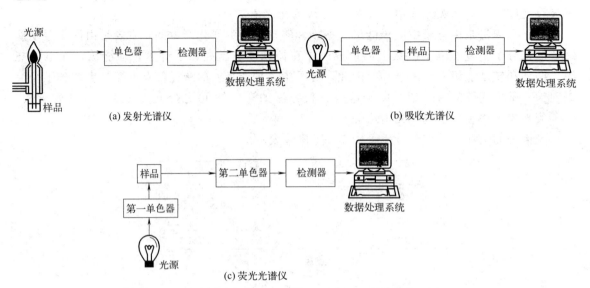

图1-2 发射光谱仪、吸收光谱仪、荧光光谱仪结构示意图

各类仪器装置主要特点:发射光谱仪通常把光源与样品容器并为一个整体,样品在样品容器中,由光源提供足够能量而发光,发射光经单色器分光后检测;吸收光谱仪则由光源发射的光直接(如光源为连续光,则可能需要经过分光)通过样品容器,被样品原子或分子吸收,再射入单色器中进行分光后,被检测器接收,即可测得其吸收信号;荧光光谱仪结构与吸收光谱仪基本一致,不同的是,光源发出的光经过第一单色器(激发光单色器)后,得到所需的激发光,其不是在一条直线上通过样品容器,而是将荧光的测量放在与激发光成一定角度(一般选直角)的方向,第二单色器为荧光单色器,主要是消除溶液中可能共存的其他光线(入射光和散射光)的干扰,以获得所需的荧光,荧光作用于检测器上,得到相应的电信号。

以下对光谱分析仪主要的部件进行简要介绍。

**(1) 光源**

光谱分析中,光源提供足够的能量使试样蒸发、原子化、激发,产生光谱。光源必须具有足够的输出功率和稳定性。由于光源辐射功率的波动与电源功率的变化呈指数关系,往往需用稳压电源以保证稳定,或者用参比光束的方法来减少光源输出对测定所产生的影响。光源可分为连续光源和线光源等。一般连续光源主要用于分子吸收光谱;线光源用于荧光、原子吸收和Raman光谱。常见的光源及其应用见表1-2。

表1-2 光谱分析常见的光源及其应用

| 光源名称 | 光源种类 | 辐射波长范围 | 应用仪器 |
| --- | --- | --- | --- |
| 氢灯或氘灯 | 紫外连续光源 | 160～375nm | 紫外分光光度计 |
| 钨丝灯 | 可见连续光源 | 320～2500nm | 可见分光光度计 |
| 能斯特灯、硅碳棒 | 红外连续光源 | 350～20000nm | 红外光谱仪 |
| 金属汞蒸气灯 | 金属蒸气线光源 | 254～734nm | 紫外-可见分光光度计、冷原子吸收测汞仪 |
| 空心阴极灯 | 元素线光源 | 提供元素的特征光谱 | 原子吸收光谱仪 |

续表

| 光源名称 | 光源种类 | 辐射波长范围 | 应用仪器 |
| --- | --- | --- | --- |
| 激光 | 线光源 | 不同激光器产生激光波长范围不同 | Raman光谱仪、荧光光谱仪、发射光谱仪、Fourier变换红外光谱仪等 |

**(2) 单色器**

单色器的主要作用是将复合光分解成单色光或有一定宽度的谱带。单色器由入射狭缝和出射狭缝、准直镜以及色散元件（如棱镜或光栅等）组成。

① 色散元件

a. 棱镜。棱镜的作用是把复合光分解为单色光。当包含有不同波长的复合光通过棱镜时，不同波长的光就会因折射率不同而分开，这种作用称为棱镜的色散作用。由于不同波长的光在同一介质中具有不同的折射率，波长短的光，折射率大，波长长的光，折射率小。因此，平行光经色散后按波长顺序分解为不同波长的光，经聚焦后在焦面的不同位置成像，得到按波长展开的光谱。色散能力常以色散率和分辨率表示。玻璃棱镜比石英棱镜的色散率大，但在200～400nm的波长范围内，由于玻璃强烈地吸收紫外光，无法采用，故只能采用石英棱镜。对于同一种材料的棱镜，波长越短，角色散率也越大，因此，短波部分的谱线分得较开一些，长波部分的谱线靠得紧些。棱镜的分辨率随波长而变化，在短波部分分辨率较高。对紫外光区，常使用对紫外光有较大色散率的石英棱镜；而对可见光区，最好使用玻璃棱镜。由于介质材料的折射率 $n$ 与入射光的波长 $\lambda$ 有关，因此棱镜给出的光谱与波长有关，是非匀排光谱。

b. 光栅。光栅分为透射光栅和反射光栅，常用的是反射光栅。反射光栅又可分为平面反射光栅（或称闪耀光栅）和凹面反射光栅。光栅由玻璃片或金属片制成，其上准确地刻有大量宽度和距离都相等的平行线条（刻痕），可近似地将它看成一系列等宽度和等距离的透光狭缝。光栅是一种多狭缝部件，光栅光谱的产生是多狭缝干涉和单狭缝衍射两者联合作用的结果。多狭缝干涉决定光谱出现的位置，单狭缝衍射决定谱线的强度分布。光栅的特性可用色散率、分辨率和闪耀特性来表征。光栅的角色散率只取决于光栅常数 $d$ 和光谱级次 $n$，可以认为是常数，不随波长而变，这样的光谱称为"匀排光谱"。这是光栅优于棱镜的一个方面。

由于非闪耀光栅的能量分布与单狭缝衍射相似，大部分能量集中在没有被色散的"零级光谱"中，小部分能量分散在其他各级光谱。零级光谱不起分光作用，不能用于光谱分析；色散越来越大的一级、二级光谱，强度却越来越小。为了降低零级光谱的强度，将辐射能集中于所要求的波长范围，近代的光栅采用定向闪耀的办法，即将光栅刻痕刻成一定的形状，使每一刻痕的小反射面与光栅平面成一定的角度，从而使衍射光强主最大从原来与不分光的零级主最大重合的方向，转移至由刻痕形状决定的反射方向，结果使反射光方向光谱变强，这种现象称为闪耀，这种光栅称为闪耀光栅。

② 狭缝。狭缝由两片经过精密加工且具有锐利边缘的金属片组成，其两边必须保持互相平行，并且处于同一平面上。狭缝宽度对分析有重要意义。单色器的分辨能力表示能分开最小波长间隔的能力。波长间隔大小取决于分辨率、狭缝宽度和光学材料性质等，它用有效带宽 $S$ 表示。

$$S = DW$$

式中，$D$ 为线色散率倒数；$W$ 为狭缝宽度。当仪器的色散率固定时，$S$ 将随 $W$ 而变化。对于原子发射光谱，在定性分析时一般用较窄的狭缝，这样可提高分辨率，使邻近的谱线清晰分开。在定量分析时则采用较宽的狭缝，以得到较大的谱线强度。对于原子吸收光谱分析，由于吸收线的数目比发射线少得多，谱线重叠的概率小，因此常采用较宽的狭缝，以得到较大的光强。当然，如果背景发射太强，则要适当减小狭缝宽度。一般原则是在不引起吸光度减小的情况下，采用尽可能大的狭缝宽度。

(3) 样品容器

不同的光谱仪中，样品容器的结构差异较大，在反射光谱仪中甚至没有专门的样品容器，在吸收光谱仪中，样品容器也称为吸收池。吸收池一般由光学透明的材料制成，在紫外光区，采用石英材料；在可见光区，则用硅酸盐玻璃；在红外光区，则可根据不同的波长范围选用不同材料的晶体制成吸收池的窗口。

(4) 检测器

检测器是将一种类型的信号转变成另一种类型的信号的器件，如在分光光度计中的光电管，它是将光能转变成电能的元件。

检测器可分为两类，一类为对光子有响应的光检测器，另一类为对热产生响应的热检测器。光检测器有硒光电池、光电管、光电倍增管、半导体等。热检测器吸收辐射并根据吸收引起的热效应来测量入射辐射的强度，包括真空热电偶、热释电检测器等。

(5) 数据处理系统

数据处理系统主要由计算机、数据通信部件和仪器控制及数据处理软件组成。通常由检测器将光信号转换成电信号后，还须经过一定的信号处理器处理，如对电信号进行放大、衰减、积分、微分、相加、差减等；也可通过整流使电信号变为直流信号，或将其转变成交流信号。处理的目的是将检测器检测到的信号转变成一种可以被人读出的信号，如可用检流计、微安表数字显示器、计算机显示和记录结果。目前，光谱仪器大多数通过专门的操作软件在计算机中进行数据处理，可进行仪器操作、定性定量分析、记录保存等。

## 1.1.3 光谱分析仪器性能指标

从表1-1中可以看到，仪器分析包括的方法非常多，这无疑为分析、解决问题提供了多种途径，但是也为选择一种合适的分析方法带来一定的困难。为此，在着手进行分析前不仅要了解试样的基本情况及对分析的要求，更重要的是要了解选用分析方法的基本性能指标，如精密度、灵敏度、检出限、校正曲线的线性范围等。

(1) 精密度

仪器的精密度表征仪器对同一样品平行测定多次所测得的数据的一致程度，可表征仪器测定的随机误差。按照国际纯粹与应用化学联合会（简称IUPAC）的有关规定，精密度通常用相对标准偏差（即RSD）来度量。即使是同一仪器，对不同检测项目、浓度水平等，精密度也不同。

(2) 灵敏度

仪器的灵敏度是指仪器区别具有微小差异浓度的分析物的能力。IUPAC规定，灵敏度的定义是校正灵敏度，它是指在测定浓度范围中校正曲线的斜率。在分析化学中使用的许多校正曲线都是线性的，一般通过测量一系列标准溶液来求得。在有些光谱分析仪器中，有习惯使用的灵敏度的概念，如在原子吸收光谱法中，常用"特征浓度"，即能产生1%吸收时，溶液中待测元素的质量浓度来表示；在原子发射光谱法中也常采用相对灵敏度来表示不同元素的分析灵敏度，它是指能检出的某元素在试样中的最小浓度。

(3) 检出限

在误差分布遵从正态分布的条件下，由统计的观点出发，可以对检出限作如下的定义：检出限是指能以适当的置信概率被检出的组分的最小量或最小浓度。它是由最小检测信号值导出的。

检出限与灵敏度是密切相关的两个量，灵敏度越高，检出限值越低。但两者的含义是不同的，灵敏度指的是分析信号随组分含量变化的大小，因此，它同检测器的放大倍数有直接的依赖关系；而检出限是指分析方法可能检出的最低量或最低浓度，是与测定噪声直接相联系的，且具有明确的统计意义。从检出限的定义可以知道，提高测定灵敏度、降低噪声，可以改善检出限。

(4) 线性范围

线性范围是指从定量测定的最低浓度扩展到校正曲线保持线性浓度的范围。不同仪器线性范围差异较大，如原子吸收光谱法一般仅1～2个数量级，而电耦合等离子体原子发射光谱法可达5～6个数量级。

(5) 分辨率

分辨率是指光谱分析仪器对两相邻谱线分辨的能力。仪器分辨率高，表明该仪器能很好地将两相邻谱线分离而没有重叠。仪器分辨率主要取决于仪器的分光系统和检测器等。

(6) 选择性

仪器的选择性是指该仪器不受试样基体中所含其他物质干扰的程度。然而，任何仪器均可能存在其他物质的干扰，一般需要通过特定的方法来克服或校正仪器的干扰。

## 1.2 紫外-可见分光光度计

紫外-可见吸收光谱法是根据溶液中物质的分子或离子对紫外和可见光谱区辐射能的吸收，对物质进行定性、定量和结构分析的方法，也称作紫外-可见分光光度法。

紫外-可见分光光度计是基于紫外-可见分光光度法（紫外-可见吸收光谱法）而进行分析的一种常用的分析仪器。在比较早的年代，人们在实践中已总结发现，不同颜色的物质具有不同的物理和化学性质，而根据物质的这些颜色特性可对它们进行分析和判别，如根据物质的颜色深浅程度来估计某种有色物质的含量，这实际上是紫外-可见分光光度法的雏形。1852年，Beer提出了分光光度法的基本定律，即著名的朗伯-比尔定律，从而奠定了分光光度法的理论基础。1854年，Duboscq和Nessler将此理论应用于定量分析化学领域，并且设计了第一台比色计。1918年，美国国家标准局制成了第一台紫外-可见分光光度计。此后，紫外-可见分光光度计经不断改进，出现自动记录、自动打印、数字显示、计算机控制等各种类型的仪器，仪器的灵敏度和准确度不断提高，其应用范围也不断扩大。目前，分光光度计在电子、计算机等相关学科发展的基础上得到飞速发展，功能更加齐全，在工业、农业、食品、卫生、科学研究的各个领域被广泛采用，成为生产和科研的有力检测手段。一些比较先进的紫外-可见分光光度计具有波长范围宽、波长分辨率高、可实现全自动控制等优点。紫外-可见分光光度计的特点如下：

① 仪器设备简单。相比于其他光谱仪器，紫外-可见分光光度计具有结构简单、仪器制造和运行成本较低等优点。

② 应用广泛。紫外-可见分光光度计既可用于无机金属离子的分析，又可用于有机化合物的分析；既可用于有机化合物的定性定量分析，又可用于有机化合物结构解析；在化学研究中，还可用于如平衡常数的测定等。

③ 由于紫外-可见吸收光谱特征性不强，提供的结构信息不如红外光谱等丰富，且受介质影响较大，故单独用紫外-可见分光光度计对未知化合物定性比较困难，定量分析也容易存在光谱干扰或其他干扰。

④ 随着人们对分析仪器灵敏度的要求日益增高，紫外-可见分光光度计也越来越难以满足要求，但紫外-可见分光光度计操作费用较低，某些显色反应有灵敏度高、选择性好等优点，因此其仍发挥着重要的作用。

## 1.2.1 紫外-可见分光光度计的结构、分类

### 1.2.1.1 仪器的结构及其功能

紫外-可见吸收光谱使用的仪器是紫外-可见分光光度计，就基本结构而言，其是由光源、单色器、吸收池、检测器和记录器等几部分组成的。图1-3是紫外-可见分光光度计的结构示意图。

光源 ⇒ 单色器 ⇒ 吸收池 ⇒ 检测器 ⇒ 记录器

图1-3 紫外-可见分光光度计结构示意图

① 光源。紫外-可见分光光度计的光源要求在所需的光谱区域内能发射连续的、具有足够强度和稳定的紫外及可见光，并且辐射强度随波长无明显变化，使用寿命长，操作方便，最常用的是两种：钨丝灯和氘灯。

钨丝灯可使用的波长范围为320~2500nm，常用于可见光区。这类光源的辐射强度与施加的外加电压有关，因此使用时必须严格控制灯丝电压，必要时须配备稳压装置。

氘灯可使用的波长范围为160~375nm，用作近紫外区光源。由于受石英窗吸收的限制，通常紫外光区波长的有效范围为200~375nm。氘灯的辐射强度比氢灯约大3~5倍，它是紫外区应用最广的光源。

② 单色器。单色器的作用是将来自光源的混合光色散，产生光谱纯度高、色散率高且波长在紫外-可见光区域内任意可调的单色光。单色器是紫外-可见分光光度计的核心部件，其性能直接影响入射光的单色性，从而也影响到测定的灵敏度等。

单色器主要由狭缝、色散元件和准直镜等组成，关键是色散元件。紫外-可见分光光度计均采用棱镜或光栅为色散元件，棱镜一般由玻璃或石英材料制成。由于玻璃吸收紫外光，因此玻璃棱镜可用于350~3200nm波长范围，石英棱镜则可适用于185~4000nm波长范围。紫外-可见分光光度计一般使用石英棱镜。光栅可用于紫外、可见和近红外光谱区域，而且色散率均匀良好、成本低、便于保存、易于制作，是目前用得最多的色散元件。

③ 吸收池。吸收池用于盛放溶液，根据材料可分为玻璃吸收池和石英吸收池，前者用于可见光区，后者用于紫外和可见光区。吸收池的两个光学面必须平整光洁，使用时不能用手触摸。吸收池有多种尺寸和不同构造，根据使用要求选用，最常用的是厚度为1cm的吸收池。

④ 检测器。检测器是将光信号转变成电信号的装置,要求灵敏度高、线性好、响应时间短、噪声低且有良好的稳定性。常用的检测器有光电管、光电倍增管和光电二极管阵列检测器。

⑤ 记录器。检测器将光信号转换为电信号后,再经适当放大后,用记录器进行记录,或用数字显示。现代紫外-可见分光光度计都装有计算机,一方面可对分光光度计进行操作控制,另一方面将信号记录和处理。

#### 1.2.1.2 紫外-可见分光光度计的分类

紫外-可见分光光度计按其光学系统可分为单波长和双波长分光光度计,其中单波长分光光度计又可以分为单光束和双光束分光光度计,最常见的是单波长双光束分光光度计。

**(1) 单波长单光束分光光度计**

这种分光光度计结构简单、价格低廉、操作方便、维修也比较容易,主要适用于常规分析,但每换一个波长都需要重新用空白校准,绘制波长范围的吸收图谱很不方便。

**(2) 单波长双光束分光光度计**

作为目前最常用的一类紫外-可见分光光度计,双光束分光光度计能自动比较透过空白和试样的光束强度(此比值即为试样的透射比),并把它作为波长的函数记录下来。这样,通过自动扫描就能迅速地将试样的吸收光谱记录下来。单波长双光束分光光度计大多设计为自动记录型。使用双光束除了能自动扫描吸收光谱外,还可自动消除光源电压波动的影响,减少放大器增益的漂移,但其结构较单光束分光光度计复杂,价格更高。

**(3) 双波长分光光度计**

双波长分光光度计的基本光路如图1-4所示。从同一光源发出的光分为两束,分别经过两个单色器,得到两束波长不同的单色光,利用切光器使两束光以一定的频率交替照射同一吸收池,检测器测出两个波长下的吸光度差值 $\Delta A$。双波长分光光度计的优点是可以测定多组分混合物、浑浊试样,以及在有背景干扰或共存组分吸收干扰的情况下对某组分进行定量测定。此外,还可以利用双波长分光光度计获得导数光谱和进行系数倍率法测定。

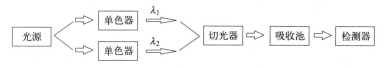

图1-4 双波长分光光度计基本光路图

### 1.2.2 紫外-可见分光光度计常用仪器型号及操作方法

紫外-可见分光光度计的生产技术较为成熟,因此市场上各种品牌的仪器很多,且性能相差不大。国内生产紫外-可见分光光度计仪器的厂家常见的有北京普析通用仪器有限责任公司、北京北分瑞利分析仪器(集团)有限责任公司、上海天美科学仪器有限公司等。进口的紫外-可见分光光度计主要产自美国、日本等国,生产商主要有岛津(SHIMADZU)公司(日本)、安捷伦(Agilent)公司(美国)、尤尼克(Unico)公司(美国)、哈希(Hach)公司(美国)等。下面介绍北京普析通用仪器有限责任公司生产的T6双光束紫外-可见分光光度计,如图1-5所示。

**(1) 仪器使用的要求**

① 对安装环境的要求。要求室内温度保持在15～35℃,湿度保持在45%～65%,远离

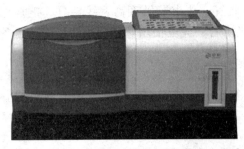

图1-5 普析T6双光束紫外-可见分光光度计

强磁场、电场、高频波的环境,周围不能有腐蚀性气体。放置仪器的工作台要求水平、稳定,仪器的风扇附近留有足够排风的空间。仪器不能放置在阳光直射的地方,环境尽量保持洁净无尘。

② 对电源的要求。仪器默认电源为220V、50~60Hz,电源应接地。

(2) 仪器的主要配套附件

① 样品架。仪器可以配置不同种类的样品架,如五联样品架、八联样品架、可变角度固体样品架、五联恒温样品架等。

② 功能扩展卡。仪器还可以配置不同的功能扩展卡以实现特定的分析目的,如DNA蛋白质功能扩展卡、多波长功能扩展卡、扫描功能扩展卡、定量功能扩展卡等。

(3) 仪器的主要技术指标

仪器的主要技术指标如表1-3所示。

表1-3 普析T6双光束紫外-可见分光光度计的主要技术指标

| | | | |
|---|---|---|---|
| 波长范围 | 190~1100nm | 接口 | 仪器有R232接口,用于与计算机连接;仪器有并行打印输出接口,用于与打印机连接 |
| 波长准确度 | ±1.0nm,仪器可以自动波长校正 | 选购功能扩展卡 | 仪器具有功能扩展接口,用户可选购功能扩展卡 |
| 波长重复性 | ≤0.2nm | 光源 | 12V、20W卤素钨灯,氘灯(法兰型) |
| 光谱带宽 | 2nm | LCD | 带蓝色背景的128×64液晶显示屏 |
| 光度准确度 | ±0.3%T | 样品室 | 试样内部尺寸:长235mm×宽130mm×高110mm;使用的样品池最大光程为100mm;内装自动多连池 |
| 光度重复性 | ≤0.15%T | 检测器 | 硅光电池 |
| 杂散射 | ≤0.05%T(220nm NaI,340nm NaNO$_3$) | 测光方式 | 双光束等比例检测 |
| 基线平直度 | ±0.002A(100~200nm),预热1h后 | 工作电压 | 仪器内部有220V、110V电压选择器 |
| 噪声 | 0%T线:±0.05%T(500nm)<br>100%T线:≤0.15%T(500nm) | 净重 | 11kg |
| 漂移 | ≤0.001A/h(500nm,预热1h后) | 外形尺寸 | 长470mm×宽400mm×高210mm |
| 测光范围 | 吸光度:-0.3~3<br>透过率:0~200%T | | |

(4) 仪器的操作与使用

① 开机自检。依次开启打印机、仪器主机电源,仪器开始初始化,约3min初始化完成,进入仪器主菜单。

② 设置参数。按"ENTER"键进入光度测量主界面,按"START/STOP"键进入样品测定界面,按"GOTO"键,在界面中输入测量的波长,按"ENTER"键确认,仪器将自动调整波长,在"使用样池数"处设定样品池的参数信息。

③ 进行检测。在1号样品池内放入空白溶液,2号池内放入待测样品。关闭好样品池盖

后按"ZERO"键进行空白校正,再按"START/STOP"键进行样品测量。

④ 结束测量。测量完成后按"PRINT"键打印数据,如果没有打印机需记录数据。退出程序或关闭仪器后测量数据将消失。确保已从样品池中取走所有比色皿,将其清洗干净以便下一次使用。按"RETURN"键直接返回仪器主菜单界面后再关闭仪器电源。

**(5) 仪器使用的注意事项**

为了保证测试结果的准确可靠,紫外-可见分光光度计都应定期进行检验。国家技术监督局批准颁布了各类紫外-可见分光光度计的检验规程。检定规程规定,紫外-可见分光光度计检定周期为半年,两次检定合格的仪器检定周期可延长至一年。在验收仪器时应按照仪器说明书及验收合同进行验收。分光光度计的检验主要包括以下几个方面:

① 波长准确度的检验。在可见光区,检验波长准确度最简单的方法是绘制镨钕滤光片的吸收曲线;在紫外光区,检验波长准确度比较常用的方法是绘制苯蒸气的吸收曲线。

② 透射比正确度的检验。透射比的正确度通常用硫酸铜、硫酸钴铵、铬酸钾、重铬酸钾等标准溶液来检验。

③ 稳定度的检验。在光电管不受光的条件下,将仪器调至零点,观察透射比的变化,即为零点稳定度。

④ 吸收池的配套检验。在紫外定量工作中,需要对吸收池做校准及配套工作,以消除吸收池的误差。在实际工作中常采用以下方法进行配套检验:

用铅笔在洗净的吸收池毛面外壁编号并标明光路走向,在吸收池中分别装入测定用溶剂,以其中一个为参比,测定其他吸收池的吸光度。若测定的两个吸收池吸光度相等,即为配套吸收池;若不相等,可以选出吸光度值最小的吸收池为参比,测定其他吸收池的吸光度,求出修正值。测定样品时,将待测溶液装入校正过的吸收池,测量其吸光度,所测得的吸光度减去该吸收池的修正值即为此待测溶液真正的吸光度。

## 1.2.3 紫外-可见分光光度计的维护保养与常见故障排除

### 1.2.3.1 仪器的维护保养

**(1) 实验室环境定期清洁**

环境中的尘埃和腐蚀性气体、温度和湿度是影响仪器性能的重要因素。不洁净的实验室环境,包括环境中的尘埃、挥发性的有机溶剂、酸雾或化学品等腐蚀性气体都会影响仪器机械系统的灵活性,引起仪器机械部件的锈蚀和机械位移的误差或性能下降,降低各种电路开关、按键等的可靠性,使金属镜面的光洁度下降,造成光学部件如光栅、反射镜、聚焦镜等的铝膜锈蚀,产生光能不足,出现杂散光、噪声等,甚至导致仪器停止工作,从而影响仪器寿命。此外,某些挥发性的有机溶剂经常会在紫外区有很强的吸收,导致噪声信号增加,灵敏度降低,并引起样品干扰。因此必须保障环境和仪器室内卫生条件,注意防尘,并对仪器进行定期清洁。仪器使用一定周期后,应安排维修工程师或在工程师指导下定期开启仪器外罩,对内部进行除尘工作,同时将各发热元件的散热器重新紧固,并对样品仓内的支架、石英窗和光学盒的密封窗口进行清洁,必要时对光路进行校准、对机械部分进行清洁和必要的润滑。

过高的湿度还会引起水分在仪器光学表面冷凝,引起性能下降,在极端的情况下还会影响电子元件的性能,造成部件损坏。因此,放置仪器的实验室的相对湿度最好应控制在45%~65%,在仪器的吸收池管架、单色器暗盒(打开主机后盖即可见到)等处应放干燥剂保持干燥，定期检查仪器左部单色器干燥筒内的防潮变色硅胶，如发现硅胶颜色变红，应及时调换。当仪器不用时，也应该注意定期烘干。为了避免仪器积灰和沾污，在停止工作时间内，用塑料套子罩住整个仪器，在套子内应放数袋防潮硅胶。

(2) 光源的保养

灯的位置如果安装不合适，会导致仪器性能下降、噪声增加、杂散光增加。当使用微量池时，灯和样品架的位置需要更精确地校准。

光源灯不小心沾附油污后，应关闭光源灯，用无水乙醇擦拭。不要用手触摸氘灯及钨丝灯，粉尘可用洗耳球吹去。灯的老化会造成能量的不足，引起仪器性能下降、噪声增加、杂散光增加。光源灯不稳定或超过使用寿命，应更换新灯。当仪器停止工作时，必须切断电源，选择开关放在"关"，且仪器在不使用时不要打开光源灯。

(3) 输入电源

为了加强仪器的抗干扰性能，建议使用 200W 以上电子交流稳压器或交流恒压稳压源，保证工作时电压的稳定。使用前应对仪器的安全性进行检查，如电源电压是否正常、接地线是否牢固可靠，在得到确认后方可接通电源使用。太大的输入电源（220V 交流）波动会导致仪器的不稳定和性能的下降，这种电源波动通常是由功率不足、AC 电源线老化或电源线上接有大功率的负载造成的。当仪器停止工作时，应切断电源、关闭开关。

(4) 仪器的其他保养

① 仪器使用结束后，应及时擦干净样品室内的残留液。如有溶液洒进样品室，必须及时清理干净，保持样品室干燥、无污染。

② 吸收池架拉杆要按规定的方向平稳地拉动，不可用力过猛、过快，遇到滑杆拉动不畅，可在滑杆上均匀涂抹适量凡士林。

③ 仪器使用一定周期后，对光学盒的密封窗口进行清洁，必要时对光路进行校准、对机械部分进行清洁和必要的润滑等。

④ 不要在仪器上方倾倒测试样品，以免样品污染仪器表面，损坏仪器。当仪器外壳、样品室盖和操作键盘沾污时，用干软布或纸巾擦拭。

(5) 定期调整仪器

仪器在工作几个月后或者仪器被搬动后，由于光源灯可能因振动略偏离原来位置，必须对光源灯、波长等进行调整，以保证仪器的正常使用和获得准确的测量结果。

① 光源灯的调整。不同仪器的光源灯的调整方法有所不同，以下以 721 型紫外-可见分光光度计为例，对光源的调整步骤进行说明。首先使仪器处于可见光工作状态，将波长调到 580nm 处，把狭缝调到最大，将一张白纸放置于比色皿盒边出光口处。开启仪器电源，上、下、左、右移动灯的位置，直到成像在进狭缝上，调节灯座上螺钉与螺母的相对距离可改变钨灯灯丝的高度。灯的水平位置可通过旋松装有灯座、开有长槽的底板中的两个螺钉，整个底座连同底板在水平位置作前后移动或左右移动，直到反射光对准狭缝中心。白纸出现光斑后，继续缓慢移动灯座使光斑最大、最亮及中间色泽均匀，然后将螺丝紧固。

② 波长校正。采用机械方式调节仪器的波长，在使用过程中，由于机械振动、温度变化、灯丝变形等，经常出现刻度盘上的波长读数与实际通过溶液的波长不符合的现象，仪器灵敏度降低，测定结果的精度受到影响，因此需要经常校正。校正波长的方法有多种，一般在可见光区校正波长最简便的方法是采用镨钕滤光片测出 529nm 和 808nm 处的 2 个吸收峰最大吸收波长，如果测出的最大吸收波长与仪器标示值相差 3nm 以上，则需要调整波长分度盘

标值。不同型号的仪器波长读数的校正方法有所不同，应按仪器说明书进行波长调节。

#### 1.2.3.2 仪器故障的排除

当仪器出现故障时，应具体情况具体分析。对一些小故障可自行动手维修，然而遇到大故障时，应请专业维修人员进行维修，切不可盲目乱修。紫外-可见分光光度计主要有光源故障、信号故障等。当仪器出现故障时，应首先切断主机电源，然后重新开机检查。对于带自检功能的仪器，如检测到异常则会报告异常情况，参考该信息将对排除故障有重要帮助。重点排查光源灯是否点亮；测试时样品室盖是否关紧、样品槽位置是否正确；波长误差是否在仪器允许的范围内；在仪器技术指标规定的波长范围内，是否能调"100％$T$"或"0.000A"；等等。根据不同故障原因进行相应的处理。

**(1) 仪器的常见故障及维修**

常见的故障、故障原因以及相应的排除故障方法如表 1-4 所示。

表 1-4 仪器常见故障及故障分析

| 故障现象 | 故障原因 | 排除方法 |
| --- | --- | --- |
| 开启电源开关后仪器无反应 | ①电源未接通<br>②电源保险丝断<br>③仪器电源开关接触不良 | ①检查供电电源<br>②更换保险丝<br>③更换仪器电源开关 |
| 钨丝灯不亮 | ①钨丝灯灯丝烧断(此种原因概率最高)<br>②没有点灯电压<br>③仪器电源开关接触不良<br>④钨丝灯烧坏 | ①更换钨丝灯保险丝(如更换后再次烧断，则要检查电路)<br>②检查供电电路<br>③更换电源开关<br>④更换新钨丝灯 |
| 氘灯不亮 | ①灯丝电压、阳极电压均有，则可能是因为灯丝烧断或氘灯寿命到期(此种原因概率最高)<br>②氘灯在启辉的瞬间灯内闪动一下或连续闪动，并且更换新的氘灯后依然如此，有可能是启辉电路有故障 | ①更换氘灯<br>②灯电流调整用的大功率晶体管损坏的概率最大(需要专业人士修理) |
| 光源灯点亮但没有任何检测信号输出 | 光束没有照射到样品室内 | 调整光源镜到位，维修双光束仪器的切光电机 |
| 样品室内无任何物品的情况下，基线噪声大 | ①光源镜位置不正确、石英窗表面被溅射上样品<br>②如仅紫外区基线噪声大，则可能是氘灯老化 | ①重新调整光源镜的位置，使光源照射到入射狭缝的中央或用乙醇清洗石英窗<br>②更换氘灯 |
| 样品室放入空白后，基线噪声较大 | 比色皿表面或内壁被污染；使用了玻璃比色皿或空白样品，对紫外光谱的吸收太强烈 | 清洗比色皿，更换空白溶液 |
| 样品出峰位置不对(波长误差过大) | 波长传动机构产生位移 | 参见波长校正方法 |
| 信号的分辨率不够，某些小峰无法观察到 | 狭缝设置过宽而扫描速度过快，使仪器的分辨率下降 | 放慢扫描速度观察或将狭缝变窄 |
| 显示不稳定 | ①仪器预热时间不够<br>②环境振动过大，光源附近气流过大或外界强光照射<br>③电源电压不正常<br>④仪器接地不良<br>⑤样品浓度太高<br>⑥样品架定位没定好，造成遮光现象 | 首先更换一种稳定的试样判定属于仪器原因还是样品原因<br>①保证开机预热时间 20min<br>②改善工作环境<br>③检查电源电压<br>④改善接地状态<br>⑤稀释样品后测定<br>⑥修理推拉式样品架的定位碰珠 |

续表

| 故障现象 | 故障原因 | 排除方法 |
|---|---|---|
| 调不到零 | ①放大器损坏<br>②没放"0T"校具(黑体)<br>③状态不对(不在 T 挡) | ①修理放大器<br>②改善方法<br>③设在 T 挡 |
| 调不到100% | ①灯不亮<br>②光路不准<br>③放大器损坏<br>④参比溶液不正确<br>⑤样品溶液不正确<br>⑥比色皿方向没放对 | ①检查灯电源电路<br>②调整光路<br>③修理放大器<br>④改善方法<br>⑤更换溶液<br>⑥重新放置比色皿 |

**(2) 更换光源灯的注意事项**

紫外-可见分光光度计经常因光源达不到要求而需要进行调整，同时光源灯是其中最容易损坏的元件，需要更换，以下为灯光源更换注意事项。

① 更换时，应戴上干净的手套，不要用手直接接触灯泡表面，如果用手指摸过，应用无水酒精和乙醚混合液擦干净，否则通电过后指印遇热不能去除，沾污灯壳而影响发光能量。

② 更换时，应先切断电源，并待灯完全冷却后操作。

③ 灯安装时，灯丝要与狭缝平行，以便充分利用其光能量，最好与原来换下的灯的灯丝高度进行比较，取一样高度。

④ 装好新灯后，灯座螺丝先不要固定紧，需要调整位置，具体调整方法参考前文，有些仪器是通过调整反射镜来实现的。

#### 1.2.3.3 比色皿的使用

比色皿的使用不当会造成很大的实验误差，下面对比色皿的使用与维护做相关介绍。

**(1) 比色皿简介**

比色皿（又名吸收池、样品池）用来装参比液、样品液，配套在光谱分析仪器上，如分光光度计、血红蛋白分析仪、粒度分析仪等。比色皿是分光光度计的重要配件，一般为长方体，其底及两侧为磨毛玻璃，另两面为光学玻璃制成的透光面。

比色皿的制造工艺有两种，一种是黏合剂黏合而成，另一种是高温熔融而成。比色皿的材料通常来源于石英、熔凝硅石和光学玻璃。常用比色皿的形状有方形、矩形和圆筒形，容量一般为几毫升，也有用于少量试样的微型或超微型毛细管皿，另外还有高温、低温、恒温比色皿。比色皿按照使用的波长范围分为可见光系列（称为玻璃比色皿）、紫外-可见光系列（称为石英比色皿）、红外光系列（称为红外石英比色皿）。

紫外-可见分光光度实验中的比色皿通常使用玻璃比色皿和石英比色皿，玻璃比色皿是用光学玻璃制成的比色皿，只能用于可见光区，适用于330～1000nm波长范围；石英比色皿是用熔融石英（氧化硅）制成的比色皿，既可用于紫外光区，也可用于可见光区，适用于200～400nm的紫外光区和整个可见光区范围。

在紫外光区时，由于玻璃比色皿强烈吸收紫外光，对实验数据和结果有影响，而石英比色皿不吸收紫外光，不会影响数据，因此在紫外光区不使用玻璃比色皿而使用石英比色皿。在可见光区，玻璃的影响非常小，可忽略，和石英比色皿一样均可以使用。但考虑到节约经济的因素，由于玻璃比色皿的价格远远低于石英比色皿，通常选择可见光区使用玻璃比色皿，紫外光区使用石英比色皿。

**(2) 比色皿的鉴别**

在实际使用时，由于石英和玻璃比色皿在肉眼上很难区分，经常容易弄混，而玻璃比色皿应用在紫外吸收实验时又会造成很大的影响，因此可通过下面两种方法进行鉴别。

① 直观法。比色皿上通常会有字母标识，玻璃比色皿口沿处有"G"（glass，玻璃），而石英比色皿口沿处有"Q"（quartz，石英）或者"QS/S"（quartz glass，石英玻璃）。如果没有字母标识或者标识已磨损，那就需要用仪器进行辨别。

② 机试法。使用紫外-可见分光光度计可以鉴别玻璃比色皿、石英比色皿，也可配对比色皿。现行国家检定规程规定石英比色皿在250nm下吸光度应小于0.07，若吸光度大于0.07则为玻璃比色皿。鉴别步骤如下所示：

比色皿内不放置任何样品，以空气为介质，波长设置为250nm，调零。将比色皿放置在样品室内进行测定，若吸光度值小于0.07，则是石英的，反之是玻璃的。

**(3) 比色皿的使用方法**

在使用比色皿时，两个透光面要完全平行，并垂直置于比色皿架中，以保证在测量时，入射光垂直于透光面，避免光的反射损失，保证光程固定。

比色皿使用时应注意以下几点：

① 拿取比色皿时，只能用手指接触两侧的毛玻璃，避免接触透光面。同时注意轻拿轻放，防止破损。

② 比色皿中不应长期盛放含有腐蚀玻璃物质的溶液。

③ 比色皿高温后易爆裂，因此不应放在火焰或电炉上加热或干燥箱内烘烤。

④ 当比色皿里面被污染，应用无水乙醇清洗，并晾干或及时擦拭干净。

⑤ 比色皿的透光面不应与硬物或脏物接触。比色皿使用时切勿碰撞。

⑥ 盛装溶液时，高度应为比色皿的2/3，透光面如有残液，可先用滤纸轻轻吸附，然后用镜头纸或丝绸顺着同一方向擦拭。

⑦ 比色皿中的液体应沿毛玻璃面倾斜，慢慢倒掉，不要将比色皿翻转；然后直接将口向下放在干净的滤纸上吸干剩余液；最后用蒸馏水冲洗比色皿内部，倒掉（操作同上）。这样可以避免液体外流，第2次测量时就不用擦拭比色皿，防止因擦拭带来误差。

⑧ 通常比色皿在出厂时已进行了配对检定，应成对使用。一个盒子里面的比色皿不要拿乱，使用完放回原盒保存。尽量做到每个实验、每台紫外-可见分光光度计有专用的配套比色皿，不相互混用。如有交叉使用，可记录在册，下次恢复正常使用。

⑨ 比色皿在使用后，应立即用水冲洗干净。必要时可用1∶1的盐酸浸泡10min或在2%的硝酸溶液中浸泡24h，然后用水、蒸馏水依次冲洗干净，擦干。

⑩ 在测量时如对比色皿有怀疑，可自行检测。

⑪ 比色皿清洗后在通风阴凉处干燥，等彻底干燥后放入相应装具中。放置时，装具保持清洁干燥，比色皿应秉承"光面朝上，毛玻璃面在两侧"的原则，这样便于抓取两毛玻璃面拿出使用，不易弄污透光面。

**(4) 比色皿的配对**

比色皿配对比较麻烦，通常在出厂时已做好配对，尽量不要弄混。

现行的国家检定规程中规定配对的两只比色皿间差值不得超过±0.5%。因为在可见光区，玻璃比色皿和石英比色皿都可以使用，所以可利用可见光下每对比色皿间的透光率直接进行比较，方法如下：

将需要进行配对的比色皿准备好，在波长500nm下，以空气和纯水为介质，使用透光率$T$进行测量，将每组比色皿中的一只透射率调为100%，测量另外一只的透光率，凡透射率之差不大于0.5%（$\Delta T \leqslant 0.5\%$），即可配对使用。

#### (5) 比色皿的洗涤

分光光度法中比色皿的洁净程度是影响测定准确度的因素之一。因此，比色皿必须保持清洁和无伤痕，并选择正确的洗净方法：玻璃和石英比色皿通常可用冷酸或酒精、乙醚、丙酮、正己烷等有机溶剂清洗；绝对不能用毛刷清洗比色皿，以免损伤它的透光面。

应按照测定的各种试剂，采用溶解中和的方法进行清洗，原则包括：不能损坏比色皿的结构和透光性能；能够采用中和溶解的方法来达到使比色皿干净如初的效果。

① 清洗液的选择。如果比色皿被有机物污染，宜用盐酸-乙醇（1:2）混合液浸洗，也可用相应的有机溶剂如醇醚混合物浸泡洗涤。例如油脂污染可用石油醚浸洗，铬天青显色剂污染可用硝酸（1:2）浸洗等。注意比色皿不可用碱液洗涤，也不能用硬布、毛刷刷洗。

铬酸洗液效果不错，但通常不用来清洗比色皿，因为带水的比色皿在该洗液中可能会产生热量，致使比色皿胶接面裂开而损坏。同时铬酸洗液会在比色皿壁上吸附而出现一层铬化物的薄膜，这种薄膜很难去除，铬酸清洗后的比色皿在紫外区间基本不透光，导致不能使用。

也可用冷的或温热（40~50℃）的阴离子表面活性剂的碳酸钠溶液（2%）浸泡，可加热10min左右。对于有色物质的污染可用HCl（3mol/L）-乙醇（1:1）溶液浸泡洗涤。

② 清洗步骤。比色皿用完后应当先用适当溶剂冲洗，注意里外都要洗到。如果溶剂无毒，可以装入一半溶剂后，用手指按住比色皿的两端，用力摇晃，次数应当不少于3次。然后用大量的自来水冲洗，这一步对水溶液和盐溶液非常重要。如果所用溶剂不亲水可以选择其他溶剂，如石油醚洗涤后，可用乙醇洗涤，再晾干。最后用去离子水清洗，注意里外都要洗到。

洗完后不要刻意地将比色皿擦干，可虚放在比色皿盒内，不用盖上让其自然晾干。

当遇到测定各种酸、碱、有机溶液时，若测定溶液是酸，可用弱碱溶液洗；若是测定溶液是碱，可用弱酸溶液洗；若测定溶液是有机物质，可用有机溶剂，比如无水乙醇等溶液洗。

对一般方法难以洗净的比色皿，还可以采取以下两种方法：

① 先将比色皿浸入含有少量阴离子表面活性剂的碳酸钠（20g/L）溶液浸泡，经水冲洗后，再于过氧化氢和硝酸（5:1）混合溶液中浸泡30min。

② 在通风橱中用盐酸、水和甲醇（1:3:4）混合溶液浸泡，一般不超过10min。

## 1.3 红外光谱仪

红外光谱法（IR）主要用来鉴别有机化合物的官能团，是有机化合物结构分析的四大谱之一，主要利用红外辐射与物质分子振动或转动的相互作用，通过记录试样的红外吸收光谱，以特征吸收峰所对应的波长或波数、峰数目及峰强度作为未知物定性分析及结构分析的依据。特征吸收峰是物质浓度的函数，朗伯-比尔定律也是红外光谱法定量分析的依据。

红外光谱的研究早在 19 世纪后期就已开始，而红外光谱仪的研制可追溯至 20 世纪初期。1908 年 Coblentz 制备和应用了以氯化钠晶体为棱镜的红外光谱仪，1910 年 Wood 和 Trowbridge 研制了小阶梯光栅红外光谱仪，1918 年 Sleator 和 Randall 研制出高分辨仪器。直至 20 世纪 40 年代，光谱工作者才开始研究双光束红外光谱仪，1944 年诞生了世界上第一台红外光谱仪（早期称红外分光光度计）。1950 年开始商业化生产名为 Perkin-Elmer 21 的双光束红外光谱仪，其色散元件为氯化钠（或溴化钾）晶体制成的棱镜，因此通常称为棱镜分光的红外光谱仪。与单光束光谱仪相比，双光束红外光谱仪不需要由经专门训练的光谱工作者操作就能获得较好的谱图，因此 Perkin-Elmer 21 很快在美国畅销，它使红外分析技术进入实际应用阶段，成为第一代红外光谱仪。但棱镜分光的红外光谱仪由于氯化钠（或溴化钾）晶体等色散元件的折射率随环境温度的变化而变化，仪器使用过程需恒温，且存在分辨率低、测量波长范围窄、实验结果再现性较差等缺陷。20 世纪 60 年代，随着光栅技术的发展，光栅衍射分光技术取代棱镜分光技术被应用于红外光谱仪，产生第二代红外光谱仪——光栅分光红外光谱仪，其测量波长范围、分辨率等方面的性能远优于棱镜分光红外光谱仪，但光栅分光红外光谱仪在远红外区分出的光能量仍很弱，光谱质量较差，测定速度较慢，动态跟踪实验以及与其他仪器的联用技术仍然无法实现。随着计算机技术的飞速发展，20 世纪 70 年代第三代红外光谱仪——干涉分光傅里叶变换红外光谱仪（Fourier transform infrared spectrometer，FTIR）诞生，它无分光系统，一次扫描可得全范围光谱，因具有光通量高、测定快速灵敏、分辨率高、信噪比高等诸多优点，迅速取代棱镜和光栅分光红外光谱仪。至 20 世纪 80 年代中后期，世界上生产红外光谱仪的主要厂商基本停止棱镜和光栅分光红外光谱仪的生产，集中精力于 FTIR 仪的研制，不断推出更为新型、先进的 FTIR 仪。

相对于棱镜或光栅红外光谱仪，FTIR 仪具有以下特点。

① 测量速度快。动镜扫描一次的时间约 1s，也就是 1s 内即可完成所设定光谱范围内的扫描，计算机即时进行傅里叶变换形成 FTIR 谱，这一速度比棱镜或光栅红外光谱仪的测量速度快几百倍。FTIR 仪可以在线监测色谱分离的样品，使色谱与红外光谱联用成为可能，可以有效跟踪快速的原位化学反应等，这些工作是棱镜或光栅红外光谱仪无法实现的。

② 分辨率高。根据 FTIR 仪的工作原理，FTIR 的分辨率近似等于最大光程差的倒数，也就是动镜移动有效距离 2 倍的倒数，理论上动镜移动有效距离越长，就可得到越高的分辨率。而棱镜或光栅红外光谱仪的分辨率与其光谱狭缝宽度成反比，但是光谱狭缝宽度越窄，光通量就越小，结果会牺牲光谱的灵敏度和信噪比，因此棱镜或光栅红外光谱仪的分辨率不可能很高。

③ 信噪比好。FTIR 仪测量的原始数据是一整束混合光的干涉图，未经过光谱狭缝，因此信号强度大、信噪比优，同时由于样品的吸收信号是一个确定的值，而噪声在一定范围内是随机的，因此可通过增加 FTIR 仪扫描次数，降低平均噪声信号，进而可达到提高信噪比效果的目的。

④ 波数准确度及重复性好。FTIR 仪对谱峰位置的精确校准是由其内置的激光器完成的，激光器发出的单一波长光非常稳定，由它监测确定的干涉仪动镜位置非常准确，所以用它得到的数据确定光源发出的红外光频率也是非常准确的，不同时间测量结果都一样，因此

波数准确度及重复性都很好。

⑤ 测定范围宽。许多 FTIR 仪只要更换合适的分束器、光源、检测器，就可测量近、中、远整个红外区的光谱。

任何气态、液态、固态样品均可进行红外光谱测定，这是其他仪器分析方法难以做到的。每种化合物均有红外吸收，尤其是有机化合物的红外光谱能提供丰富的结构信息，红外光谱是有机化合物结构解析的重要手段之一，被广泛地应用于有机化学、高分子化学、无机化学、化工催化、石油、材料、生物、医药、环境等领域。

## 1.3.1 傅里叶变换红外光谱仪的结构

色散型红外光谱仪以光栅作为色散元件，由于采用了狭缝，光的能量受到限制，扫描速度较慢。因此，无需采用色散元件的傅里叶变换红外光谱（FTIR）仪便被开发出来。它利用迈克尔逊干涉仪得到入射光的干涉图，通过傅里叶变换将其转化成红外光谱图，无需单色器和狭缝。其结构图如图 1-6 所示。

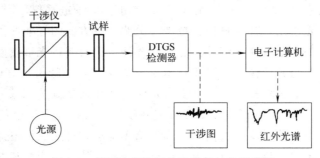

图 1-6　傅里叶变换红外光谱仪结构示意图

一台完整的 FTIR 仪由光学台和计算机（含打印机）组成，光学台主要包括光源、干涉仪、检测器以及样品室、光阑、氦氖激光器、电路板、各种红外反射镜等。

在一台较高级的 FTIR 仪上，只要通过更换光源、干涉仪的分束器以及检测器等简单操作，就可使仪器从中红外光谱工作范围拓展至近、远红外光谱工作范围。目前，计算机不但安装有对检测器传送过来的信号进行傅里叶变换处理的软件，还安装有对形成的红外谱图进行分析处理的软件，这些软件的操作都已高度智能化，非常便于红外光谱工作者使用。下面就光学台主要器件光源、干涉仪、检测器、光阑进行较详细介绍。

**(1) 光源**

红外光源应能发射高强度连续稳定的红外光，中红外光源主要有能斯特灯、硅碳棒光源以及陶瓷光源。能斯特灯是由氧化锆、氧化钇、氧化钍混合物烧结而成的中空棒或实心棒，其两端绕有铂丝作为电极，工作时不用水冷却，发出的光强较强，但机械强度较差，使用前需预热。硅碳棒是一种由硅碳（SiC）烧结而成的两端粗、中间细的实心棒，传统硅碳棒的优点是光源能量高、功率大、发光面积大、较坚固；缺点是耗能高，热辐射强，使用时其两端需要用水冷却电极接触点，目前已基本不用。经改进的硅碳棒光源（EVER-GLO 光源），虽然发光面积小，但红外光强，而且热辐射很弱，不需要水冷却。陶瓷光源是陶器器件保护下的镍铬铁合金线光源，早期的陶瓷光源为水冷却光源，现在使用的基本为空气冷却光源。

由于 $50 cm^{-1}$ 以下远红外区域大部分化合物基本没有吸收谱带，而硅碳棒光源、陶瓷光源基本能覆盖整个中红外波段范围及大部分远红外区域，因此可用作中、远红外光谱测定的光源。如果需要测定 50～10cm$^{-1}$ 远红外区间的远红外光谱，则使用高压汞弧灯光源。测试近红外光谱使用的光源是卤钨灯或石英卤素灯，石英卤素灯也称白光光源。目前常用红外光源种类及适用范围见表 1-5。

表 1-5　常用红外光源种类及适用范围

| 光源种类 | 可适用范围 | 光源种类 | 可适用范围 |
| --- | --- | --- | --- |
| 空气冷却 EVER-GLO 光源 | 中、远红外 | 高压汞弧灯光源 | 远红外 |
| 空气冷却陶瓷光源 | 中、远红外 | 卤钨灯 | 近红外 |
| 高压汞弧灯光源 | 远红外 | 石英卤素灯 | |

红外光源是有使用寿命的，为延长红外光源的使用寿命，现在有的仪器公司（如 Themo Fisher 公司等）将光源的能量设置为可自动调节的三挡，当仪器不工作时，光源的能量自动调节为最低挡；当仪器工作时，光源的能量自动调节为中挡；当使用红外附件时，为提高信噪比，光源的能量自动调节为最高挡。通过这些方式的调节，可大大延长红外光源的使用寿命。

**(2) 干涉仪**

干涉仪是 FTIR 仪的核心部分，是 FTIR 仪与棱镜或光栅红外光谱仪最为区别的器件，FTIR 仪的性能指标主要由干涉仪决定。

虽然干涉仪的设计原理均基于迈克尔逊干涉仪（基本组件包括动镜、固定镜和分束器），但为提高 FTIR 仪的性能指标，各仪器公司开发出具有专利技术的各种干涉仪，促使干涉仪的种类和性能不断发展。目前，干涉仪的主要种类有：空气轴承干涉仪（分辨率可优于 0.1cm$^{-1}$）、机械轴承干涉仪（分辨率可优于 0.1cm$^{-1}$）、皮带移动式干涉仪（最高分辨率可达 0.0008cm$^{-1}$）、双动镜机械转动式干涉仪（分辨率难以达到 0.1cm$^{-1}$）、双角镜耦合干涉仪（分辨率难以达到 0.1cm$^{-1}$）、动镜扭摆式干涉仪、角镜型迈克尔逊干涉仪（分辨率难以达到 0.1cm$^{-1}$）、角镜型模状分束器干涉仪、悬挂扭摆式干涉仪等。

干涉仪的性能除了受其设计结构影响外，受到分束器种类的影响也很大。根据迈克尔逊干涉仪工作原理，分束器应能将一束红外光分裂为相同的两部分，50% 光通过分束器，50% 光被分束器反射，不同种类分束器对不同波数范围的分光效果是不同的。目前常用的中红外分束器是在溴化钾或碘化铯基片上镀上 1μm 厚的锗薄膜，分别制成 KBr/Ge 分束器（适用范围为 7000～75cm$^{-1}$）和 CsI/Ge 分束器（适用范围为 4500～240cm$^{-1}$），两种分束器均很容易吸潮而损坏，其中 CsI/Ge 分束器比 KBr/Ge 分束器更容易吸潮。目前部分仪器公司使用了一种改进的 KBr 分束器（称为宽带 KBr 分束器，适用范围为 11000～370cm$^{-1}$），可用于中红外以及近红外区。测量近红外光谱通常使用 CaF$_2$ 分束器，另外还有石英分束器，石英分束器可测量范围比 CaF$_2$ 分束器宽，但价格比 CaF$_2$ 分束器高很多。测量远红外光谱常用的分束器有两种，一种是聚酯薄膜分束器，另一种是固体基质分束器。由于远红外光的波长较长，当远红外光通过聚酯薄膜分束器时，会发生干涉，因此测量远红外光谱时，不同远红外区域所需聚酯薄膜分束器的厚度要求是不一样的，对于绝大多数固体或液体化合物，使用 6.25μm 厚度的即可满足要求。固体基质分束器的测量范围为 650～50cm$^{-1}$，也完全满足绝大多数固体或液体化合物的远红外光谱测量。目前常用的分束器及其适用范围见表 1-6。

表 1-6　常用红外分束器及其适用范围

| 分束器种类 | 适用范围 | 分束器种类 | 适用范围 |
|---|---|---|---|
| KBr/Ge 分束器 | 中红外 | $CaF_2$ 分束器 | 近红外 |
| CsI/Ge 分束器 | 中红外 | 聚酯薄膜分束器（6.25μm 厚） | 远红外（500～100$cm^{-1}$） |
| 宽带 KBr 分束器 | 中、近红外（11000～370$cm^{-1}$） | 固体基质分束器 | 远红外（650～50$cm^{-1}$） |

**(3) 检测器**

检测器用于检测干涉光通过试样后剩余能量的大小，要求具有较高的灵敏度、较快的响应速度和较宽的响应波数范围。常用检测器及其适用范围列于表 1-7。

表 1-7　常用检测器及其适用范围

| 检测器种类 | 适用范围 | 检测器种类 | 适用范围 |
|---|---|---|---|
| DTGS/KBr 检测器 | 中红外 | PbSe 检测器 | 近红外 |
| DTGS/CsI 检测器 | | | |
| MCT 检测器（包括 A、B、C 三种类型） | | DTGS/Polyethylene 检测器 | 远红外 |

目前中红外光谱常用的检测器主要有 DTGS 检测器和 MCT 检测器。DTGS 检测器由氘代硫酸三甘肽晶体（DTGS）制成，即将 DTGS 晶体切成几十微米厚的薄片，再从薄片引出两个电极连通前置放大器，信号经前置放大器放大后进行模数转换，然后发送到计算机进行傅里叶变换。DTGS 晶体越薄，灵敏度越高。DTGS 晶体易受潮而损坏，其外部需用红外窗片密封保护，因此根据密封材料，又将 DTGS 检测器分为 DTGS/KBr（适用范围为 4000～400$cm^{-1}$，通常作为 FTIR 仪的标准配置，易受潮）、DTGS/CsI（适用范围为 4000～200$cm^{-1}$，易受潮）和 DTGS/KRS-5（适用范围为 5000～250$cm^{-1}$，耐潮但有毒）检测器。MCT 检测器由半导体碲化镉和半金属化合物碲化汞混合制成，根据两种化合物含量比例，又分为 MCT/A（适用范围为 10000～650$cm^{-1}$）、MCT/B（适用范围为 10000～400$cm^{-1}$）、MCT/C（适用范围为 10000～580$cm^{-1}$）三种，MCT/A 检测器比 MCT/B、MCT/C 检测器的灵敏度高，响应速度也较快。MCT 检测器使用的波数范围比 DTGS 检测器窄一些，但灵敏度和响应速度都比 DTGS 检测器好，可是使用较麻烦，需要液氮冷却。

测量近红外光谱通常使用 PbSe 检测器，其适用范围为 11000～2000$cm^{-1}$，除此之外，还有灵敏度更高的 Ge、InSb、InGaAs 等检测器，与 MCT 检测器一样，Ge、InSb 检测器需在液氮冷却下工作。

测量远红外光谱使用的检测器为 DTGS/Polyethylene，其适用范围为 650～50$cm^{-1}$。DTGS/Polyethylene 检测器的传感器件也是 DTGS 晶体，密封材料为聚乙烯（polyethylene），较耐潮。

对于能够测量近、中、远红外光谱的 FTIR 仪，一般都设计有两个检测器位置，一个用于中红外检测器固定，另外一个安放近红外或远红外检测器，当需要测量近红外或远红外光谱时，只要从计算机操作软件调用有关参数，仪器就能自动从中红外检测器切换到近红外或远红外检测器。

**(4) 光阑**

为调节光通量的大小，在红外光源与准直镜之间设置了一个光阑。加大光阑孔径，有利于提高检测灵敏度，但有可能使能量溢出；缩小光阑孔径，检测灵敏度降低。目前，FTIR仪使用的光阑有两种设计方式，一种是连续可变光阑，另一种是固定孔径光阑。

连续可变光阑的孔径大小可以连续调节，有些FTIR仪内置的连续可变光阑孔径大小以数字表示，如Themo Fisher公司生产的仪器以0～150表示，数字0表示光阑最小（不透光），150表示光阑全部打开，光通量最大。

固定孔径光阑是在一块可转动的圆板上钻几个不同直径的圆孔，测定时，根据所选分辨率，选择其中一种与之相匹配的圆孔，当使用低分辨率测定时，选择较大的圆孔，当使用高分辨率测定时，选择较小的圆孔。当仪器配置的固定孔径光阑无法满足测定需求时，有时需要另外在光通过准直镜前插入光通量衰减器。

应根据到达检测器的能量大小来调节光阑孔径，一般来说，当使用DTGS检测器时，光阑孔径通常选择最大与最小孔径的中间位置；当使用红外附件时，由于大多数红外附件对光有衰减效果，因此尽量选择最大孔径；当使用MCT/A检测器时，选择的光阑孔径应小些。

## 1.3.2 傅里叶变换红外光谱仪常用仪器型号及操作方法

### 1.3.2.1 常用仪器型号

目前，世界上生产FTIR仪的厂家主要有：Thermo Fisher公司（美国）、Perkin Elmer公司（美国）、Bruker公司（美国）、Bomen公司（加拿大）、岛津公司（日本）和北京瑞利分析仪器公司（中国，原北京第二分析仪器厂）等。这些厂家均有通用型、分析型、研究型、高级研究型等不同档次的FTIR仪，以供红外光谱工作者根据工作需要选购。下面介绍岛津FTIR-8400S傅里叶变换红外光谱仪，如图1-7所示。

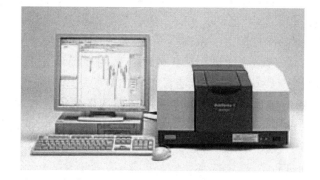

图1-7 岛津FTIR-8400S傅里叶变换红外光谱仪示意图

### 1.3.2.2 操作方法

**(1) 仪器安装的基本要求**

不同红外光谱仪的仪器安装要求有所不同，但一般都主要包括对实验室环境、电源、通风、气体等方面的要求。

① 实验室环境的要求。室内温度要求保持在15～30℃，避开阳光直射及空调风直吹，实验室湿度要求在70%以下，环境应清洁无尘、无腐蚀性气体、无水汽。

② 安装空间的要求。安装要求提供足够坚固的安装平台，支撑平稳，要求能够充分承重且无倾斜。安装平台应远离产生高磁场、电场、高频的设备。一台红外光谱仪还往往配有计算机、打印机、电缆线等附属设备，需预留足够的安装空间。

③ 电源要求。为保证安全，一般要求使用带有漏电保护的电源，电压要求稳定，仪器需要单独接地，确保仪器和人身安全，最好配备稳压电源。

④ 气体要求。部分红外光谱仪需配备吹扫气体以吹扫干涉仪内部及样品室，常使用结露稳定低于-17℃的干燥空气或者氮气作为吹扫气体，防止仪器中的KBr结晶部件吸潮受损。

(2) 常见的配套附件

一台红外光谱仪除了仪器本身的部件外,针对各种不同的试样还需要配有用于不同样品处理的配套附件,主要包括模具和压片装置、研磨设备、干燥设备、薄膜制样机、液体样品池、气体样品池等。对于现代的一些红外光谱仪,还可以采用衰减全反射(ATR)技术来进行样品的分析,因此这些仪器还需配套各种 ATR 附件。

① 模具和压片装置。如图 1-8 所示,红外光谱仪基本配有配套的压片模具。将固体样品及 KBr 研磨、干燥后,置于模具中压制成固定规格的样品片,用于检测。压片常用的装置主要是手动油压机,此外也有一些仪器配有自动压片机。模具具有不同规格,所压制的样品片直径大小不同,油压机有不同的压力规格,可根据所用模具的荷载压力来选择。现代的压片模具还具有抽真空的功能,可以方便地对样品进行真空干燥。

图 1-8　红外光谱仪模具及压片装置示意图

② 研磨设备。固体样品需要研磨成合适大小的均匀粉末后进行压片,常用的研磨设备是玛瑙研钵。为了达到更好的研磨效果,有条件的实验室也可配备球磨机。

③ 干燥设备。红外光谱分析中,由于水分子本身有红外吸收,且会对 KBr 盐片和仪器造成损伤,因此要求 KBr、样品及制样模具均保持干燥。实验室常用的干燥设备有真空干燥器、红外灯等。

④ 薄膜制样机。某些试样需采用薄膜法进行制样,例如一些聚合物材料和薄膜材料。因此,有些红外光谱仪也配备有相应的薄膜制样机。

⑤ 液体样品池。对于一些较易挥发的液体样品,常需要采用液体样品池来进行红外光谱的测定。常见的液体样品池如图 1-9 所示,由前窗片、隔离片、后窗片、橡胶垫片等部分组成。使用时用注射器将液体样品注射到样品池中,测试完毕再用注射器吸出样品,并注射溶剂进行清洗。

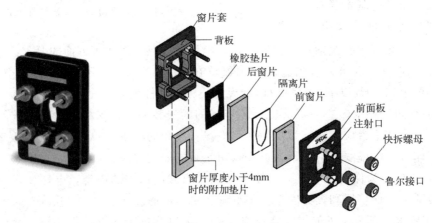

图 1-9　液体样品池示意图

⑥ 气体样品池。气体样品池可用于测定浓度较高的气体、气体混合物和蒸汽等试样,

有专用气体池架,如图1-10所示,池体材料常用玻璃或不锈钢,两端的窗片可选用NaCl、KBr、$CaF_2$、ZnSe等;有相应的阀门,用于气体样品的引入或释放。

⑦ ATR附件。衰减全反射(ATR)技术是红外光谱仪器发展较快的一个技术,也是目前使用最广泛的采样技术,可以进行定性或定量测试。ATR技术基本不用样品制备,可以大大加快测试速度、提高测试效率。目前ATR技术发展已经十分全面,从多次ATR到单次ATR、从常温测试到变温测试、从常压技术到高压超临界技术均能实现。ATR附件种类有很多,可以实现不同的功能,适合于各种样品(液体、固体、粉末、糊状物质)的分析,在药物科学、刑侦学、地球科学、毒品分析、生物科学等领域有着很好的应用。

图1-10 气体样品池示意图

(3) 仪器的技术指标

岛津FTIR-8400S傅里叶变换红外光谱仪的准确度要求:能够达到在$3000cm^{-1}$附近的波数误差不大于$±5cm^{-1}$,在$1000cm^{-1}$附近的波数误差不大于$±1cm^{-1}$。使用聚苯乙烯膜校正片校正后,仪器的分辨率满足在$3110\sim2850cm^{-1}$的范围内,能清晰分辨出7个峰,其中峰$2851cm^{-1}$与谷$2870cm^{-1}$之间的分辨深度应不小于18%透光率;峰$1583cm^{-1}$与谷$1589cm^{-1}$之间的分辨深度应不小于12%透光率。此外,仪器的波数重复性应不小于测量时设定分辨率的50%,仪器标准分辨率应不低于$2cm^{-1}$,100%基线偏差应小于4%透光率,基线噪声应不大于1%。

(4) 仪器的操作方法

① 开机。按顺序开启稳压电源、显示器、红外光谱仪主机、计算机主机及打印机等电源开关。

② 启动软件。双击计算机桌面"Irsolution"快捷键后,进入IRsolution工作站。

③ 选择仪器及初始化。选择菜单栏上的"Environment"→"Instrument Preferences"→"Instruments",选择仪器。选择菜单栏上的"Measurement"→"Initialize",初始化仪器至两只绿灯亮起,即可进行测量。

④ 参数设定。在"Measure"窗口中,根据需要选择适当参数。对于常规操作,参数设定如下:扫描范围一般是从$4000\sim400cm^{-1}$,扫描速度根据具体需要设定。

⑤ 光谱测定。在"Measure"窗口的"Data file"框中,选择合适的路径,写入待测图谱的文件名;在"Comment"框中输入待测试品名。

采集背景的红外光谱:打开样品室盖,将空白对照放入样品室的样品架上,盖上样品室盖;点击此窗口的"BEG"键,弹出对话框,点击"确定",进行背景扫描。

采集待测试品的红外光谱:打开样品室盖,取出空白对照,将经适当方法制备的待测试品放入样品室的样品架上,盖上样品室盖;点击"Measure"窗口,点击"Sample"键,进行待测试品扫描。

打印图谱:激活要打印的谱图,选择"File"→"Print",弹出窗口,点击"确定",在接下来的窗口中选择模版报告,点击"打开",点击"Print"打印报告,打印前可选择"File"→"Print Preview",预览打印报告。

⑥ 关机。选择"File"→"Exit",退出程序,从计算机桌面的开始菜单中选择关机,出现安全关机提示。先后关闭计算机电源、仪器电源、稳压电源。填写仪器使用记录。

**(5) 仪器使用的注意事项**

① 仪器使用前的注意事项。使用前,需检查仪器的基本情况,确保仪器安装在稳定牢固的实验台上,远离振动源;相关电源等均保持稳定;光路中有激光,开机时严禁眼睛注视光路。

② 仪器使用时的注意事项。待测试品测试完毕后应及时取出,长时间放置在样品室中会污染光学系统,引起性能下降。所用的试剂、试样保持干燥,用完后及时放入干燥器中。仪器不准随便移动和拆卸。不得随意卸载、删除电脑上的任何软件和资料,保证仪器的正常使用。在工作期间,不可中途断电。要及时做好仪器使用登记记录。

#### 1.3.2.3 红外试样的制备方法

红外光谱分析时,试样的制备是成功检测的关键,需要根据试样的状态、性质、分析目的和仪器情况选择合适的制样方法。红外光谱分析时,试样可以是固体、液体或气体,这是很多其他仪器较难做到的,但样品一般需要符合以下要求:一是试样应是单组分的,纯度应大于99%或者符合商业规格,多组分试样在测定前应预先进行分离提纯;二是试样应干燥,水有红外吸收,会干扰谱图,而且会侵蚀吸收池的盐窗,因此所用试样应当经过干燥处理;三是试样的浓度和测试厚度应选择适当,以使光谱图中的大多数吸收峰的透射比处于15%~75%范围内。

**(1) 固体试样的制备**

固体试样常用的制备方法包括:压片法、糊状法、溶液法、薄膜法、熔融成膜法等。压片法最常用,先将1~2mg固体试样粉末与100~200mg纯KBr粉末在研钵中研细混匀,使粒度为2~5μm,以免色散光影响,然后将其置于模具中,在$(5\sim10)\times10^7$Pa压力(最好是真空条件)下用油压机压成1~2mm厚的透明薄片,即可用于测定。KBr易吸收水分,所以在制样过程中应尽量避免水分的影响。该方法操作简便,但不适用于不稳定的化合物。糊状法是将2~5mg试样干燥处理研磨后与1~2滴重烃油混合,调成糊状,夹在两个窗片之间测定。溶液法则是将试样溶于适当的溶剂中,然后注入液体池进行测定。某些难以用以上几种方法制备的试样,可以使用薄膜法,即将样品溶于挥发性试剂,再涂在盐片上,挥发后制成薄膜来测定。对于找不到合适溶剂,但熔融不分解的试样,也可用熔融法制成薄膜来测定。薄膜法常常可以使用配套的薄膜制样机制样。

**(2) 液体试样的制备**

液体试样常用的制备方法包括:液膜法、液体池法和溶液法等。液膜法也称夹片法,将1~2滴试样夹在两块晶面之间形成液膜,置于试剂架上即可检测。该法操作简单,适用于高沸点及不易清洗的样品。液体池法使用专门的液体样品池,通过使用注射器将样品注入样品池进行检测,适用于沸点较低、易挥发的样品。溶液法即将试样用合适溶剂溶解后,注入液体样品池中进行测定,常用的溶剂有二硫化碳、四氯化碳、三氯甲烷、四氯乙烯、环己烷等。

**(3) 气体试样的制备**

气体试样一般可直接充入已经预先抽真空的气体样品池中进行检测,气体样品池还可用于挥发性很强的液体试样的检测。

### 1.3.3 傅里叶变换红外光谱仪的维护保养与常见故障排除

如前文所述,FTIR仪由于元器件尤其是干涉部件和检测器对环境要求较高,十分脆弱，因此对日常维护的要求非常高。但只要按照保养要求进行细心的处理，就能最大限度延长仪器的使用寿命，否则，仪器的元器件如检测器、分束器受损后一般不能维修，只能更换，不但影响正常工作，而且造成较大的经济损失。因此对 FTIR 仪的维护保养非常重要。

#### 1.3.3.1 仪器的维护保养

傅里叶变换红外光谱仪的最主要部分是光学台，光学台由光源、光阑、干涉仪、检测器、各种红外反射镜、氦-氖激光器及相关控制电路板等组成，这些元器件均需在一定温度范围以及干燥环境下保养，特别是干涉仪、检测器的一些材料由溴化钾、碘化铯等晶片组成，极易受潮，因此要确保光学台一直处于干燥状态。目前生产的傅里叶变换红外光谱仪的光学台除样品室外基本上均设计为密闭体系，内部要求放置干燥剂以除湿，因此仪器管理人员应及时更换干燥剂，一般来说 2~3 周应更换一次，对于南方和沿海地区，更换的频率应更高些。除此之外，FTIR 仪器室最好能配备 2 台除湿机，24h 轮换开机除湿。

红外光本身有一定能量，开机时，红外光能量能把光学台内潮气驱除。因此，即使无样品检测，每周也至少应开机通电几个小时，以驱除光学台内潮气。但由于红外光源、氦-氖激光器等均有一定使用寿命，若无样品测试时，长期开机对它们不利，因此仪器不使用时，最好关闭仪器电源。

光学台中的各平面红外反射镜及聚焦抛物镜上如附有灰尘，只能用洗耳球将其吹掉（最好请维修工程师处理），绝不能用有机溶剂清洗，也不许用擦镜纸或擦镜布擦洗，否则会损坏镜面，降低光学性能。

对于近、中、远红外全谱光谱仪，仪器设计时通常在光学台留有两个检测器位置，并可通过计算机自动转换。有些仪器除一个正常使用的分束器位置外，还留有一个存放不用的分束器的位置。如果仪器只有 2 个检测器和 2 个分束器，应将它们置于相应的位置，2 个以上的检测器或分束器，不能置于仪器内部的，应将它们包装好并置于干燥器内，保持干净、干燥。更换分束器时应轻拿轻放，避免碰撞或较大的振动。

对于仪器的一些配件或元器件，如 MCT/A 检测器、红外显微镜（防尘）等的维护保养，应根据说明书要求进行。

对于一些采用空气轴承干涉仪的红外光谱仪，对推动空气轴承的气体有较高要求（干燥、无尘、无油），因此空气压缩机应是无油空压机，而且气体要经过干燥处理。

应定期观察样品室内的密封窗片。正常情况下窗片应完全透明，若出现不透明、有白点等异常现象，则需更换窗片。

从安装调试开始，做好每台红外光谱仪的建档工作，编写仪器档案册，并将相关资料收入档案盒；编写仪器操作说明书（作业指导书）以及维护保养规程，置于仪器旁方便查阅；建立仪器使用登记本，每次开机检测时，都应记录样品名称、样品编号、测试日期、使用时间、环境的温度等信息，使用登记本用完后应收入档案盒，同时启用新的使用登记本；改变仪器的测试条件或者更换仪器配件时，应记录其工作状态于仪器档案册，以备将来查对比较；仪器发生故障进行维修时，应将维修情况记录于仪器档案册。

FTIR 仪的使用者一定要经过操作培训并考核合格后才能使用该仪器。如果在使用过程中发现异常现象，应及时向仪器管理员及实验室管理层报告，及时处理或排查。

### 1.3.3.2 仪器常见故障及排查方法

有些仪器的使用说明书会给出仪器的常见故障及排查方法，有些仪器还有自诊断功能。当 FTIR 仪不能正常工作时，可先启动仪器自诊断功能，检查仪器某些器件的工作状况，或者根据仪器的异常现象，参照仪器使用说明书进行排查。若发现是仪器硬件损坏，应请专业维修工程师来现场处理，若无法查出故障原因，也应及早与维修工程师沟通，及时传递仪器的故障信息，以便工程师来现场维修之前能大概判定故障原因并准备好所需的备品备件。如果故障原因不是硬件问题，能通过调整、重新设置仪器参数等技术操作解决的，可自行处理。下面列出一些常见故障及排查方法，以供参考。

**(1) 干涉图形能量低，导致信噪比不理想**

可能原因：

① 光路准直未调节好或非智能红外附件位置未调整到正确位置；
② 红外光源已损坏或能量已衰竭；
③ 检测器已损坏或 MCT 检测器无液氮；
④ 分束器损坏；
⑤ 各种红外反射镜或红外附件的镜面太脏；
⑥ 光阑孔径太小或信号增益倍数太小；
⑦ 光路中有衰减器。

排除方法：

① 启动光路自动准直程序，如果正在使用非智能红外附件，则还需进行人工准直；
② 更换红外光源；
③ 请维修工程师检查，必要时更换检测器（检测器损坏很有可能是受潮引起的，因此更换后应注意保持仪器室的干燥），对于 MCT 检测器，可添加液氮再重新检查；
④ 请维修工程师检查，必要时更换分束器（分束器损坏很可能是由于受潮或更换时碰撞产生裂痕而引起的，因此更换后应注意保持仪器室的干燥，从仪器上取出或装入时一定要非常小心）；
⑤ 请维修工程师清洗；
⑥ 重新设置光阑孔径或信号增益倍数，使之处于适当值；
⑦ 取下光路中的衰减器。

**(2) 光学台未能工作，不能产生干涉图**

可能原因：

① 分束器未固定好或已损坏；
② 计算机与光学台未能连接；
③ 控制电路板损坏；
④ 仪器输出电压不正常；
⑤ 操作软件有问题；
⑥ 仪器室温度过高或过低；
⑦ 检测器已完全损坏；
⑧ He-Ne 激光器不工作或能量已较大衰减。

排除方法：

① 重新固定分束器，如分束器已损坏，请维修工程师检查，必要时更换分束器（分束

器损坏很有可能是由于受潮或更换时碰撞产生裂痕而引起的,因此更换后应注意保持仪器室的干燥,从仪器上取出或装入时一定要非常小心);

② 检查计算机与光学台连接口,锁紧接口,重新启动光学台和计算机;

③ 与维修工程师联系,或请维修工程师检查,必要时更换控制电路板(更换后,要再次检查稳压电源工作效率和仪器室电源有无问题);

④ 检查仪器面板上的指示灯,有自诊断程序可启动诊断,检查输出电源是否正常,排查故障原因,并与维修工程师联系;

⑤ 重新安装操作软件;

⑥ 通过空调调控室温;

⑦ 更换检测器;

⑧ 检查 He-Ne 激光器工作是否正常,及时请维修工程师维修。

(3) **干涉图能量过高,导致溢出**

可能原因:

① 光阑孔径太大或信号增益倍数太高;

② 动镜移动速度太慢。

排除方法:

① 重新设置光阑孔径或信号增益倍数,使之处于适当值;

② 重新设置动镜移动速度。

(4) **干涉图不稳定**

可能原因:

① 控制电路板损伤或疲劳;

② 所使用的 MCT 检测器真空度降低或窗口有冷凝水;

③ 测量远红外区时样品室气流不稳定。

排除方法:

① 请维修工程师检查维修;

② 对 MCT 检测器重新抽真空;

③ 待样品室气流稳定后再测试。

(5) **空气背景有杂峰**

可能原因:

① 光学台的样品室混有其他污染气体;

② 各种红外反射镜或红外附件的镜面有污染物;

③ 液体池盐片未清洗干净。

排除方法:

① 用干净氮气吹扫光学台的样品室;

② 请维修工程师清洗;

③ 清洗干净液体池盐片。

(6) **100%透过基线产生漂移**

可能原因:仪器尚未稳定。

排除方法:等稳定后再测试。

红外光谱中的一些常见异常谱带及来源见表 1-8。

表 1-8　红外光谱常见异常谱带及其来源

| 波数/$cm^{-1}$ | 化合物或结构 | 来源 |
|---|---|---|
| 668 | $CO_2$ | 吸收大气中 $CO_2$，正或负 |
| 697 | 聚苯乙烯 | 磨损的聚苯乙烯瓶子或其他机械处理样品过程中 |
| 719、730 | 聚乙烯 | 实验室中常使用聚乙烯产品，其有时候作为污染物出现 |
| 787、794 | $CCl_4$ 气体 | 使用 $CCl_4$ 后没有处理干净 |
| 823 | $KNO_3$ | 无机硝酸盐与溴化钾反应物 |
| 837、1365 | $NaNO_3$ | 氧化氮与窗片上的水汽生成，光源点燃时出现 |
| 980 | $K_2SO_4$ | 无机硫酸盐与溴化钾离子交换的反应物 |
| 1110～1053 | Si—O | 使用玻璃研钵，由玻璃粉末引起的谱带，宽峰 |
| 1110 | Me—O | 研钵或其他物品的灰尘造成的污染，宽峰 |
| 1265 | Si—$CH_3$ | 使用硅树脂造成的污染 |
| 2900～2800 | $(CH_2)_n$ | 烃类物质 |
| 1378 | $NO_3^-$ | 溴化钾的杂质，与—$CH_3$ 位置相近 |
| 1428 | $CO_3^{2-}$ | 溴化钾的碳酸盐及其他杂质 |
| 1613～1515 | >$COO^-$ | 碱金属卤代盐（如溴化钾）与羧酸反应生成的羧酸阴离子引起，压片时能产生 |
| 1639 | $H_2O$ | 少量夹带水的吸收 |
| 1764～1696 | >C=O | 药品的瓶盖、涂层、增塑剂等的污染 |
| 1810 | $COCl_2$ | 氯仿暴露在空气中或日光氧化生成少量光气的谱带 |
| 2326、2347 | $CO_2$ | 吸收大气中 $CO_2$，正或负 |
| 3450 | $H_2O$ | 压片中 KBr 含的微量水的谱带，宽峰，常见 |
| 3650 | $H_2O$ | 石英管出现附着水引起的锐谱带 |
| 3704 | $H_2O$ | 近红外区厚吸收池使用四氯化碳或烃类溶剂中非缔合水的—OH 吸收，锐谱带 |

## 1.4　原子吸收光谱仪

在一定条件下，任何元素的原子都具有其特定的结构，它能够发射或吸收具有特征波长的光谱线；而样品发射或吸收的光谱线的强度则与激发光源或原子化器中被测元素的原子密度有关。所以，原子光谱分析法是利用被测元素的原子对特征波长光谱线的发射或吸收进行定性、定量或结构分析的方法。

原子吸收光谱法（AAS）又称原子吸收分光光度法，简称原子吸收法，是基于蒸气相中待测元素的基态原子对其原子共振辐射的吸收强度来测定试样中待测元素含量的一种方法。原子吸收光谱分析利用的是原子吸收现象，而发射光谱分析则基于原子的发射现象，它们是互相联系的两种相反的过程。这就表现两者在所使用的仪器和测定方法上有相似之处，也有不同之点。在原子吸收光谱分析中，需要有能产生为被测元素所吸收的特征谱线的光源，以及能产生基态原子蒸气的原子化装置以及分光和检测系统。能提供上述功能的仪器，通常称为原子吸收光谱仪（原子吸收分光光度计）。

众所周知，任何元素的原子都是由原子核和绕核运动的电子组成的，原子核外的电子按其能量的高低分层分布而形成不同的能级，因此，一个原子核可以具有多种能级状态。能量最低的能级状态称为基态能级，其余能级称为激发态能级，而能量最低的激发态则称为第一激发态。正常情况下，原子处于基态，核外电子在各自能量最低的轨道上运动。如果将一定外界能量如光能提供给该基态原子，当外界光能量 $E$ 恰好等于该基态原子中基态和某一较高能级之间的能级差 $\Delta E$ 时，该原子将吸收这一特征波长的光，外层电子由基态跃迁到相应的激发态而产生原子吸收光谱。电子跃迁到较高能级以后处于激发态，但激发态电子是不稳定的，大约经过 $10^{-8}$ s 以后，激发态电子将返回基态或其他较低能级，并将电子跃迁时所吸收的能量以光的形式释放出去，这个过程称为原子发射。可见，原子吸收过程吸收辐射能量，而原子发射过程则释放辐射能量。核外电子从基态跃迁至第一激发态所吸收的谱线称为共振吸收线，简称共振线。电子从第一激发态返回基态时所发射的谱线称为第一共振发射线。由于基态与第一激发态之间的能级差最小，电子跃迁概率最大，故共振吸收线最易产生。对多数元素来讲，它是所有吸收线中最灵敏的，在原子吸收光谱分析中通常以共振线为吸收线。

原子吸收光谱法的原理：从光源发出的被测元素的特征辐射通过样品蒸气时，被待测元素基态原子所吸收，由辐射的减弱程度求得样品中被测元素的含量，图 1-11 即为原子吸收光谱分析示意图。

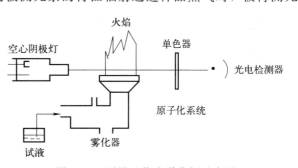

图 1-11　原子吸收光谱分析示意图

20 世纪 50 年代末和 60 年代初，Hilger、Varian Techtron 及 Perkin Elmer 公司先后推出了原子吸收光谱商品仪器。到了 20 世纪 60 年代中期，原子吸收光谱开始进入迅速发展的时期。1970 年，PerkinElmer 公司生产了世界上第一台石墨炉原子吸收光谱商品仪器。

原子吸收技术的发展，推动了原子吸收光谱仪的不断更新和发展，而其他科学特别是计算机科学的技术进步，为原子吸收光谱仪的不断更新和发展提供了技术基础。采用微机控制的原子吸收光谱系统简化了仪器结构，提高了仪器的自动化程度，改善了测定准确度，使原子吸收光谱法的面貌发生了重大的变化。目前，原子吸收光谱仪正朝着多元素同时分析、与其他技术联用以及元素的化学形态分析方面继续发展。

原子吸收光谱法具有以下特点：

① 选择性好，光谱干扰小。原子吸收是对特征谱线的吸收，不同元素的特征谱线不同。此外，光源也是待测元素的单元素锐线辐射，因而，受其他元素干扰和光谱干扰小。

② 检出限低，灵敏度高。不少元素的火焰原子吸收光谱法的检出限可达到 μg/L，而石墨炉原子吸收光谱法的检出限可达到 $10^{-14}\sim10^{-10}$ g/L。

③ 火焰原子吸收光谱法分析精度好。其测定中等和高含量元素的相对标准偏差<1%，准确度已接近于经典化学方法。但石墨炉原子吸收光谱法的分析精度相对较差，一般约为 3%～5%。

④ 应用范围广。可直接测定绝大多数金属元素（达 70 多个）。

原子吸收光谱法的不足之处：通常情况下只能进行单元素分析；有相当一些元素的火焰

原子吸收光谱法测定灵敏度还不能令人满意；对于石墨炉原子吸收光谱法，分析速度和精度都不太令人满意。

## 1.4.1 原子吸收光谱仪的分类、结构及功能

### 1.4.1.1 原子吸收光谱仪的分类

原子吸收光谱仪型号繁多，自动化程度也各不相同，有单光束型和双光束型两大类。但其主要组成部分均包括光源、原子化系统、光学系统和检测系统。

### 1.4.1.2 原子吸收光谱仪的结构及功能

**(1) 光源**

光源的作用是辐射被测元素的特征光谱。对光源的基本要求：辐射的共振线的半宽度要明显小于吸收线的半宽度，以保证峰值吸收；辐射的共振线要有足够的强度；背景小；稳定性好。空心阴极灯是能满足上述各项要求的理想的锐线光源，因此得到了广泛的应用。

空心阴极灯的结构如图 1-12 所示。它有一个用被测元素材料制成的空心圆筒形的阴极

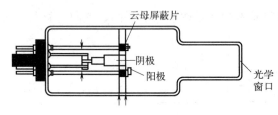

图 1-12 空心阴极灯的结构示意图

和一个钨棒制成的阳极。阳极和阴极封闭在带有光学窗口的硬质玻璃管内。管内充有压强为 $2\sim10$ mmHg（1mmHg = 133.32Pa）的惰性气体氖或氩，惰性气体的作用是载带电流，使阴极产生溅射，并激发原子发射特征锐线光谱。云母屏蔽片的作用是使放电限制在阴极腔内，同时将阴极定位。

空心阴极灯的工作原理是一种特殊形式的低压辉光放电，放电集中在阴极空腔内。当两极之间施加 $300\sim500$V 电压时，便产生辉光放电。在电场作用下，电子快速飞向阳极，在途中与载气原子碰撞，使之电离并放出二次电子，同时使得电子与正离子数目增加，维持放电。正离子从电场中获得动能而大大加速，进而猛烈地撞击阴极表面。当正离子的动能足以克服金属阴极表面的晶格能时，就可以将金属原子从晶格中溅射出来。溅射出来的金属原子与阴极表面受热蒸发出来的金属原子一起进入空腔内，与各种电子、原子、离子发生碰撞而受到激发，发射出该金属的特征共振线。

空心阴极灯的发射光谱主要是阴极元素的光谱，用不同的元素作阴极，就可以制成相应元素的空心阴极灯，如用铅作阴极材料，发射出铅的共振线，其透过试样原子蒸气时，待测试样中的铅元素会产生共振吸收。

**(2) 原子化系统**

原子化系统的主要作用是提供能量，使待测元素由化合物状态转变为基态的原子蒸气，同时使入射光束在原子化系统中被基态原子吸收。原子化系统有两种类型：火焰原子化系统和非火焰原子化系统。火焰原子化法中常用的是预混合型火焰原子化器，非火焰原子化法中常用的是管式石墨炉原子化器。

① 预混合型火焰原子化器。先用雾化器将液体试样雾化，细小的雾滴在雾化室中与气体（燃气或助燃气）均匀混合，除去较大的雾滴后，再进入燃烧器的火焰中，火焰的高温使得试液产生原子蒸气。因此，雾化器、预混合室和燃烧器就组成了预混合型火焰原子化器，如图 1-13 所示。

② 管式石墨炉原子化器。火焰原子化的主要缺点是原子化效率低；由于试样被气体极大地稀释，所以灵敏度也较低。采用非火焰原子化系统主要是为了提高原子化效率。在多种非火焰原子化系统中，应用最为广泛的是管式石墨炉原子化器，如图 1-14 所示。它由加热电源、保护气控制系统和管状石墨炉组成。石墨管通常外径为 6mm，内径为 4mm，长为 30mm，两端与电极（加热电源）相连，本身作为电阻发热体，通电后（10～15V，400～600A）温度可以达到 3000℃，能提供原子化所需能量。管的一边壁上有 3 个小孔，直径为 1～2mm，试样从中央小孔注入。保护气控制系统是控制保护气体的，仪器启动时，保护气 Ar 流通，空烧完毕，切断 Ar 气流。外气路中的 Ar 沿石墨管外壁流动，以保护石墨管不被烧蚀；内气路中的 Ar 从管两端流向管中心，由管中心孔流出，可以有效地除去在干燥和灰化过程中产生的基体蒸气，同时保护已原子化的原子不再被氧化。在原子化阶段，停止通气，可以延长原子在吸收区内的平均停留时间，避免稀释原子蒸气。

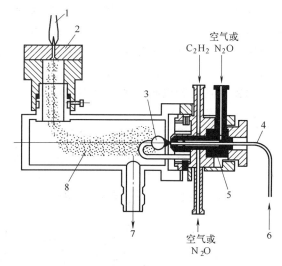

图 1-13 预混合型火焰原子化器
1—火焰；2—喷灯头；3—撞击球；4—毛细管；5—雾化器；6—试液；7—废液；8—预混合室

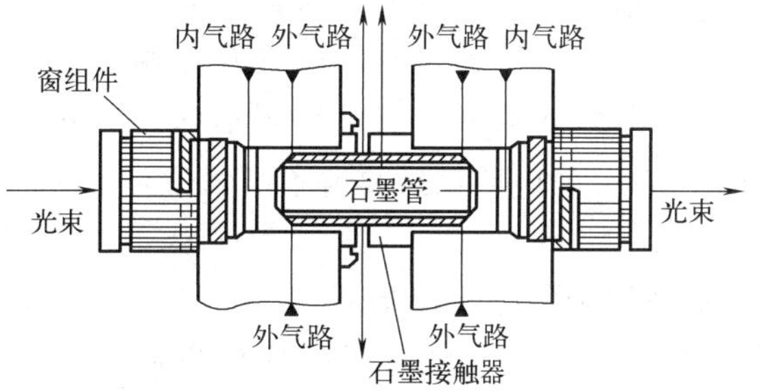

石墨炉原子化过程分为干燥、灰化、原子化、净化 4 个步骤。

干燥的目的是在低温下蒸发除去试样的溶剂，温度稍高于溶剂的沸点。灰化的作用是在较高的温度（350～1200℃）下进一步除去有机物或低沸点无机物，以减少基体组分对被测元素的干扰。在原子化温度下，被测化合物解离为气态原子，实现原子化，进行测定。测定完成后将石墨炉加热到更高的温度，进行石墨炉的净化。净化的作用是除去石墨管中残留的分析物，消除由此产生的记忆效应。所谓记忆效应是指上次测定的试样残留物对下次测定所产生的影响，如上次测锌时没有将锌清除干净，有残余的锌留在石墨炉内，下次测定时，这部分锌就会产生干扰。因此每一个试样测定结束后，都要高温灼烧石墨管，进行高温净化。

图 1-14 管式石墨炉原子化器

采用石墨炉作为原子化器，可将火焰原子化器中连续进行的脱溶剂、熔融、蒸发、原子化的过程分开，并根据分析的要求，对这些过程进行有效的控制，这是火焰原子化器难以做到的。

③ 火焰原子吸收法与石墨炉原子吸收法的优缺点

a. 火焰原子吸收法。优点：稳定性好、重现性好、背景发射噪声低、应用较广、基体效应及记忆效应小。缺点：原子化效率低（一般低于 30%）、灵敏度较低（mg/L 级）、只能液体进样。

b. 石墨炉原子吸收法。优点：灵敏度高（μg/L级）、用量少、样品利用率高、可直接分析固体样品（不常用）和液体样品、原子化温度高（可减少化学干扰）、原子化效率高、安全性能高。缺点：试样组成不均匀，导致结果偏差较大；有强的背景吸收、测定精密度不如火焰法；设备复杂，成本高。

因此在满足了检测灵敏度要求的前提下，通常建议选用火焰原子吸收法。

**(3) 光学系统**

原子吸收光谱仪的光学系统可分为外光路系统和分光系统两部分。外光路系统一般是将入射光准直聚焦至火焰或石墨管的中心，然后到达分光系统。分光系统则使复合光色散成为单色光。

单光束型和双光束型仪器的光路图见图1-15。

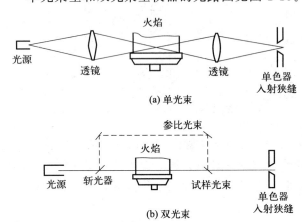

图1-15 单光束型和双光束型仪器的光路图

**(4) 检测系统**

检测系统包括光电倍增管、放大器和读数系统。

① 光电倍增管。光电倍增管基于光电效应，把光能转换为电能。光电倍增管具有很高的光电转换效率和较高的光谱灵敏度，因此大多数的原子吸收光谱仪都使用光电倍增管作为检测器。

② 放大器。放大器的作用是将分析信号选择性放大，通常是采用同步检测放大器。放大器可以有效地调节噪声通频带的宽度，便于改善信噪比，并能有效地将分析信号与各种干扰相分离，同时利用这一部分的电路系统将背景吸收信号扣除，消除背景吸收的干扰。

③ 读数系统。常用的读数系统有记录仪、示波器和数据台读数系统等。其作用在于将检测器受光照时所产生的光电流以电流形式、电位形式或者经过数据库处理后直接输出数据。

目前，商品仪器的读数系统一般都有数据处理系统，包括校正曲线的计算、吸收信号的显示和记录、分析结果的打印等，尤其是进口的仪器，通常采用容量和功能较多的微机进行数据处理，便于操作。

## 1.4.2 原子吸收光谱仪的安装与检定

### 1.4.2.1 仪器安装的基本要求

不同原子吸收光谱仪器，其安装要求有所不同，但一般都主要包括对实验室环境、电源、排风、气体等方面的要求。

**(1) 实验室环境要求**

环境要求主要包括环境温度和湿度、环境洁净状况、光及磁场干扰等。一般室温要求维持在10～25℃间的一个固定温度，温度变化应小于±1℃，最佳工作温度为（20±2）℃。实验室湿度要求在20%～70%，无冷凝，仪器最佳工作湿度范围为35%～50%。

**(2) 电源要求**

各个品牌的仪器以及其附件允许的电压范围和功率都有所不同,使用前务必按照说明书的要求进行配置。此外,为保证仪器具有良好的稳定性和操作安全,必须具有良好的接地线,接地电阻要求符合厂家提供的安装标准。

**(3) 排风要求**

排风系统对于实验室使用原子吸收光谱仪是非常重要的,因为原子吸收光谱仪在原子化的过程中一般会产生有害气体,排风系统可以保护实验室工作人员健康,保护仪器不受由样品产生的腐蚀性气体的侵害;同时,排风良好可以改善火焰原子吸收的稳定性,排除仪器产生的热量。

**(4) 气体要求**

目前,火焰原子吸收一般采用乙炔作为燃气,空气或笑气作为助燃气;石墨炉原子吸收一般采用高纯氩气作为保护气。

#### 1.4.2.2 仪器的主要配套附件

**(1) 循环水冷却系统**

循环水冷却装置是加入蒸馏水后自循环的冷却系统,供石墨炉炉体快速冷却使用,因此单独的火焰原子吸收是不需要的。

**(2) 自动进样器**

一般在石墨炉原子吸收光谱仪中会配置自动进样器,原因:手动进样方式会使每次进样时样品在石墨管中的位置发生细小变动,从而导致测定结果出现波动,数据重复性变差。

**(3) 氢化物发生装置**

氢化物发生装置主要用于汞、砷、碲、铋、硒、锑、锡、锗和铅等可生成氢化物的元素的测定,可大大降低干扰,提高灵敏度。

**(4) 空气压缩机**

空气压缩机(空压机)通常用来提供火焰原子吸收的助燃气,一般应有一定的压力要求,且应带空气过滤器,以除去空气中的水分。

**(5) 自动稀释装置**

许多原子吸收光谱仪还可配置自动稀释装置,使一些高浓度的样品能在自动稀释后自动测定。

**(6) 消耗品**

原子吸收光谱仪的消耗品较多,主要有雾化器、样品杯、石墨管、石英窗、各种垫圈等。

#### 1.4.2.3 安装与调试

**(1) 安装**

仪器的安装一般由仪器公司的专业安装工程师负责,实验室操作人员应配合其工作。对于新采购的仪器,应与仪器公司厂家或其代理商的代表一起,开箱验收,对照仪器采购合同清单逐一查对仪器主机、附件、零配件消耗品和使用说明书等是否一致和是否齐全,同时要检查仪器表观是否有损伤。如发现问题及时向生产厂家提出。

配合仪器安装工程师将仪器主机、计算机、打印机、空压机、循环冷却水装置、石墨炉及其电源装置,按说明书要求整体布局,连接好仪器的电路、气路和水路。

(2) 调试

① 空心阴极灯位置的调整。通过调整空心阴极灯的位置，使其发光阴极位于单色器的主光轴上。不同仪器调整空心阴极灯位置的操作方法不同，大多数仪器是通过灯座的旋转固定螺栓来调节前后、高低、左右位置，使接收器得到最大光强，即读数最大（透射比挡或能量挡）或数字显示读数最小（吸光度挡）。调整空心阴极灯的位置时不必点火。

目前市面上许多仪器（如 HITACHI Z-5000、THERMO M6 等）都带有自动微调功能，由计算机自动完成空心阴极灯位置的调整。

② 燃烧器位置的调整。调整燃烧器位置使其缝口平行于外光路的光轴并位于正下方，以保证空心阴极灯的光束完全通过火焰并汇聚于火焰中心而获得较高的灵敏度。

燃烧器的调整首先是在静态（未点火状态）下进行的。具体的静态调整方法：常以铜灯（324.1nm）作光源，按前述方法调整好灯的位置，然后用仪器附带的透光检验工具插入燃烧器缝口里，通过调整燃烧器上下位置使光斑位置与检验工具光斑重叠，也可通过观察吸光度值调节至吸光度值最低。

当静态调整完毕之后，在点火的情况下吸喷铜标准溶液，通过调整燃烧器上下位置调整燃烧器的高度，测量不同位置时的吸光度。对应于最大吸光度的位置即为最佳位置，但燃烧器不应挡光。燃烧器位置调整可通过转动旋钮来实现，有的仪器可在软件中操作，甚至可通过只点击一个图标全自动完成。

③ 雾化器的调整。雾化器是火焰原子化系统的核心部件，分析的灵敏度和精密度很大程度上取决于雾化器的质量。质量良好的喷雾器应雾滴小、雾量多、喷雾稳，调整主要取决于进样毛细管喷口和雾化器撞击球端面的相对距离和位置。调整的一般方法：可通过吸喷相应的元素标准溶液测定吸光度来判断，调节雾化器旋钮，至出现最大吸光度时即将位置固定下来。需要指出的是，任何时候都绝对禁止在氧化亚氮-乙炔火焰中调节喷雾器，否则会发生回火。

④ 石墨炉原子化器的调整。与燃烧器位置调整类似，石墨管安装好后也须进行调整，可通过调节旋钮或通过软件操作实现。一般只需在静态（未点火状态）下进行，通过调整石墨炉上下和左右位置直至光方向与石墨炉同轴中心方向一致，或者通过调节吸光度值至吸光度值最低。有些仪器带自动调节功能。

⑤ 进样针在石墨管中的位置调节

a. 通过专用的观察方式观察石墨管取样孔位置，用不同的旋钮调节自动进样器头的左右位置和前后位置，使自动进样器自动进样针悬在石墨管取样孔的正中心位置（自动进样针拉出保护套管约 7~10mm）。

b. 用自动进样器深度旋钮调节自动进样器进样针的深度，进样针的斜口在进入石墨管口时朝里，并尽最大可能将进样针与石墨管里面内口相切，但不要接触。调整进样针进入石墨管的深度约 7/10（通过固定在石墨炉右边的观察镜检查，将石墨管直径分 10 等份）。

#### 1.4.2.4 主要技术指标及测试方法

仪器出厂前需经质检部门按相应专业标准或企业标准检验，而实验室的仪器也需经计量部门按检定规程定期检定后方可使用，因此了解和掌握仪器的检定验收技术尤为重要。以下介绍有关原子吸收光谱仪主要技术指标，以及这些指标具体的测试和检定方法（见表 1-9）。

表 1-9 原子吸收分光光度计的主要性能指标要求

| 检查项目 | 性能指标要求 | | 检测方法 |
|---|---|---|---|
| | 火焰原子化器 | 石墨炉原子化器 | |
| 波长示值误差 | ±0.5nm | | 见(2)① |
| 波长重复性 | 不大于0.3nm | | |
| 分辨率 | 大于0.3nm | | 见(2)② |
| 点火基线稳定性(30min) | ±0.008Abs | | 见(2)③ |
| 检出限 | 0.02μg/mL | 4pg | 见(2)⑥ |
| 精密度 | 1.5% | 7% | 见(2)⑤ |

**(1) 主要技术指标**

① 波长示值误差（波长的准确度）与波长重复性。谱线的理论波长与仪器波长测定读数的差值称为波长示值误差。特定谱线波长的多次测定（一般为3次）中最大值与最小值之差为波长重复性。检定规程要求：原子吸收分光光度计波长示值误差应不大于±0.5nm，波长重复性不应大于0.3nm。

② 分辨率。原子吸收光谱仪器的分辨率是鉴别仪器对共振吸收线与邻近其他谱线的分辨能力大小的一项重要技术指标，一般在规定的光谱通带下，可用特定谱线的半宽度来衡量，也可通过观察是否实际可分辨某些元素的多条相邻的谱线。例如，能够清晰分辨开镍元素三条相邻的谱线（231.0nm、231.6nm、232.0nm），则该仪器的实际分辨率为0.4nm；能够清晰分辨开汞元素三条谱线（265.2nm、265.4nm、265.5nm），该仪器的实际分辨率为0.1nm；能清晰分辨开锰元素两条谱线（297.5nm、297.8nm），该仪器的实际分辨率为0.3nm。

③ 基线稳定性。基线稳定性是仪器的重要技术指标，它反映整个仪器的稳定性状况。基线稳定性分静态和动态两种。

④ 灵敏度。灵敏度为原子吸收光谱仪在单位浓度下获得的吸光度，亦即采用外标法定量分析得到的校准曲线的斜率。

一些标准规定，火焰原子吸收分析的灵敏度为 $2\mu g/mL$ 的铜标准溶液所产生的吸光度不应小于0.200（塞曼型仪器为0.06Abs）；对于石墨炉原子吸收分光光度计，进样 $20\mu L$ $20ng/mL$ 的铜标准溶液所产生的吸光度不应小于0.08Abs。

火焰原子吸收分析也常用特征浓度来衡量仪器测定某元素的灵敏度，其定义为能产生1%吸收（吸光度为0.0044）时所对应的元素浓度，特征浓度可用下式计算：

$$S = \frac{c \times 0.0044}{A}$$

式中，$c$ 为测试溶液的浓度，$\mu g/mL$；$A$ 为测试溶液的吸光度。

石墨炉原子吸收法的灵敏度是以特征质量来表示的。特征质量为能够产生1%吸收的分析元素的绝对量，计算公式为：

$$m = \frac{c \times V \times 0.0044}{A}$$

式中，$c$ 为浓度；$V$ 为进样体积；$A$ 为吸光度。

检定规程规定，新制造和使用中的石墨炉仪器测镉的特征质量应分别不大于1pg和2pg。

⑤ 精密度（重复性）。精密度反映测量结果的重复性。相对标准偏差能较好地反映测量过程的精密度。因此，原子吸收分析的精密度是用相对标准偏差（RSD）来度量的。通常选取代表性元素在一定浓度水平下多次测定值的相对标准偏差为重复性。检定规程规定：对于使用中的火焰原子吸收仪器，精密度不大于1.5%；对于使用中的石墨炉原子吸收仪器，精密度不大于7%。

⑥ 检出限。检出限是原子吸收分光光度计最重要的技术指标。它只反映了在测量中的总噪声电平大小，是与仪器灵敏度和稳定性有关的综合性指标。检出限意味着仪器所能检出元素的最低浓度。按IUPAC（1975年）规定，元素的检出限定义为吸收信号相当于3倍噪声（吸收信号）所对应的元素浓度。

噪声$\sigma$是用空白溶液进行不少于10次测定的吸收值的标准偏差来表示的，其计算公式为：

$$\sigma = \sqrt{\frac{\sum_{i=1}^{n}(A_i - \overline{A})^2}{n-1}}$$

通常$n=11$就可以了，也有标准规定为7次，较精确计算可取$n=20$；$\overline{A}$为测定的$n$次空白吸收值的平均值；$A_i$为空白溶液吸收值。

检定规程规定：对于使用中的火焰原子吸收仪器，铜检出限不大于$0.02\mu g/mL$；对于使用中的石墨炉原子吸收仪器，镉检出限不大于4pg。

⑦ 背景校正能力。仪器背景校正的能力，一般用一定背景吸光度校正前后的比值来衡量，该比值越大，表明仪器背景校正的能力越强。一般要求氘灯仪器在1Abs背景下的背景校正能力不小于30倍；塞曼仪器在1Abs背景下的背景校正能力不小于60倍。

⑧ 边缘能量及边缘波长噪声。原子吸收光谱仪的边缘能量是指仪器整个波段范围两端波长上能量的大小。边缘能量非常重要，它直接影响仪器的信噪比、检出限、特征浓度、特征质量和仪器的适用性等。边缘能量更能反映仪器的输出能量。

边缘波长噪声即仪器在边缘波长处的噪声，一般以砷193.7nm和铯852.1nm两条谱线作为边缘波长，测量这两条谱线的瞬时噪声，5min内最大瞬时噪声（峰-峰值）应不大于0.02。

⑨ 样品提升量和表现雾化效率。样品提升量指被吸入火焰原子化器的试样溶液的流量，也称吸喷速率。通常仪器的样品提升量为3~10mL/min。检定规程规定，仪器的样品提升量应不小于3mL/min。

雾化效率高低对分析灵敏度有重要影响，所谓雾化效率，是指进入火焰的样品溶液的量占吸入火焰原子化器的总样品溶液的量的百分比。实际工作中，常以表现雾化效率来表示雾化效率。检定规程规定，仪器的表现雾化效率应不小于8%。

(2) 主要技术指标测试方法

① 波长示值误差与重复性。以汞空心阴极灯作光源，仪器光谱带宽为0.2nm，选取5条谱线，逐一做3次单向（短波向长波）测量，测定各谱线能量最大的波长示值为波长测量值，按下式计算波长示值误差（$\Delta\lambda$）和重复性（$\delta_\lambda$）：

$$\Delta\lambda = \frac{1}{3}\sum_{1}^{3}(\lambda_i - \lambda_r)$$

$$\delta_\lambda = \lambda_{max} - \lambda_{min}$$

式中，$\lambda_r$为汞（氖）谱线的波长理论值；$\lambda_i$为汞（氖）谱线的波长测量值；$\lambda_{max}$为某谱线三次测量值中的最大值；$\lambda_{min}$ 为某谱线三次测量值中的最小值。JJG 694—2009 计量检定规程和 GB/T 21187—2007 标准中推荐使用汞和氖的谱线基本上都一致，包括 253.7nm、365.0nm、435.8nm、546.1nm、724.5nm（氖）和 871.6nm，从中均匀选取 3～5 条谱线加以测试。如果没有汞灯，可用其他砷的特定波长，但尽量在整个波长范围有不同的代表性波长点。

② 分辨率。2009 年版 JJG 694 计量检定规程将分辨率指标删除并增加了光谱带宽偏差的要求。GB/T 21187—2007 标准中推荐在 0.2nm 光谱通带下测量汞 253.7nm 的半宽度来表示分辨率。

③ 基线稳定性

a. 静态基线稳定性的测试。点亮铜灯，光谱通带为 0.2nm，量程扩展 10 倍，待仪器和铜灯预热 30min 后，在原子化器未工作的状况下，用瞬时测量方式测定 324.8nm 谱线的稳定性，即连续测定 30min 内吸光度最大漂移量（基线中心位置读数的最大值与最小值之差）和最大瞬时噪声（峰-峰值）。

b. 动态基线稳定性的测试。动态基线稳定性即点火基线稳定性。其测定方法与静态基线稳定性的测试基本一致，所不同的是必须在点火状态下（空气-乙炔火焰）测量，且一般同时吸喷去离子水。

④ 灵敏度。灵敏度测量直接按定义测定规定浓度的标准溶液的吸光度即可，也可测定不同浓度标准溶液的吸光度，按线性回归法求出校准曲线斜率，即仪器测某元素的灵敏度，一般用铜或镉元素为代表。根据测量结果按相应的公式可计算特征浓度或特征质量。

⑤ 精密度。对于火焰原子吸收仪器的检定一般用能产生 0.1～0.3Abs 的铜标准溶液进行 7 次测定，求出相对标准偏差。对于石墨炉原子吸收，一般用 3.00ng/mL 镉标准溶液进行 7 次重复测定，求出相对标准偏差。

⑥ 检出限。检出限的测试方法如下：将仪器各参数调至最佳工作状态，分别对空白溶液、待测元素系列标准溶液测定，建立校准曲线；以空白溶液为样品，平行测定 11 次，求空白溶液 11 次测定标准偏差，扩大 3 倍即为检出限。

通常火焰原子吸收法检出限以 $\mu g/mL$ 为单位，而石墨炉原子吸收法检出限以 pg 为单位。检定规程中规定火焰原子吸收分光光度计检出限以铜元素为代表，而石墨炉原子吸收分光光度计的检出限以镉元素为代表。

⑦ 背景校正能力。对于带有火焰原子化器的仪器，在 Cd 228.8nm 波长处，先用非背景校正方式测量。调零后，将吸光度约为 1（透光率为 10%）的滤光片插入光路，读下吸光度 $A_1$。再改为背景校正方式，调零后，把该滤光片插入光路，读下吸光度 $A_2$，$A_1/A_2$ 即背景校正能力倍数。

对于带有石墨炉原子化器的仪器，将仪器参数调到石墨炉法测镉的最佳状态，以峰高测量方式，先进行无背景校正方式测量。在石墨炉中加入一定量氯化钠溶液（5mg/mL）使产生吸光度为 1 左右的吸收信号，该值为 $A_1$。再在背景校正方式下测量等量氯化钠溶液的吸收值 $A_2$，$A_1/A_2$ 即背景校正能力倍数。

**(3) 仪器校准方法**

① 计量校准依据参考 JJG 694—2009《原子吸收分光光度计》和 GB/T 21187—2007《原子吸收分光光度计》。

② 主要性能指标的要求按照检定规程和仪器的说明书，在检定周期内对原子吸收光谱仪进行有关关键指标的检查，以确保仪器性能正常。

③ 检定方法仪器开机后，按空心阴极灯上规定的工作电流将汞灯点亮，待其稳定后按(2)中相关步骤检定。

### 1.4.3 原子吸收光谱仪常用仪器型号及操作方法

#### 1.4.3.1 常用仪器型号

国内生产原子吸收光谱仪的厂家很多，目前有北京瑞利分析仪器（集团）公司、上海光谱仪器有限公司、上海精密科学仪器有限公司和北京普析通用仪器有限责任公司等，进口的原子吸收光谱仪主要产自美国、日本、德国等国，生产商主要有赛默飞（Thermo Fisher）世尔公司（美国）、Perkinelmer 公司（美国）、耶拿公司（德国）、安捷伦公司（美国）、岛津（Shimadzu）公司（日本）等。以下介绍北京普析通用公司的 TAS-990 原子吸收光谱仪。

北京普析通用 TAS-990 原子吸收光谱仪外形如图 1-16 所示。

图 1-16 北京普析通用 TAS-990 原子吸收光谱仪

#### 1.4.3.2 操作方法

**（1）火焰法**

① 开启仪器主机电源。

② 启动电脑。

③ 打开仪器的电脑操作软件，进行联机，并等待。

④ 联机正常后需设置测量参数。图 1-17 为参数设置界面，若无特殊要求可以直接照搬照用。

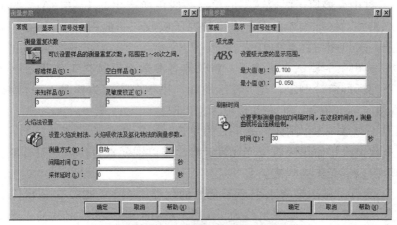

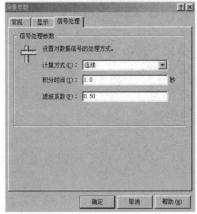

图 1-17 参数设置界面

⑤ 检查废液管内是否有水封。990 型仪器还应注意紧急灭火开关是否弹起、燃烧头是否装到最底部、废液检测装置内是否有足够的水。

⑥ 开启空气压缩机（空压机），检查输出压力是否为 0.25MPa。

⑦ 开启乙炔气钢瓶，检查输出压力是否在 0.05～0.07MPa 之间（总压低于 0.5MPa 时，应及时更换新气）。

⑧ 按 [点火] 键点火，燃烧头预热 5～10min。

⑨ 吸喷样品空白准备校零，按 [校零] 键进行校零。

⑩ 按 [测量] 键进行测量。

⑪ 吸喷去离子水清洗雾化器，吸喷时间为点火连续吸喷 3min 以上。

⑫ 测量完后即可将测量结果保存及打印，关闭仪器。关闭仪器的过程：关闭乙炔气瓶总阀，待火焰熄灭；关闭空气压缩机，按放水阀用余气压放水；退出电脑操作软件；关闭电脑；关闭仪器主机电源。

**(2) 石墨炉法**

① 开启仪器主机电源。

② 启动电脑。

③ 开启仪器的电脑操作软件，进行联机，并等待。

④ 开机正常后按如下步骤进行调整、设置。

在"测量方法设置"中选择石墨炉。调整石墨炉机械位置，使之与元素灯光束对正，即要使屏幕上的 100％能量示值尽可能调得高一些，此为最佳状态。其调整方法如下：

a. 调整石墨炉水平旋转角度。调整方法是松开石墨炉体背面下方的两颗紧固螺钉，水平微微转动石墨炉体，屏幕上的 100％能量示值达到相对最大的位置即为石墨炉体的最佳位置，再旋紧两颗紧固螺钉，并保持在能量示值最大的角度。

b. 调整石墨炉体的高度。调整方法是用手旋转石墨炉体下方的圆转盘，屏幕上 100％的能量示值达到相对最大的位置即为石墨炉体的最佳高度。

c. 调整石墨炉体的前后。调整方法分手动切换原子化器和自动切换原子化器两类。手动切换原子化器型的仪器：用手前后微微推拉原子化器的切换手柄，屏幕的 100％能量示值达到相对最大的位置即为石墨炉体的最佳位置。自动切换原子化器型的仪器：在如图 1-18 界面中调整，边调整边观察屏幕的 100％能量示值，其达到相对最大的位置即为石墨炉体的最佳位置。

图 1-18 石墨炉体最佳位置界面调整

石墨炉位置调整到最佳后，屏幕上的能量示值肯定达不到最先能量调整的 100％，即需要人为地再次将能量平衡到 100％方可正常测量。

石墨炉法"参数设置"界面与火焰法基本相同，不同处见图 1-19。

⑤ 开启氩气钢瓶，检查输出压力是否为 0.5MPa。

⑥ 开启冷却水阀门，观察水流量是否达到 2L/min。

⑦ 打开石墨电源开关，点击电脑屏幕的 [加热] 键，进行升温程序的调整，程序界面如图 1-20 所示。

第 1 章　光谱分析仪器的使用与维护

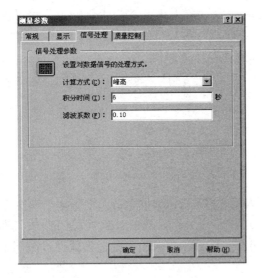

图 1-19　石墨炉参数设置界面

图 1-20　石墨炉加热程序界面

注意：干燥温度（图 1-20 中的序号 1）、灰化温度（图 1-20 中的序号 2）、原子化温度（图 1-20 中的序号 3）、净化温度（图 1-20 中的序号 4）需随着样品量和所测金属元素的不同而调整，使之灵敏度高而且稳定性为最佳。

⑧ 进样 10～15μL 并进行测量，按 键进行测量。

⑨ 测量完后即可将测量结果保存及打印，再关闭仪器。关闭仪器的过程：关闭氩气瓶总阀；关闭冷却水阀门；退出电脑操作软件；关闭电脑；关闭仪器石墨炉电源；关闭仪器主机电源。

**(3) 氢化物发生法**

① 开启仪器主机电源。

② 启动电脑。

③ 开启仪器的电脑操作软件，进行联机，并等待。

④ 联机正常后按如下步骤进行调整、设置。同火焰法设置工作灯，寻峰及调节增益负高压。在"测量方法设置"中选择氢化物。把氢化物发生器的石英管支在燃烧头上方。需注意石英管是易碎品，应轻拿轻放！在以下界面中调整石英管的上下左右位置，将石英管对入光路，确保光路对正：

"参数设置"界面与火焰法基本相同，不同处见图 1-21；样品设置同火焰法。

⑤ 开启氩气或氮气钢瓶，检查输出压力是否为 0.25MPa。

⑥ 检查氢化物发生器最左边的转子流量计的气流量示值否在 150mL/min。

⑦ 按下气动按钮，检查氢化物发生器最右边玻璃管（也叫呼吸器）内的液面是否在上下限的

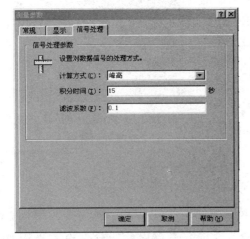

图 1-21　氢化物发生法参数设置界面

刻度线之间，若超过上限或下限刻度线，则应及时放出或补充去离子水。

⑧ 打开氢化物发生器的电源，给石英管加热 3min 左右，将试样吸液管、硼氢化钾吸液管、载液吸样管浸入蒸馏水中，按下气动按钮冲洗 3～5 遍。

⑨ 将试样吸液管插入 10% 的 HCl 溶液中，将硼氢化钾吸液管插入硼氢化钾溶液、载液吸样管插入 1% 的 HCl 溶液中，按下气动按钮冲洗 3 遍，待测量曲线走动接近于零线的时候进行校零。

⑩ 按各吸液管的标识插入对应的溶液中，按下气动按钮。

⑪ 待气鸣哨声响过，即按下电脑屏幕上的 开始 键进行读数。

⑫ 测量完毕后将试样吸液管、硼氢化钾吸液管、载液吸样管浸入蒸馏水中，按下气动按钮冲洗 5 遍，然后将三根吸液管置于空气中，按下气动按钮冲洗 3～5 遍，最后将三根吸液管妥善放置。

⑬ 测量完后即可将测量结果保存及打印，再关闭仪器。关闭仪器的过程：关闭氢化物发生器的电源，并拔下插头；关闭氩气或氮气钢瓶的总阀；退出电脑操作软件；关闭电脑；关闭仪器主机电源。

#### 1.4.3.3 仪器使用的注意事项

**(1) 确定样品是否适用于原子吸收光谱（AAS）分析**

AAS 一般用于溶液样品中金属元素分析，且主要是水溶液。对于有机溶剂或者有机物含量比较高的样品需要进行消解。即使是对水溶液，也主要以常量和微量分析为主，在没有基体干扰的情况下，样品溶液中元素的含量一般不应小于 5 倍的检出限（DL），在有基体干扰的情况下，样品溶液中元素的含量一般不应小于 20 倍 DL。溶液的黏度和固体含量必须保证喷雾时不会出现燃烧器阻塞或喷雾器盐析一类的问题；固体颗粒应除去，最好用离心分离法，痕量测定尤其注意。

**(2) 操作前的准备**

在操作仪器之前，必须认真阅读仪器使用说明书，详细了解和熟练掌握仪器各部件的功能。在开启仪器前，应确保实验室环境应符合要求。由于 AAS 仪器属于大型精密光谱分析仪器，为使仪器能正常运转和获取较好的分析性能，应确保实验室温度、湿度等条件在要求的范围，否则，仪器容易产生操作故障或数据不稳定等。如果电网电压波动较大，仪器测量结果精密度变差。具体的要求参见仪器安装的基本要求。

此外，还应检查仪器电源系统、排风设备、电源，以及气体是否正常，必要时，应对气体连接进行检漏。检查时可在可疑处涂一些肥皂水，观察是否有气泡产生。

**(3) 操作过程中的注意事项**

在使用仪器的过程中，最重要的是注意安全，避免发生人身、设备事故。同时，严格按照仪器操作规程操作。使用火焰原子吸收时，由于使用了易燃易爆气体和高压气体钢瓶，更应按照相应安全操作规程检查执行。

点火时排风装置必须打开，操作人员应位于仪器正面左侧执行点火操作，且仪器右侧及后方不能有人。点火之后一定不能关空压机。火焰法关火时一定要最先关乙炔，待火焰自然熄灭后再关空压机。经常检查雾化器和燃烧头是否有堵塞现象。乙炔气瓶的温度需控制在 40℃ 以下，同时 3 米内不得有明火。乙炔气瓶需设置在通风条件好、没有阳光照射的地方，禁止气瓶与仪器同处一个地方。实验室必须与化学处理室及发射光谱实验室分开,以防止腐蚀性气体侵蚀和强电磁场干扰。

### 1.4.4 原子吸收光谱仪的维护保养与常见故障排除

#### 1.4.4.1 仪器的维护保养

仪器的维护保养不仅关系到仪器的使用寿命,还关系到仪器的技术性能,有时甚至直接影响分析数据的准确性。石墨炉 AAS 分析完后应对石墨炉自动进样器的进样针进行 2~3 次清洗,必要时用洁净的滤纸小心擦洗进样针外壁;每天对石墨管周围进行必要的清洁。长期使用的仪器,因风扇过滤网积尘太多,灰尘有时会进入仪器内部导致电路故障,应定期用洗耳球吹净或用毛刷刷净。长期不使用的仪器应保持其干燥,潮湿季节应定期通电。以下对不同部件的维护保养进行详细介绍。

**(1) 雾化燃烧系统**

① 一般仪器分析完样品后应吸入 5% 的硝酸溶液几分钟,再吸入蒸馏水 5~10min,将其中残存的试样溶液冲洗出去,必要时应拆下雾化器用超声波清洗。若使用有机溶液喷雾,先喷与样品互溶的有机溶液 5min,再喷丙酮 5min,最后按水溶液样品同样方法先用 5% 的硝酸和蒸馏水清洗。

② 如果测定浓度很高的金属盐类样品,使用上面清洗方法则不能达到清洗目的。这时应使用 5% 盐酸浸泡(过夜),然后用上述方法清洗。

③ 燃烧器缝口会积存盐类,燃烧器的长缝点燃后火焰不均匀,影响测定结果,可把火焰熄灭后,先用滤纸插入缝口擦拭,也可以用刀片插入缝口轻轻刮除,但要注意不要把缝刮伤。

④ 必要时,要把燃烧头拆下来清洗。一般先用自来水冲洗,然后用刀片、纸片垂直平行地刮燃烧缝的两边,直到纸上的刮痕不那么黑为止。

⑤ 预混合室、雾化室必须定期用水清洗。若喷过浓酸、碱溶液及含有大量有机物的试样后,应马上清洗。空气压缩机要经常放水。

**(2) 石墨炉系统**

① 要定期清洗石墨管和主机样品室两边的石英窗,可先用中性洗涤剂的去离子水溶液清洗,然后用去离子水冲洗几遍,最后用氮气或氧气把水吹干。

② 石墨炉与石墨管连接的两个端面要保持平滑、清洁,保证两者之间紧密连接。如发现石墨锥有污垢要立即清除,防止随气流进入石墨管中,影响测试结果。

③ 当石墨管达到使用寿命或被严重腐蚀,应及时进行更换。当新放入一支石墨管时,特别是旧石墨管结构损坏,应当清洗石墨锥的内表面和石墨炉炉腔,除去炭化物的沉积;新的石墨管安放好后,应进行热处理,即空烧,重复 3~4 次。石墨炉测定的酸度不能过高,一般不能超过 5% 硝酸。

④ 每次样品测定之前,要检查自动进样器的进样针位置是否正确。

**(3) 空心阴极灯**

① 空心阴极灯如长期搁置不用,会因漏气、气体吸附等不能正常使用,甚至不能点亮,所以每隔 2~3 个月应将不常用的灯点亮 15~60min,以保持灯的性能。

② 取、装元素灯时应拿灯座,注意防止通光窗口被污染,导致光能量下降。如有污垢,可用脱脂棉蘸 1:3 的无水乙醇和乙醚混合液轻轻擦拭清除。

③ 透镜仪器外光路的透镜要保持清洁，不应用手触摸，表面如落有灰尘，可用洗耳球吹去或用擦镜纸轻轻擦掉。如沾有污垢，可用乙醇-乙醚混合液清洗，不能用汽油等溶剂和重铬酸钾-硫酸液清洗。相对来说，石墨炉原子化器两端的透镜更易被样品溶液污染，要经常检查清洗。

**(4) 石墨炉自动进样器**

① 毛细管进样头：如毛细管进样头变脏，可吸取20%的硝酸清洗；如果毛细管进样头严重弯曲或变形，可用刀片割去损坏部分或更换新的毛细管。

② 注射器和冲洗瓶：经常检查注射器有无气泡，如有，则应小心清除；经常清洗冲洗瓶，保持冲洗瓶干净。

**(5) 维护保养频率**

① 每天对燃烧头进行清洁，必要时应将燃烧头拆下，用5%硝酸溶液浸泡过夜，再用燃烧头清洗专用卡刷洗及蒸馏水超声波清洗。

② 每天用去离子水或1%硝酸溶液清洗雾化器，必要时应拆下雾化器用超声波清洗。

③ 每月或分析有机样品后应拆下雾化室刷洗及用超声波清洗。

④ 每月用擦镜纸蘸50%乙醇水溶液清洁光学窗口。

⑤ 每月检查玻璃撞击球及空气过滤器，如撞击球被腐蚀或损坏应更换。

⑥ 每年安排一次生产厂家专业工程师对仪器做全面预防性保养。

⑦ 垫圈及进样毛细管等消耗件根据需要及时更换。

#### 1.4.4.2 仪器故障的排除

由于原子吸收光谱仪器结构、线路复杂，仪器型号繁多，要详细讨论仪器故障的排除方法十分困难。仪器出现故障，首先应分析原因，仔细观察故障现象，认真检测和细致地分析比较，如此才能找出故障所在。对于仪器某些硬件的损坏，一般需要通知仪器生产商专业维修工程师来维修，但实验室有相当部分故障是由仪器环境条件和进样系统造成的，这种故障一般可由操作人员进行排除。以下主要从操作者角度就一些常见的故障问题作简要讨论，对于每一类故障，主要分析其可能的原因，操作人员应根据具体的故障现象，进行分析排查。

**(1) 火焰原子吸收点不着火**

① 乙炔没有打开或乙炔的压力太低（一般要求0.08MPa，如果气管太长则压力要更大一些）。

② 空气压力太低或空压机供气量不足，火焰原子吸收一般要求空气压力为0.4~0.6MPa，如果刚开机能把火点燃，但立即灭火，这可能是由于空压机供气量不足。

③ 燃烧系统的两个电插头没有插好等。

④ 有些仪器可能由于水封的水蒸发干，仪器自动开启安全保护使得点不着火。

**(2) 火焰测定其他故障**

① 火焰不稳定：可能由于废液流动不通畅，雾化室内积水或者雾化室内壁被油脂污染或酸蚀等，吸附于雾化室内壁上的水珠被高速气流引入火焰。前者可疏通废液管解决，后者可用酒精-乙醚混合液擦干雾化室内壁，减少水珠，稳定火焰。

② 回火：回火主要是由供气气流速度小于燃烧速度造成的，其直接原因可能是突然停电或空气压缩机出现故障使空气压力降低；废液排出口水封不好或没有水封；燃烧器的狭缝增宽；助燃气体和燃气的比例失调；用空气钢瓶时，瓶内所含氧气过量；用乙炔-氧化亚氮火焰时，乙炔气流量过小；等等。

(3) 石墨炉测定故障

① 暴沸或溅射：可能是加热程序设定不合理，如干燥温度过高，产生暴沸；干燥时间保持太短，没有蒸干便转到高温的灰化温度，产生溅射；干燥和灰化阶段，斜坡升温时间太短，升温速率太快，产生溅射或冒大烟等，对于此类问题可通过设定合适的温度加以解决。

② 记忆效应：可能是由于测定了高吸光度的样品，或测定某些高温元素，一般可通过空烧石墨管加以解决。

③ 石墨管被严重腐蚀：更换新的石墨管。

(4) 空心阴极灯及光路系统故障

① 空心阴极灯点不亮：灯电源出问题或未接通；灯头与灯座接触不良；灯头接线断路；灯漏气。查处方法：分别检查电源、连线及相关接插件，若不是电路问题，则更换灯检查。

② 灯阴极辉光颜色异常故障：灯内惰性气体不纯，可在工作电流或大电流（80mA、150mA）下反向通电处理，直到辉光颜色正常为止。

③ 空心阴极灯内跳火放电：由阴极表面氧化物或杂质所致，通过加大灯电流直到火花放电停止加以解决，若无效则需换新灯。

④ 其他故障，如空心阴极灯亮而高压开启后无能量输出、无负高压；空心阴极灯发光异常或位置不对；波长不准；阴极灯老化，灯能量弱；外光路调整不正；透镜或单色器被严重污染；放大器系统增益下降、光电倍增管衰老等。若是在部分波长范围内输出能量较低，则应检查灯源及光路系统的故障；若在全波长范围内较低，应重点检查光电倍增管是否老化，放大电路有无故障；如果是因波长示值超差，应重新校正波长。

(5) 测定重现性差

① 预热时间不够：可按规定时间预热后再操作使用。

② 燃气或助燃气压力不稳定：注意检查气源压力是否不足或管路是否泄漏或流量是否不均等。

③ 火焰高度选择不当：光源照过原子化器区域的基态原子数波动大，致使吸收不稳定。

④ 光电倍增管负高压过大：增大负高压可以提高灵敏度，但噪声也增大，测量稳定性变差，因此，可适当降低负高压，改善测量的稳定性。

⑤ 雾化器堵塞、雾化器质量差或雾化系统调节不好：应选雾化效率高、喷雾质量好的喷雾器或重新调节撞击球与雾化器的相对位置。

⑥ 燃烧缝口堵塞，使火焰呈锯齿形：可用刀片或滤纸清除燃烧缝口的堵塞物。

⑦ 火焰燃烧不稳。

(6) 灵敏度低

① 空心阴极灯老化或空心阴极灯工作电流过大：灯工作电流过大，造成谱线变宽，产生自吸收。因此应在光源发射强度满足要求的情况下，尽可能采用低的工作电流。

② 雾化效率低：进样管路堵塞或是撞击球与喷嘴的相对位置没有调整好等都会导致雾化效率降低，必须疏通进样管路或调整撞击球位置使雾化效果最佳。

③ 燃烧器与外光路不平行：应使光轴通过火焰中心，燃烧器狭缝与光轴保持平行。

④ 光学元件积灰尘。

⑤ 燃气与助燃气之比等仪器工作条件选择不当。

(7) 背景校正噪声过大

① 光路未调到最佳位置：重新调整氘灯与空心阴极灯的位置，使两者光斑重合。

② 原子化温度太高；可选用适宜的原子化条件。
③ 空心阴极灯老化或空心阴极灯工作电流过大；应及时更换光源灯或调低灯电流。
④ 狭缝过宽，使通过的分析谱线有较大的背景干扰；可减小狭缝。

## 1.5 原子发射光谱仪

原子发射光谱定性分析是根据被测元素原子或离子被激发后产生谱线的波长来确定元素种类的方法；原子发射光谱定量分析是根据被测元素原子或离子被激发后产生谱线的强度进行定量分析的方法。原子发射光谱通常由火焰、火花、弧光、辉光、激光或等离子体光源激发而获得。发射光谱的波长与原子或离子的能级有关，一般位于近紫外-可见-近红外光谱区。火焰光度分析也是一种原子发射光谱分析。等离子体发射光谱分析和激光显微光谱分析的出现，使原子发射光谱分析获得了新的发展。

原子发射光谱法可以分析的元素近 80 种，用电弧或火花作光源，大多数元素的相对检出限为 $10^{-3}\%\sim10^{-5}\%$；电感耦合等离子体炬作光源，对溶液的相对检出限为 $10^{-3}\sim10^{-5}\mu g/mL$；激光作光源，绝对检出限为 $10^{-6}\sim10^{-12}g$。原子发射光谱分析速度快，可以多元素同时分析，带有计算机的多道光电直读光谱仪，可以在 $1\sim2min$ 给出试样中几十个元素的含量结果。

原子发射光谱（AES）分析有较为完善的仪器设备，是较为成熟的分析方法，已得到广泛的应用。通常习惯上所说的光谱分析就是指原子发射光谱分析。原子发射光谱分析根据试样中不同原子发射的特征光谱来测定物质的组成。

原子发射光谱分析的程序分为激发、分光和检测等三步。第一步是利用激发光源使试样蒸发出来，然后解离成原子，或进一步电离成离子，最后使原子或离子得到激发，发出辐射。第二步是利用光谱仪把光源所发出的光按波长分开，获得光谱。第三步是利用检测计算系统记录光谱，测量谱线波长、强度或宽度。不同元素的激发谱线波长和相对强度是不一样的，据此对试样中所含的元素种类进行定性鉴定。

根据光谱的检测方式，原子发射光谱分析有看谱法、摄谱法和光电直读法。看谱法是直接用眼睛来观察光谱，现已很少使用。摄谱法是用感光片记录光谱，然后利用摄谱仪与标准谱图进行比对，目前也已很少使用。光电直读法是用光电元件记录光谱，现在已广泛使用。光电直读法比摄谱法简便和快速，它把记录、测量和计算三个环节连接在一起，可以从仪器直接获得分析结果。

采用等离子体的发射光谱法现在已经逐步取代传统方法，其中电感耦合等离子体原子发射光谱（ICP-AES）法最具代表。

电感耦合等离子体原子发射光谱仪是基于电感耦合等离子体原子发射光谱法而进行分析的一种常用的分析仪器。ICP-AES 法是以电感耦合等离子体（ICP）为激发光源的一类原子发射光谱分析方法，它是一种由原子发射光谱法衍生出来的新型分析技术。

早在 1884 年 Hittorf 就注意到，当高频电流通过感应线圈时，该线圈所环绕的真空管中的残留气体会发出辉光，这是 ICP 光源放电的最初观察。1961 年 Reed 设计了一种从石英管的切向通入冷却气的较为合理的高频放电装置，Reed 把这种在大气压下所得到的外观类似火焰的稳定高频无极放电称为电感耦合等离子炬（ICP）。Reed 的工作引起了 S. Greenfield、R. H. Wenat 和 Fassel 的极大兴趣，他们首先把 Reed 的 ICP 装置用于原子发射光谱（AES），并分别于 1964 年和 1965 年发表了他们的研究成果，开创了 ICP 在原子光谱分析上的应用历史。

1975 年美国的 Applied Research Laboratories（ARL）公司生产出了第一台商品多通道 ICP-AES 仪，1977 年出现了顺序型（单道扫描）ICP 仪器，此后各种类型的商品仪器相继出现。至 20 世纪 90 年代，ICP 仪器的性能得到迅速提高，相继推出分析性能好、性价比有优势的商品仪器，使 ICP 分析技术成为元素分析的常规手段。1991 年出现了采用 Echelle 光栅及光学多道检测器的新一代 ICP 商品仪器，开始采用电荷注入器件（charge injection device，CID）或电荷耦合器件（charge-coupled device，CCD）代替传统的光电倍增管（PMT）检测器，推出全谱直读型 ICP-AES 仪器。

我国于 20 世纪 80 年代开始 ICP-AES 的研究，多限于自己组装仪器，且多为摄谱法，ICP-AES 分析技术的发展及应用滞后于国外。目前国内生产 ICP 的厂家不多，且生产的都是单道扫描型光谱仪，采用传统的光电倍增管检测器。随着国外高性能 ICP 仪器的引进，在 20 世纪 90 年代，国内 ICP 分析技术应用得到迅速发展，ICP-AES 分析技术也逐渐成为国内各实验室元素分析的常规手段。

ICP-AES 仪器技术新进展及发展方向主要体现在：
① 分析的范围和能力不断扩展。
② 固态检测器和固态发生器的应用日益普遍。
③ 水平、垂直或双向观测技术不断提高。
④ 仪器控制与数据处理向数字化、网络化发展，操作软件功能日益强大和自动化等。
⑤ 小型化、智能化，具有多样化的适配能力，精确、简洁、易用，且具有极高的分析速度等。

ICP-AES 仪器具有以下特点：
① 样品范围广，分析元素多。电感耦合等离子体原子发射光谱仪可以对固态、液态及气态样品直接进行分析，应用最广泛且优先采用的是溶液雾化法（即液态进样）；可以进行 70 多种元素的测定，不但可测金属元素，而且对很多样品中的非金属元素硫、磷、氯等也可测定。

② 分析速度快，可多种元素同时测定。多种元素同时测定是原子发射光谱仪最显著的特点。可在不改变分析条件的情况下，同时进行或有顺序地进行各种不同高低浓度水平的多元素的测定。

③ 检出限低、准确度高、线性范围宽。电感耦合等离子体原子发射光谱仪对很多常见元素的检出限达到 $\mu g/L$ 至 $mg/L$ 水平，动态线性范围大于 $10^6$，ICP-AES 法已迅速发展为一种极为普遍、适用范围广的常规分析方法。

④ 能够进行定性及半定量分析。对于未知的样品，等离子体原子发射光谱仪可利用丰富的标准谱线库进行元素的谱线比对，形成样品中所有谱线的"指纹照片"，计算机通过自动检索，可快速得到定性分析结果，再进一步得到半定量的分析结果。

⑤ 等离子体原子发射光谱仪的不足之处是光谱干扰和背景干扰比较严重、对某些元素灵敏度还不太高等。

## 1.5.1 原子发射光谱仪的分类、结构及功能

### 1.5.1.1 仪器的分类

**(1) 按检测器读取信号方式的不同**

根据检测器读取信号的方式,早期把等离子体发射光谱仪分为同时型(simultanous)和顺序型(sequential)两类,有的也分成多通道型(多道)和顺序型(单道扫描)。

传统的发射光谱仪器采用多个独立的光电倍增管(PMT)测定被分析元素,分析一个元素至少要预先设置一个通道。单道扫描型仪器从光源发出的光穿过入射狭缝后,反射到一个可以转动的光栅上,该光栅将光色散后,经反射使某一条特定波长的光通过出射狭缝投射到光电倍增管上进行检测。光栅转动至某一固定角度时只允许一条特定波长的光线通过该出射狭缝,随光栅角度的变化,谱线从该狭缝中依次通过并进入检测器检测,完成一次全谱扫描。而多道光谱仪则是多路独立的信号可同时检测,为了使光谱仪能装上尽可能多的检测器,仪器的分光系统必须将谱线尽量分开,也就是说单色器的焦距要足够长,但限于仪器的体积,多道一般道数在50以下。

1991年随着新的中阶梯光栅固态检测器的问世,仪器同时具有同时型和顺序型仪器的功能,这样形成了新一类的仪器,目前国内一般称为"全谱直读"型仪器。从它的信号检出来看,由于这类仪器把中阶梯光栅等光学元件形成的二维谱图投影到平面固态检测器的感光点上,它与同时型仪器很接近,但目前国内习惯将"全谱直读"型仪器作为一类新的仪器。从仪器的硬件结构上,"全谱直读"型仪器可称为中阶梯光栅固态检测器等离子体发射光谱仪。

**(2) 按光学系统观测方向的不同**

根据ICP管安装位置及光学系统观测方向的不同,等离子体发射光谱仪可分为轴向观测、径向观测和双向观测3种。

所谓径向观测也称垂直观测,是指垂直放置炬管、水平方向观测光的测量方式。相对应的,水平放置炬管、水平方向(与炬管同轴方向)观测光的测量方式称为轴向观测,也称水平观测。两种观测方式各有优缺点,一般水平观测有较低的检出限和背景等效浓度,但存在尾焰背景干扰,需要通过等离子体尾焰消除技术来减少尾焰背景的影响,分析过程中基体干扰也更为严重,另外,炬管容易沾污。垂直观测无需去尾焰,基体干扰很小,稳定性、线性范围和抗高盐能力都比水平观测强,但采光效率低,灵敏度差,检出限一般比水平观测高1~2个数量级。为了弥补上述两种观测方式各自的不足,仪器厂家开发了双向观测技术,在水平观测的基础上通过平面反射镜来实现垂直观测功能,比较好地融合了垂直和水平观测的特点,具有一定的灵活性,增加了测定复杂样品的适应性。

### 1.5.1.2 仪器结构及功能

原子发射光谱仪主要由激发光源、分光系统及检测系统三部分组成。

**(1) 激发光源**

用作原子发射光谱分析的激发光源首先把试样中的组分蒸发解离为气态原子,然后使这些气态原子激发并产生特征光谱。因此,光源的主要作用是对试样的蒸发和激发提供所需的能量。激发光源常常是决定原子发射光谱分析灵敏度、准确度的重要因素,因此必须对光源的种类、特点及应用范围有基本的了解。在原子发射光谱分析中常用的光源有直流电弧、交

流电弧、电火花光源、等离子体和激光,电弧电源和火花电源由于稳定性、灵敏度差、背景干扰大,目前已经逐步退出历史舞台,等离子体和激光光源作为现代光谱分析技术中的新型光源,正在逐步广泛应用。

① 等离子体光源。等离子体是物质在高温条件下的一种存在状态。等离子体由电子、离子、原子和分子等组成,总体呈电中性和化学中性,等离子态也称为物质的第四态。ICP是原子发射光谱分析中最常用的激发光源,由高频发生器、进样系统和等离子炬管三部分组成。

a. 高频发生器。高频发生器是产生等离子焰炬的装置,在工作中其频率多为27.12MHz,功率一般在 2~10kW,波动不超过 1.5%。根据振荡器的振荡形式的不同,高频发生器分为自激式和他激式两类。自激式振荡器的线路比较简单,振荡、激励、功率放大等都由一个电子管同时完成,电路的输出直接耦合到负载线圈上,振荡管与负载之间没有匹配网络,虽然频率稳定度较差,但其变化只改变选频的谐振点,对输出功率影响不大。他激式发生器的线路比较复杂,一般由晶体振荡、倍频、激励、功率放大等部分组成。振荡电路采用石英晶体振荡器,功率通过匹配同轴电缆传输到负载线圈上。振荡频率的稳定度较高,功率输出便于控制,但他激式发生器造价较高,维修复杂。

b. 进样系统。进样系统是 ICP 激发光源的一个重要组成部分,目前已有气体、液体和固体粉末等多种形式的进样系统。其中粉末样品定量分析的若干实际问题尚未完全解决,绝大多数采用液体进样。

ICP 进样系统由蠕动泵(图 1-22)、雾化系统(图 1-23)等组成,被测定的溶液首先经蠕动泵进入雾化室,再经雾化器雾化转化成气溶胶,一部分细微颗粒被氩气载入等离子体,另一部分较大颗粒则被排出。随载气进入等离子体的气溶胶在高温作用下,经历蒸发、干燥、分解、原子化和电离的过程,所产生的原子和离子被激发,并发射出各种特定波长的光,产生发射光谱。

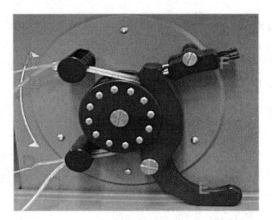

图 1-22 蠕动泵结构示意图

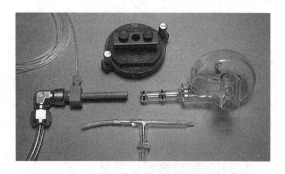

图 1-23 ICP 光谱仪雾化系统结构示意图

雾化器有气动雾化器和超声雾化器两类。气动雾化器的结构简单,通常又分为同轴型和直角型两种(见图 1-24)。同轴型雾化器易于制作,应用较普遍。直角型雾化器不易被悬浮物质堵塞,甚至可用于 30% 的 NaCl 溶液。不同的气动雾化器的性能没有明显的差异,其优点是结构简单、性能稳定、使用方便、清洗容易、能适应日常大批试样分析的要求。但是它雾化效率较低,喷嘴容易堵塞,进样速度受载气压力的影响。超声雾化器的结构比较复杂,包括频电发生器、输液蠕动泵和雾化装置。超声雾化器能克服气动雾化器的某些局限性，不存在喷嘴堵塞问题，不受载气压力的影响，清洗比较方便，雾化效率较高，原子化程度高，光谱背景线少，因而它具有检出限低、精密度好的优点，但价格较昂贵，性能不够稳定。无论是采用气动雾化还是超声雾化，都可将气溶胶直接引入等离子炬管。但是带有溶剂的气溶胶会吸收等离子炬的能量，使炬温下降、背景增加，因而检出限较差。如果加入去溶剂装置，可以获得干燥的气溶胶。利用干燥的气溶胶的等离子炬，炬焰比较稳定，温度升高，背景减弱，激发概率大，因而能改善检出限（降低约一个数量级）。

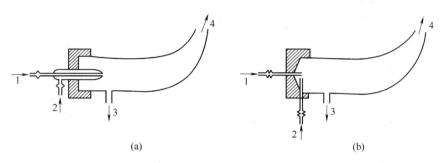

图 1-24 同轴型（a）和直角型（b）气动雾化器构造
1—载气入口；2—试液入口；3—废液出口；4—气溶胶出口

c. 等离子炬管。等离子炬管的结构对等离子体放电特性、气体用量、功率消耗、试样在炬焰中的浓度以及加热效应等都有很大影响。炬管由三支同轴石英管组成（见图 1-25），较好的炬管可用氯化硼或氯化硅材料制成。内管输入载气，中管输入辅助气，外管输入等离子气。等离子气除供产生等离子体外，还起冷却炬管壁的作用。这三种气体一般都是采用同一种惰性气体（氩气）。三支同轴管经过适当组合，并与高频发生器的阻抗匹配，可获得稳定、易于点燃和易于注入气溶胶的等离子炬焰。

完整的 ICP 激发光源如图 1-26 所示。高频电流通过感应线圈时产生交变磁场，位于磁场中的石英炬管通过氩气时，因常温下氩原子不导电，高频能量很难与气体耦合。用高频火花使部分氩原子电离成电子和氩离子，它们从磁场中获得能量后与氩原子碰撞，形成更多的电子和离子。当含有氩离子和电子的氩气有足够电导率时，在高频磁场作用下会形成一个与感应线圈同心的涡流。强大电流产生的高温，瞬间使气体形成等离子体。为防止等离子体熔融石英炬管，沿外管内壁切线方向引入冷却气，高速旋转的气流压缩等离子体形成稳定的等离子焰炬。然而，不同频率的电流所形成的等离子炬都具有不同的形状；在低频时，等离子炬形状如水滴，试样只能环绕等离子炬表面通过，对试样的蒸发和激发不利；在高频时，形成

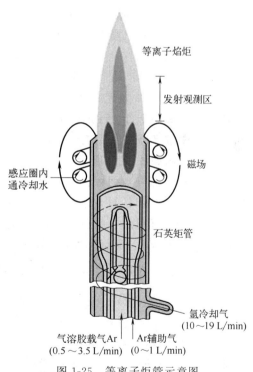

图 1-25 等离子炬管示意图

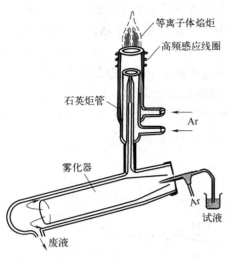

图 1-26　ICP 激发光源示意图

的等离子炬形状似圆环，试样可以沿着等离子炬轴心通过，对试样的蒸发和激发极为有利，是良好的激发光源。

中心通道使 ICP 具有良好的分析性能。由于高频电流的趋肤效应，中心通道内的电流密度较低，样品气溶胶在通道内受热蒸发、分解和激发，所以样品中共存元素对外层放电影响不大，降低了基体元素对谱线强度的影响，提高了 ICP 的分析精度。切向流入的氩气旋风似的自下而上流动，形成低压中心区，使等离子产生涡流箍缩，同时大量切向冷却气与高温等离子接触，使等离子体产生热箍缩，再加上自感磁场相互作用产生的磁箍缩，均使等离子焰炬的直径缩小。样品气溶胶集中在轴向通道内。由于外层环状等离子体电流密度大，温度较中心通道高，又不含被测原子，所以激发被测原子产生的光通过等离子体向外辐射时，不会被温度较低的同种原子所吸收，自吸很小。其分析线性范围达 5～6 个数量级，可同时测定样品中的主体、少量和微量组分。而且样品气溶胶在通过长达数十毫米、温度为 6000～8000K 的中心通道时，原子化和激发均较完全，此外还有惰性气体保护，所以检出限低，化学干扰少。利用 ICP 光源现已能分析约七十种元素，并由测定无机物质扩展到测定有机物质。但是 ICP 要消耗大量氩气，不仅提高了分析成本而且许多地区不易得到，再加上仪器价格较昂贵，使其应用和推广受到一定限制。

② 激光光源。激光光源发射出来的激光单色性好、方向性强、亮度高、相干性好，是一种新兴而被人们十分关注的光源。激光器的种类较多，在发射光谱分析中最常用的是固体激光器。固体激光器由激光工作物质（激光棒）、激励能源（脉冲氙灯）和谐振腔等主要部分组成，其结构如图 1-27 所示。

a. 激光棒。激光棒由固体工作物质制成，一般呈圆柱状。在原子发射光谱分析中最常用的材质是红宝石和钕玻璃。红宝石中 $Cr^{3+}$ 的能级如图 1-28 所示。在脉冲氙灯照射下，$Cr^{3+}$ 产生三个跃迁过程：吸收 550nm 附近和 400nm 附近的光，使 $Cr^{3+}$ 由基态 $E_0$ 跃迁到宽的高能级 $E_2$ 和 $E_2'$ 上；$Cr^{3+}$ 很快（约 $10^{-9}$s）由 $E_2$ 和 $E_2'$ 以无辐射方式跃迁到窄的亚稳态能级 $E_1$ 和 $E_1'$ 上，在这一过程中 $Cr^{3+}$ 并不发光，多余的能量以热的形式释放出来，使红宝

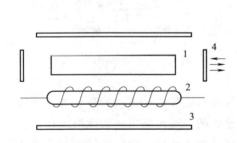

图 1-27　固体激光器
1—激光棒；2—脉冲氙灯；3—聚光腔；4—谐振腔

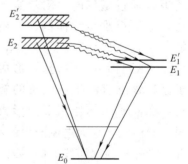

图 1-28　红宝石铬离子能级图

石温度升高；$E_1$ 和 $E_2$ 是亚稳态，$Cr^{3+}$ 停留的时间较长（约 $10^{-3}$s），大量积聚造成粒子数反转，然后受激跃迁回到基态 $E_0$，获得 694.3nm 的受激发射，经过谐振腔的反馈振荡放大，输出 694.3nm 鲜红色激光。

b. 脉冲氙灯及其聚光腔。脉冲氙灯和聚光腔是固体激光器的激励能源，它提供强光照射激光工作物质，使其产生激光。脉冲氙灯常由直径为 4～14mm、长为 50～400mm 的石英管构成，两端封上一个钨阳极和一个钛钨阴极，内充氙气。一般情况下，氙灯电极间的距离和它们的直径要等于或大于激光工作物质的长度和直径。氙灯的辐射在可见光谱区基本上是连续光谱，其光强的最大值的波长约在 500nm；在红外光谱区，有两个很强的峰值。在激发红宝石时，只有 400～600nm 波段的辐射是有用的；在激发钕玻璃时，只有 350～850nm 的辐射是有用的，而短于 200nm 的紫外光会使钕玻璃的颜色变化，降低激光器的工作效率。为了保证钕玻璃激光器的工作效率，必须在工作物质外加一吸收层。脉冲氙灯具有较宽的光谱区和足够高的能量，是固体激光器常用的光泵。

氙灯发射的光大部分没有直接照射到激光工作物质上。聚光腔的作用是把从氙灯离散的光集中到激光棒上，以提高能量转换效率。聚光腔有球形、圆柱形和椭圆柱形等形状。原子发射光谱分析的激光器主要采用后两种形状，圆柱形聚光腔把激光棒和脉冲氙灯并列在轴线附近，或者采用螺旋状氙灯围绕在激光棒上。椭圆柱形聚光腔把激光棒和脉冲灯分别放在椭圆柱的焦线上，沿轴向的光照射均匀，而且可安装较长的激光棒。为保证聚光腔没有漫反射现象，反射面必须高度抛光或镀反射率高的金属。

c. 谐振腔。谐振腔实际上就是安装在激光棒两端的光学反射面。谐振腔的作用是选取一定频率、一定方向的光进行反馈放大，使光共振，形成激光。要维持激光在谐振腔中的振荡，必须使光的放大足以弥补或超过光的损耗，因此激光器的性能取决于谐振腔的品质。在激光频率和腔内总能量不变的情况下，能量损耗越小，谐振腔的品质因素值越高。谐振腔的种类很多，最常用的是平行平面镜谐振腔。这种谐振腔由装在聚光腔两端的严格平行的两个平面反射镜组成。其中一个反射镜的反射率大于 98%，另一个反射镜的反射率可根据实际选定（用作原子发射光谱分析时选用 50%）。反射镜可以直接镀在激光棒的端面，也可以离开端面一定距离。在脉冲氙灯激励初期，谐振腔的品质因素 $Q$ 值较低，损耗较大，不能形成激光振荡，粒子反转可以达到较高的数值。当粒子反转达到一定值时，谐振腔的 $Q$ 值突然增大，损耗减小，激光振荡立即产生。大量受激离子在一个很短的时间内同时跃迁，输出一个时间宽度为几十毫微秒、峰值功率为几兆瓦的激光脉冲，称为巨脉冲。这种能使 $Q$ 值突然变化的技术，称为 $Q$ 开关技术。

目前激光光源主要用于微区分析。为了适应微区分析的要求，通常将激光器与显微镜组合使用。这种用于微区分析的激光光源，称为激光显微光源。聚焦的激光束虽能同时将试样蒸发和激发，但激发效果较差。为了提高激发效果、增加谱线强度、改善元素检出限，必须同时采用辅助火花激发。因此，激光显微光源除包括固体激光器外，还包括显微镜系统、辅助激发装置和控制电源装置。

激光显微光源应用于原子发射光谱分析时，称为激光显微光谱分析。激光显微光谱分析的应用很广，可以解决地质冶金及其他领域中的微量分析、微区分析和薄层分析等问题。激光显微光谱分析不受试样形状的限制，能分析块样、片样和粒样等；不仅能测定试样中的主要元素，而且能测定试样中的次要元素和微量元素，绝对检出限可达 $10^{-12}$g。激光显微光谱分析可以直接测定各种不同的试样，但很难在颗粒或微区中掺入内标，给定量分析带来困难。目前进行激光显激光谱定量分析时，一般采用试样中的基体元素或主要元素作内标，或者采用不需内标的基准线换算法。

(2) 分光系统和检测系统

待测元素经激发光源激发后，发射出的光谱需要经过分光系统和检测系统来观察和分析，这套系统可将光源发射的电磁波分解为按一定次序排列的光谱。原子发射光谱分析根据接收光谱的方式不同，主要分为摄谱法和光电法，其中光电法目前应用较广，对应的仪器类别称为光电直读光谱仪。

光电直读光谱仪是由看谱镜和摄谱仪发展起来的，由光电检测器代替了人们眼睛和感光板，避免了目视观测的误差和感光片化学处理的烦琐程序。光电直读光谱仪由光源、分光系统和光电测量系统三部分组成，其工作原理简示于图1-29。试样经光源激发后，所辐射的光经入射狭缝到色散系统凹面光栅或棱镜，分光后的各单色光被聚焦在焦面上，形成光谱。在焦面上放置若干个出射狭缝，将待测元素的特定波长引出，分别投射到光电倍增管上，将光能转变为电信号，由积分电容储存。当曝光终止时，由测量系统逐个测量积分电容上的电压，根据测定值的大小来确定含量。

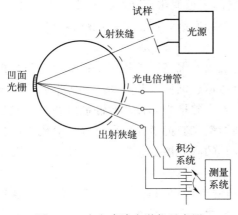

图1-29 光电直读光谱仪示意图

光电直读光谱仪的激发光源应保证分析线的强度大、放电的稳定性高、相对记录装置的电干扰小，因此在原子发射光谱分析中一般采用电感耦合高频等离子体等作为激发光源。其分光系统必须满足工作光谱区、色散率、分辨率和光强等方面的要求。最常用的分光系统是凹面光栅成像系统，其次是反射式垂直对称平面光栅成像系统。分光系统的色散率以中等（0.4～0.8nm/mm）以上为宜。光电直读光谱仪的检测系统必须具有较高的稳定性和较低的噪声，以提高光电光谱分析的精密度，降低检出限。大多数光电检测系统都具有复杂的结构。

按照出射狭缝的工作方式，光电直读光谱仪分为单道扫描式和多道式两类。单道扫描式仪器用移动出射狭缝或转动色散元件扫描，测定不定数量的分析线；多道式仪器用多个固定的出射狭缝，测定确定数量的分析线。近年来又出现了多道与单道扫描相结合的新型光谱仪。

而采用高分辨率的中阶梯光栅分光可进一步提高仪器对谱线的分辨能力。中阶梯光栅光谱仪采用较低色散的棱镜或其他色散元件作为辅助色散元件，安装在中阶梯光栅的前或后来形成交叉色散，获得二维色散图像。它主要依靠高级次、大衍射角、更大的光栅宽度来获得高分辨率，这是目前较先进光谱仪所用的分光系统。1991年出现了采用Echelle光栅及光学多道检测器的新一代ICP商品仪器，采用电荷注入器件（charge injection device，CID）或电荷耦合器件（charge couple device，CCD），代替传统的光电倍增管（PMT）检测器，推出全谱直读型ICP-AES仪器，可以实现"全谱"多元素"同时"分析。相对于平面光栅，中阶梯光栅有很高的分辨率和色散率，由于减少了机械转动不稳定性的影响，其重复性、稳定性有很大的提高。而相对于凹面光栅光谱仪，它在具备多元素分析能力的同时，可以灵活地选择分析元素和分析波长。目前各厂家的"全谱"仪器基本采用此类型，只是在光路设计和使用光学器件数量上略有不同。中阶梯光栅可通过增大闪耀角、光栅常数和光谱级次来提高分辨率。由于ICP有很强的激发能力，发射谱线丰富，谱线干扰也较为严重，因此，提高仪器分辨率有利于避开一些谱线干扰。

## 1.5.2　原子发射光谱仪的安装与检定

### 1.5.2.1　仪器安装的基本要求

不同电感耦合等离子体发射光谱仪安装要求有所不同，但一般都主要包括对实验室环境、电源、排风、气体等方面的要求。

**(1) 实验室环境要求**

环境要求主要包括环境温度及湿度、环境洁净状况、光及磁场干扰等。一般室温要求维持在10~25℃间的一个固定温度，温度变化应小于±1℃，最佳工作温度为(20±2)℃。实验室湿度要求在20%~80%，无冷凝，仪器最佳工作湿度范围为35%~50%。

**(2) 电源要求**

各个品牌的仪器以及其附件容许的电压范围和功率都有所不同，使用前务必按照说明书的要求进行配置。此外，为保证仪器具有良好的稳定性和操作安全，必须具有良好的接地线，接地电阻要求符合厂家提供的安装标准。

**(3) 排风要求**

排风系统对于电感耦合等离子体发射光谱仪实验室是非常重要的，因为电感耦合等离子体发射光谱仪的等离子体部分一般会产生有害气体，排风系统可以保护实验室工作人员健康，保护仪器不受由样品产生的腐蚀性气体的损害；同时，排风良好可以改善等离子炬的稳定性，排除仪器产生的热量。

**(4) 气体要求**

目前，电感耦合等离子体发射光谱仪一般采用高纯氩气作为工作气体，工作状态下氩气流量一般为15~20L/min，一钢瓶氩气大约使用5~6h，如经常需要连续开机操作，建议配备大型罐装液氩。吹扫气体（有些仪器做紫外区波长需要用惰性气体吹扫光学系统）用高纯氮气或氩气。

### 1.5.2.2　仪器的主要配套附件

**(1) 冷却水循环系统**

冷却水循环系统是加入蒸馏水后自循环的冷却系统，为等离子体线圈冷却用，由于ICP温度较高，功率较大，释放热量多，因此，一般用于ICP的冷却水循环系统也有较大的制冷量。

**(2) 自动进样器**

一般使用蠕动泵提升溶液样品，设置有一个清洗位，使用较长时间后，清洗液容易变脏，可能会污染样品，因此，有些公司的自动进样器还配置了清洗溶液，可自动保持新鲜。

**(3) 氢化物发生装置**

氢化物发生装置主要用于汞、砷、碲、铋、硒、锑、锡、锗和铅等可生成氢化物的元素的测定，可大大降低干扰，提高灵敏度。

**(4) 空气压缩机**

有的公司采用空气来切割 ICP 尾焰，因此需要空气压缩机，一般应有一定的压力要求，且应带空气过滤器以除去空气中的水分。

**(5) 自动稀释装置**

许多 ICP 还可配置自动稀释装置，使一些高浓度的样品能在自动稀释后自动测定。

**(6) 消耗品**

ICP 的消耗品较多，主要有石英炬管、雾化器、样品进样蠕动泵泵管、排液蠕动泵泵管、连接接头和进样管、石英窗、各种垫圈等。

#### 1.5.2.3 仪器的安装与调试

**(1) 仪器安装**

在几类光谱仪器中，电感耦合等离子体原子发射光谱仪的安装相对较为复杂，一般由仪器公司的专业安装工程师负责，实验室操作人员最重要的任务是按仪器安装的基本要求准备好相关的实验场地、水电、气体、排风等安装条件。

与其他仪器类似，电感耦合等离子体原子发射光谱仪一般带较多附件和消耗的配件等。对于新采购的仪器，应与仪器公司厂家或其代理商的代表一起，开箱验收，对照仪器采购合同清单逐一查对仪器主机、附件、零配件消耗品和使用说明书等是否一致和是否齐全，同时要检查仪器表面是否有损伤。如发现问题及时向生产厂家提出。

配合仪器安装工程师将仪器主机、计算机、打印机、空压机、冷却水循环系统、自动进样器等，按说明书要求整体布局，连接好仪器的电路、气路和水路。然后安装进样系统，包括等离子体线圈、炬管、雾化器、雾室、泵管等。

仪器安装好后开机，点燃等离子体，进行有关初始化校正或调试。大多数仪器需要进行暗电流校正、波长校准、炬管观察位置的优化等，具体校正方法参考以下内容进行。

① 暗电流校正。目前 ICP 仪器大多采用固体检测器，包括电荷耦合器件（CCD）、分段耦合检测器（SCD）、电荷注入检测器（CID），这些检测器的感光元件均存在暗电流，由不曝光时在检测器上的电荷累加而形成，是电子由热过程产生的电流，与器件的温度有关，通常可用冷却检测器来降低暗电流。仪器暗电流校正一般由仪器自动进行。

② 波长校准。波长校准一般有两种方法，一种采用标准溶液进行校准；另外一种是利用汞灯波长进行校准。通常前者在仪器新安装或环境条件有较大变化时进行，而后者则主要用于波长漂移，一般可每间隔一定时间定期进行。无论哪种方法，一般仪器都是自动进行的，所不同的是前者需要在点火状态下收集一定元素的某些波长来进行。

对于 Perkin Elmer Optima ICP 仪器，采用标准溶液进行波长校准时，一般在紫外波长和可见波长段分开进行，因此，相应有两种专用的校准溶液，即紫外波长校正溶液，主要含有 P、S、K、Mn、Mo、Ni、Sc、As、Na、La、Li、Ca，其中磷、钾、硫的浓度为 100mg/L，砷、镧、锂、锰、钼、镍、钪、钠的浓度为 20mg/L；可见波长校正溶液，主要含有 Ba、Ca、Mn、Na、La、Li、Sr、K，其中钡、钙的浓度为 1mg/mL，镧、锂、锰、钠、锶的浓度为 10mg/L 和钾的浓度为 50mg/L。具体的校准方法和步骤如下。

a. 启动仪器，按相应的操作规程开启光谱仪，点燃等离子体至少 1h。在"工具"菜单中，单击"光谱仪控制"，将显示"光谱仪控制"窗口。

b. 执行紫外光通道的波长校准，可执行以下操作：吸入紫外波长校正溶液，在"光谱仪控制"窗口中，选择"紫外光"，然后单击"波长校准"，在显示的对话框中，单击"确定"执行校准。

c. 对于检测器上具有可见光波长通道的光谱仪,要执行可见光通道波长校准,可执行以下操作:吸入可见光波长校正溶液,在"光谱仪控制"窗口中,选择"可见光",然后单击"波长校准"。

利用汞灯波长进行校正的步骤如下所示:

将内部汞灯的已知波长与检测器的实测波长进行比较,并用于补偿光谱仪的漂移。在用于"波长校准"("检查光谱"窗口)之前,执行此功能特别有用。此外,在利用自动进样器分析样品时,可在"自动分析控制"窗口中,指定在自动分析过程中以给定间隔(建议间隔为1h)进行汞灯重新校准,称为"自动波长重新校准"。因为光谱仪对热效应敏感,所以对于ICP光谱仪,启动波长校准前,至少要在等离子体打开1h后才能对仪器进行操作。也可在"工具"菜单中,单击"光谱仪控制",在显示的"光谱仪控制"窗口中单击"汞线重新校准"以显示"乘线重新校准"对话框,单击"确定"以启动汞线重新校准。此过程需要大约1min。

③ 炬管观察位置的优化。在ICP仪器炬管不同观察位置观察,其灵敏度有很大差异,早期仪器需手动设置等离子体观察位置。目前的ICP仪器均可通过吸入锰标准溶液,经软件自动优化,寻找仪器等离子体炬管最佳观察位置,从而获得最高的信号强度。

除了在仪器初次安装或被移动以外,在移动或更换炬管、更换磁感线圈等操作后也需要执行该程序,具体的操作优化步骤如下。

a. 打开计算机,启动ICP软件。

b. 在调整前点燃等离子体使炬管升温30min。

c. 准备10mg/L和1mg/L的锰溶液,其中10mg/L锰溶液用于垂直观测,1mg/L锰溶液用于水平观测。

d. 在"Tools"菜单,点击"Spectrometer Control"。在分光计控制窗口选择"Axial"或"Radial";若程序运行时观察光谱图,打开"Spectra Display"窗口。

e. 在分光计控制窗口点击"Align View"打开"Align View"对话框,选择"Manganese",使用锰作为大多数分析物的代表,设定"Ready Delay"至30s。

f. 吸取锰溶液,系统会在选定的波长测定强度,同时调整观察位置,在"ResμLts"窗口会有各个位置的强度报告,打印"ResμLts"窗口的数据。

g. 系统自动改变炬管观察位置到有最高强度的位置。

#### 1.5.2.4 仪器主要技术指标及测试方法

**(1) 仪器主要技术指标**

① 扫描仪波长示值误差及波长重复性。与原子吸收光谱仪等光谱仪器一样,ICP光谱仪器谱线的理论波长与仪器波长测定读数的差值称为波长示值误差。但相对来说,ICP光谱仪比原子吸收光谱仪等仪器要求更高的波长准确度,一般波长示值误差应不大于±0.05nm,波长重复性应优于0.01nm。

② 分辨率与最小光谱带宽。仪器的分辨率是鉴别仪器对待测光谱线与邻近的其他谱线分辨能力大小的一项重要技术指标。一般可用仪器对某些典型的相邻谱线的分析情况来描述其实际分辨率,如若能够清晰分辨开铁元素两相邻的谱线(263.105nm,263.132nm),则该仪器的实际分辨率为0.2nm。

最小光谱带宽实际上也反映仪器的分辨率,最小光谱带宽越小,仪器的分辨率越高。最小光谱带宽一般用锰元素的 257.610nm 谱线的半峰宽来表示。

③ 检出限。仪器检出限是 ICP 光谱仪最重要的技术指标，是灵敏度和稳定性的综合性指标。检出限意味着仪器所能检出元素的最低（极限）浓度。一般用代表性元素空白溶液的测定结果的标准偏差的 3 倍对应的浓度作为仪器的检出限。测定次数一般不少于 10 次。

④ 重复性。重复性反映测量结果的精密度。测量相对标准偏差能较好地反映测量过程的精密度。因此，ICP 光谱仪的精密度是用相对标准偏差（RSD）来度量的，通常选取代表性元素在一定浓度水平下多次测定值的相对标准偏差为重复性。

⑤ 稳定性。稳定性是指仪器在一段相对长的时间内仪器的灵敏度变化程度，一般用选取代表性元素在一定浓度水平下及在一段相对长的时间内间歇性多次测定值的相对标准偏差来表示。与重复性不同的是，稳定性多次测定是在持续的一段较长时间内每间隔 15min 以上测定下一次；而重复性测试是较短时间内连续多次测定，可以理解为重复性反映仪器的短期稳定性，而稳定性反映仪器的长期稳定性，两者的测定和计算方式类似，一般后者大于前者。

**(2) 主要技术指标测试方法**

① 波长示值误差及波长重复性。与紫外-可见分光光度计和原子吸收光谱仪类似，ICP 光谱仪的波长示值误差用波长的 3 次重复测量平均值与标准值之差来计算，波长重复性用 3 次重复测量极差来计算。有所不同的是，其测定波长方法和选择的代表性元素有些差异。通常 ICP 仪器波长测定方法为：点燃等离子体，将一合适浓度的某元素溶液分别引入等离子体炬焰中，获取该元素特定波长的扫描光谱图，以图示谱线峰值对应的波长作为波长测量值，各谱线分别测量 3 次，按上述方法计算波长示值误差及波长重复性。

② 最小光谱带宽与实际分辨率。最小光谱带宽可按以下方法测定：设定仪器最小狭缝，点燃等离子体，将质量浓度约为 5mg/L 的锰溶液引入等离子体炬焰中，获取 Mn 252.610nm 的谱线，计算其半峰宽。

实际分辨率的检定方法包括以下几种：

a. 将质量浓度约 10mg/L 的铁溶液导入等离子体炬焰中，扫描测试获取 Fe 263.105nm 与 Fe 263.132nm 的波长扫描图，检查其双线分辨情况。

b. 以汞灯作光源，扫描测试获取 Hg 313.155nm 与 Hg 313.184nm 的波长扫描图，检查其双线分辨情况。

③ 代表元素检出限。从不同波段（如低于 300nm、300～400nm、高于 400nm）各选择一个代表元素在特定波长下进行测定。

在点燃等离子体 30min 后，用代表元素的标准溶液（含 5%盐酸）对仪器进行标准化。然后将空白溶液（如含有 5%盐酸的去离子水）导入等离子体炬焰中，连续测量 10 次，此组数据不得任意取舍或补测。以空白溶液 10 次浓度测定结果的标准偏差（S）的 3 倍作为元素检出限（DL）。

④ 仪器短期稳定性。在点燃等离子体 30min 后，进行仪器的标准化，将一定质量浓度（一般为 mg/L 水平）的各代表元素的溶液导入等离子体炬焰中，连续测量 10 次，此组数据不得任意取舍或补测。用各元素溶液 10 次连续测量值的相对标准偏差（RSD）来表示仪器短期稳定性。

⑤ 仪器长期稳定性。在点燃等离子体 30min 后，进行仪器的标准化，将一定质量浓度

（一般为 mg/L 水平）的各代表元素的溶液导入等离子体炬焰中，每间隔 15min 以上测量一次，共计测量 6 次以上，此组数据不得任意取舍或补测。用多次间隔测量值的相对标准偏差（RSD）表示仪器长期稳定性。长期稳定性的检定与短期稳定性的检定方法基本一致，所不同的是测定间隔时间不同，前者是连续测定，后者间隔 15min 以上测定下一次，当然，由于时间较长，后者测定的次数可少些。

#### 1.5.2.5 仪器校准方法

**(1) 计量标准依据**

计量校准依据参考检定规程 JJG 768—2005《发射光谱仪》ICP 光谱仪的有关内容进行。

**(2) 主要性能指标的要求**

按照检定规程和仪器的说明书，在检定周期内对分光光度计进行有关关键指标的检查，以确保仪器性能正常。表 1-10 为 A 级 ICP 光谱仪的主要性能指标的参考要求（B 级 ICP 光谱仪的检定方法可以见相关的检定规程）。

表 1-10 A 级 ICP 光谱仪的主要性能指标要求

| 检查项目 | 性能指标要求 | 检定方法 |
| --- | --- | --- |
| 波长示值误差 | ±0.03nm | 见(3)① |
| 波长重复性 | 不大于 0.005nm | 见(3)① |
| 最小光谱带宽 | Mn 252.610nm 半高宽不大于 0.015nm | 见(3)② |
| 检出限 | Zn 不大于 0.003mg/L<br>Ni 不大于 0.01mg/L<br>Mn 不大于 0.002mg/L<br>Cr 不大于 0.007mg/L<br>Cu 不大于 0.007mg/L<br>Ba 不大于 0.001mg/L | 见(3)③ |
| 重复性 | 0.5～2.0mg/L 的 Zn、Ni、Mn、Cr、Cu、Ba，测定 RSD 不大于 1.5% | 见(3)④ |
| 稳定性 | 0.5～2.0mg/L 的 Zn、Ni、Mn、Cr、Cu、Ba，测定 RSD 不大于 2.0% | 见(3)⑤ |

**(3) 检定方法**

仪器开机进行基线扫描后按以下步骤检定。

① 波长示值误差和波长重复性。进样 5～20mg/L 的 Se、Zn、Mn、Cu、Ba、Na、Li、K 混合标准溶液，以其对应的峰值位置的波长示值为测量值，从短波到长波依次重复测量 3 次，波长测量值的平均值与波长的标准值之差即为波长示值误差，测量波长的最大值与最小值之差即为波长重复性。

② 最小光谱带宽。进样 5mg/L 的 Mn 标准溶液，用仪器的最小狭缝测量 257.610nm 的谱线，计算出谱线的半高宽即为最小光谱带宽。

③ 检出限。进样 0～5mg/L 的 Zn、Ni、Mn、Cr、Cu、Ba 系列混标溶液，制作工作曲线，连续 10 次测量空白溶液，以 10 次空白值的标准偏差的 3 倍所对应的浓度为检出限。

④ 重复性。连续进样 0.5～2.0mg/L 的 Zn、Ni、Mn、Cr、Cu、Ba 混合标准溶液 10 次，计算 10 次测量值的相对标准偏差（RSD）即为重复性。

⑤ 稳定性。在不少于 2h 内，间隔 15min 以上，进样 0.5～2.0mg/L 的 Zn、Ni、Mn、Cr、Cu、Ba 混合标准溶液测定 6 次，计算 6 次测量值的相对标准偏差（RSD）即为稳定性。

## 1.5.3 原子发射光谱仪常用仪器型号及操作方法

### 1.5.3.1 常用仪器型号

国内生产 ICP 仪器的厂家不多，目前有江苏天瑞仪器股份有限公司、北京科创海光仪器有限公司（北京海光仪器公司）和北京普析通用仪器有限责任公司等，且生产的都是单道扫描型光谱仪，采用光电倍增管传统检测器。国外有许多公司生产等离子发射光谱仪，我国进口的等离子发射光谱仪主要产自美国、日本、德国等国，生产商主要有赛默飞世尔（Thermo Fisher）公司（美国）、Perkin-elmer 公司（美国）、Leeman 公司（美国）、Horiba J-Y 公司（法国）、Spectro 公司（德国）、岛津（Shimadzu）公司（日本）等。以下介绍美国 Perkin-elmer 公司的

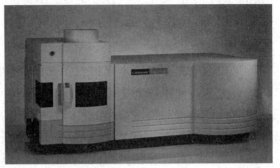

图 1-30　Perkin-elmer Optima 7300 DV
电感耦合等离子体发射光谱仪

Optima 7300 DV 全谱直读电感耦合等离子体发射光谱仪，见图 1-30。

### 1.5.3.2 操作方法

仪器在安装初始化时一般应进行安装设置，只要不改变硬件，一般以后应用无须重新设置。仪器应用设置一般包括仪器硬件系统和仪器软件系统的设置，不同的仪器其操作方法有所不同，但大同小异，以下以美国 PE OPTIMA 7300DV ICP 光谱仪为例，详细介绍其操作，其他仪器可参考仪器的软硬件说明书进行。

(1) 开机

① 检查仪器系统及其附属设备安装连接是否正常，确认有足够的氩气用于连续工作，确认废液收集桶有足够的空间用于收集废液。打开稳压电源开关，检查电源是否稳定等。

② 开启氩气，调整气压在 0.5~0.7MPa。

③ 开启冷却水循环泵，调整水压在 (45±5) psi (1psi=6894.76Pa)，水温在 (20±2)℃。

④ 开启稳压器，按下仪器总电源开关开启仪器主机，随后开启自动进样器。

⑤ 开启打印机、显示器及计算机主机电源。运行 ICP WinLab32 工作软件，出现待机窗口，等待仪器预热稳定，约需 2~3h。

⑥ 重新运行 ICP WinLab32 或在 System 菜单下 Diagostics 窗口各标签页上点击 Reconnect 重连接按钮，直至 Spectrometer 光谱仪、Plasma 等离子体系统和 Autosamper 自动进样器全部与仪器主机连接正常。

⑦ 开启空压机及排风设备，装配进样管和出样管，准备点炬。

⑧ 启动等离子体控制窗口，点击 Plasma 开关 ON 键，45s 后仪器自动点炬，同时仪器面板上红色紧急按钮指示灯亮。否则，查找原因，重新点炬。也可以在 Diagostics 正常状态下，通过软件 System 菜单下的 Auto Startup/Shutdown 设置自动点炬的时间。

⑨ 仪器点炬稳定 30min 后即可进行分析测试。

(2) 关机

① 点炬状态下用去离子水或 5%硝酸溶液清洗进样系统。

② 点击等离子体控制窗口 Plasma 开关 Off 键关闭 Plasma，也可通过软件 System 菜单下的 Auto Startup/Shutdown 设置时间，定时自动熄炬。如测试过程中出现紧急情况应立即按下仪器面板左侧红色紧急按键，熄灭等离子体。

③ 将进样管提出液面，并重新启动蠕动泵排空管内及雾化室里的残留液体，随后关闭蠕动泵，松开泵管。

④ 退出 ICP WinLab 软件及操作系统，关闭计算机主机、打印机、显示器电源。

⑤ 如保持仪器主机电源、冷却水及氩气开启状态下，重新开机需 13min。

⑥ 关闭仪器主机电源、氩气及冷却水循环泵。

⑦ 关闭稳压器、仪器总电源及排风设备。

⑧ 关闭空压机，排放空压机内冷凝水及压缩空气。

#### 1.5.3.3 仪器使用的注意事项

**(1) 确定样品是否适用于 ICP 分析**

ICP 一般用于溶液样品中金属元素分析，且主要是水溶液，对于有机溶剂要采用特殊的进样系统和仪器工作条件。即使是对水溶液，也主要以常量和微量分析为主。在没有基体干扰的情况下，样品溶液中元素的含量一般不应小于 5 倍的检出限（DL），在有基体干扰的情况下，样品溶液中元素的含量一般不应小于 20 倍 DL。样品必须消解彻底，不能有浑浊，否则必须先用滤纸过滤。对于标准雾化器，样品溶液中固溶物含量（盐分含量）要求 $\leqslant 1.0\%$，否则，改用其他高盐雾化器，但盐分含量最高一般不得超过 10%。

**(2) 操作前的准备**

在操作仪器之前，必须认真阅读仪器使用说明书，详细了解和熟练掌握仪器各部件的功能。在开启仪器前，应确保实验室环境应符合要求。由于 ICP 仪器属于大型精密光谱分析仪器，为使仪器能正常运转和获取较好的分析性能，应确保实验室温度、湿度等条件在要求的范围，否则，仪器容易产生操作故障或数据不稳定等。如：太高湿度会使 ICP 等离子难点炬等，太高温度不仅使波长漂移，同时也缩短某些部件的使用寿命。如果电网电压波动较大，仪器测量结果精密度变差。具体的要求参见仪器安装的基本要求。

此外，还应检查仪器电源系统、排风设备、电源以及气体是否正常，必要时，应对气体连接进行检漏。检查时可在可疑处涂一些肥皂水，观察是否有气泡产生。

**(3) 操作过程中的注意事项**

在使用仪器的过程中，最重要的是注意安全，避免发生人身、设备事故。同时，严格按照仪器操作规程操作。使用 ICP 时，要特别注意点炬时应确保冷却水水温及氩气压力正常、蠕动泵泵管安装正确、炬管和线圈干燥等才能点炬。

操作时必须注意检查仪器的性能。一般仪器需预热稳定，测定样品前首先应注意检查仪器的灵敏度和精密度，可查看某标准溶液的信号强度和多次测定的相对标准偏差是否满足要求。虽然仪器的灵敏度在一定范围内波动，但仍有一合理的波动范围，如信号强度或测量 RSD 异常，应注意检查。

在 ICP 仪器上测量的样品应确保无沉淀或悬浮物，必要时应重新过滤，一些颗粒很细的胶体溶液应离心，以免使雾化器堵塞。过高盐分的样品应适当稀释后才能测定。

批量样品的测定应注意样品间应用稀的酸或去离子水清洗，个别高含量的样品应稀释后重新测定，并注意清洗足够的时间，以避免污染下一个样品。仪器测量一定时间后应插入一些已知浓度的质量控制样品测定，进行中间检查，检查测量结果是否在一给定的结果范围，如测量结果误差较大，应根据情况重新绘制工作曲线或停机检查。

## 1.5.4　原子发射光谱仪的维护保养与常见故障排除

仪器的维护保养不仅关系到仪器的使用寿命，还关系到仪器的技术性能，有时甚至直接影响分析数据的质量。对ICP仪器来说，一般每天仪器分析完样品后均需继续喷水5～10min，将其中残存的试样溶液冲洗出去，必要时应拆下雾化器用超声波清洗。ICP应定期用超声波清洗雾化室、雾化器、炬管、样品喷射管、蠕动泵的滚轴等。仪器的水冷却循环系统、光学系统、风扇过滤网也应定期维护保养。长期使用的仪器，因风扇过滤网积尘太多有时会进入仪器内部导致电路故障，应定期用洗耳球吹净或用毛刷刷净。长期不使用的仪器应保持其干燥，潮湿季节应定期通电。

### 1.5.4.1　仪器的维护保养

**(1) 保持一个良好的使用环境**

等离子体光谱仪与其他大型精密仪器一样，需要在一定的环境条件下运行，否则，不仅影响仪器的性能，甚至造成损坏、缩短寿命等。根据光学仪器的特点，对环境温度和湿度有一定要求。如果温度变化太大，光学组件受温度变化的影响就会产生谱线漂移，造成测定数据不稳定；而如果环境湿度过大，仪器的光学部件，特别是光栅容易受潮损坏或性能降低，电子电路系统，特别是印刷电路板及高压电源上的部件也容易受潮而短路或烧坏。此外，过高湿度有可能使等离子体不容易点燃，甚至使高频发生器的高压电源及高压电路放电而损坏等。

除了应保持实验室温度、湿度条件外，尽量减少实验室灰尘对于ICP仪器的维护保养也十分重要。ICP仪器室一般都不具备防尘、过滤尘埃的设施，且需要采用排风机排除仪器的热量及其产生的有毒气体，仪器室与外部形成压力差而产生负压，室外含有大量灰尘的空气流入室内，尘埃容易积聚在仪器的各个部位上，造成高压部件或接线短路、漏电等各种故障，因此，需要经常进行除尘，包括定期清洗仪器过滤网。必须注意的是，除尘应事先停机并关掉供电电源，若需要拆卸或打开仪器以对电子控制电路、高频发生器除尘，一般应由仪器维修的专业人员进行，最好不要自行操作。

**(2) 气体控制系统的维护保养**

ICP的气体控制系统是否稳定正常地运行，直接影响到仪器测定数据的好坏，如果气路中有水珠或其他固体杂质等都会造成气流不稳定，因此，对气体控制系统要经常进行检查和维护。首先要做气体密封试验，开启气瓶及减压阀，使气体压力指示在额定值上，然后关闭气瓶，观察减压阀上的压力表指针，应在几个小时内没有下降或下降很少，否则说明气路中有漏气现象，需要检查和排除。另外，氩气中常常夹杂有水分和其他杂质，管道和接头中也会有一些机械固体杂质脱落，造成气路不畅通。因此，需要定期进行清理，拔下某些区段管道，然后打开气瓶，短促地放一段时间气体，将管道中的水珠、尘粒等吹出。应定期检查或更换气体过滤芯，确保通入仪器的气体为干燥、洁净的气体。

**(3) 雾化器的维护**

ICP雾化器是进样系统中最精密、最关键的部分，需要很好地维护和使用。雾化器喷嘴出口很小，容易因样品溶液中的盐分或其他不溶物而堵塞，造成气溶胶通道不畅，常常反映为待测元素谱线测定强度下降等，因此应定期对其清理，特别是测定高盐溶液之后，雾化器的喷嘴会积有盐分，更应注意清洗。

一般同心雾化器都是用硼硅酸盐玻璃或石英制造的，因此使用时需要特别小心，以免破碎。任何时候均勿对其施加很大机械力，特别是雾化器喷嘴；切勿在超声波池中洗刷雾化器；切勿尝试使用导线或探头去除雾化器堵塞，这样做很可能造成损坏；在不用时应加以保护。

① 每次开始和结束使用同心雾化器时，先送入微酸度空白溶剂，然后用去离子水洗几分钟。这样可确保当溶剂在雾化器内变干时，不会形成样品沉积或晶粒。

② 如果同心雾化器取样口被堵塞，可使用稀硝酸或盐酸（也可用两者的混合酸）浸泡，但必须注意，不可对玻璃或石英使用氢氟酸（HF），必要时还可加热清洗。目前，也有专用的雾化器清洗工具，如 Eluo 雾化器清洗器可用来定期清洗和维护雾化器。

(4) ICP 炬管的维护

石英炬管由石英制成，因此应小心对待，不要施加较大的机械力，尤其是在连接气体导管或装到炬管架内的时候。勿使用金属或陶瓷刷或刮擦工具，以免造成损坏。同样，勿在超声波清洗器内清洗石英炬管。炬管上积尘或积炭都会影响点燃等离子体焰炬和保持稳定，也影响反射功率，因此，要定期用酸洗，如将炬管在 10% 的 HCl 内浸泡，可以去除大部分盐沉积，然后水洗，最后用无水乙醇洗并吹干。经常保持进样系统及炬管的清洁。

采用酸难清洗的污染，有时也可通过高温方法消除。可将炬管放入 450℃ 的马弗炉内烘烤 30min，这种方法可以很好地去除有机样品导致的碳沉积。

炬管清洗后重新安装，其安装位置很重要，如炬管位置不正确，容易导致等离子体无法点炬或炬管熔化。此外，如果氩气流量设置不正确，或是流量中断，又或是氩气管路内出现裂缝，也可能会引起炬管熔化。当然，随着炬管点燃时间的推移，炬管靠近等离子体一端的石英容易不再透明（析晶现象），主要是石英表面污染如样品盐分或油的沉积，污染物在高温下会导致石英快速析晶。因此，应避免裸手操作石英炬管以防止人体的油脂在炬管表面沉积，加速石英的析晶并显著减少炬管的使用寿命。

(5) **雾化室的维护**

避免接触雾化室内部表面的任何地方，否则可能破坏其湿润特性。

有些仪器可配置塑料材质的雾化室，如 SCOTT 雾化室，这种雾化室非常结实，可用于HF 分析，但大多数仪器一般用玻璃或石英特制的旋流雾化室，因此需要小心使用。特别是当连接引流管和喷雾管或雾化器时，切勿对其施加很大的机械力。切勿将玻璃雾化室撞到硬物，或在不用时不加任何保护。切勿使用金属或陶瓷刷或刮擦工具。切勿在超声波池中洗刷雾化室，或使用 HF 来清洗，否则很可能造成损坏。

如果雾化室的内部表面上有水滴积聚，或雾化室被样品沉积物所污染，应将其浸泡在清洁溶液（例如 Glass Expansion 公司提供的 FLUKA RBS-25，25% 强度溶液）中一整天或更长。如果这样做无法去除污染，可以使用其他酸来浸泡，但不能使用氢氟酸溶液（塑料雾化室除外）。

一个好的日常维护做法是，在每次开始和结束使用玻璃喷雾室时，先送入稀酸空白溶剂几分钟。这样可确保当溶剂在雾化室内变干时，不会形成样品沉积或晶粒。

(6) **其他**

光学玻璃观察窗：仪器在使用过程中，元素的谱线强度随着时间的推移持续缓慢地下降。这是因为接收光信号的石英窗凸透镜有污点，需拆下来用清水冲洗或用 20% 硝酸浸泡后再用二次水冲洗干净即可。

#### (7) 维护保养频率

在仪器正常使用中，维护保养是一项经常性工作，更强调的是日常操作中的维护和保养。因此，应制定仪器的操作规程和维护制度，按照仪器说明书做到定期保养与定期检查，实行仪器操作登记使用制度，这对于提高仪器使用寿命、保证检验工作的正常进行非常重要。以下维护保养频率供参考：

① 每月用超声波清洗雾化室、炬管、样品喷射管。

② 每月用硝酸浸泡雾化器。

③ 每月清洗蠕动泵的滚轴。

④ 每三个月取下石英窗，用无水酒精擦拭。

⑤ 每四个月检查循环水过滤网，更换循环水，清洗水循环系统。

⑥ 每四个月更换光谱仪上的风扇过滤网。

⑦ 测试有机样品后用软布清洁炬室，防止有机成分沉积。

⑧ 进样管、蠕动泵管、废液管、垫圈等消耗品根据使用情况及时更换。

⑨ 每年根据仪器公司提供的日常维护条款对仪器做全面保养。

#### 1.5.4.2 常见故障排除

ICP 光谱仪常见故障可分为：等离子矩光源难点火或熄火故障、进样系统故障、机械扫描单色器故障及气路系统故障、冷却水循环系统故障及环境因素造成的故障等。仪器内部部件出现故障一般要通知仪器生产商专业维修工程师来解决，但实验室也有相当的仪器外部条件或进样系统简单的故障可由操作人员预先进行排除。以下从几种常见故障可能的原因来分析，仪器操作人员可结合实验室实际对这些故障进行排除。

#### (1) ICP 等离子体无法点亮

① 点火时无反应，应检查氩气纯度是否达到规定的纯度（99.99%以上）。

② 点火时按键后，即有一类似环形火焰绕在铜线圈上。这种现象表明炬管使用时间过长，需要更换清洗。

③ 在操作中，若发现炬管内有螺旋状放电现象，则有可能是炬管内有水汽，需更换干燥的炬管；也可能是炬管过热、进样系统（如雾化器的前端喷嘴）发生堵塞等。因此，应仔细检查，确定原因后，采取相应措施。

④ 冷却水循环系统没有充足的冷却液，因此仪器出现不点火的情况。

⑤ 点火时，按点火键，仅听见点火器发出的轻微响声，但点不着火；不加高压射频（RF），现象仍相同，此时可初步判定为 RF 发生器无输出功率，需联系仪器专业工程师维修。

#### (2) ICP 使用过程中熄火

① 排风系统排风不畅或不连续，等离子矩区域的热量无法及时排出，影响等离子矩的稳定。因排风故障造成的熄火一般在仪器连续使用 30min 后才会出现。

② 炬管的安装位置对于等离子矩的稳定至关重要，但其对仪器的启动影响更大，会造成等离子矩无法正常点火或点火后无法持久等现象。

③ 功率、雾化气、冷却气等操作参数均对等离子体炬的稳定有一定影响。

④ 炬管外围的铜线圈外壁结垢、管内部结垢、循环系统渗漏及管道过滤器堵塞等导致循环水量不足以及风冷效果不佳（与室内温度有直接关系），均会影响冷却水循环的效果。

⑤ 大功率管老化，运行不稳定。

⑥ 气源压力过低而导致的自动保护，或者载气（氧气）纯度不够，均使仪器等离子炬不稳定。

⑦ 可能由于冷却水温度过高，检查冷却水循环系统是否正常工作。

⑧ 其他的人为操作问题，如触动联锁控制点（开关等），造成熄火。

⑨ 高频发生器发生故障。

(3) **仪器无信号**

① 检验中突然没有数据输出，可能是雾化器的进样管或载气管脱落。

② 检验时采集不到积分的数据，可能是光学系统控制异常，如光栅转动异常导致所选用的某一元素的一些谱线不能准确地照射到出射狭缝上。这时可以暂时中断当前的分析，再重新进行一次波长校正。如果同时进行的是多元素的测定，则只需对检测不到的元素进行波长校正，然后进入分析状态继续检测。

(4) **信号很不稳定**

① 如果发现 RSD 变大，但雾化室并无故障迹象显示，则可检查雾化器和氧气导管的接口及其密封性。Tygon 管或其他聚合物导管用久了有时会变硬，丧失其柔韧的气密性。在许多 ICP 分析作业中，即使 1% 的氧气损失都可以产生几个百分比的改变，因此还需检查雾化器，避免有少量空气进入。

② 检验中发现元素扫描强度突然降低，或短期精密度达不到要求，应检查雾化器及进样管，如任何一方堵塞，此时可更换或清洗雾化器。如雾化器雾化效率较低，则可以确定是雾化器前端喷嘴破损，此时可更换雾化器。工作中发现载气流量大大低于正常设定值，无论怎么调节载气流量也没多大变化，此时说明雾化器很有可能堵塞或破损。

(5) **环境因素**

若检测过程中，发现仪器性能很不稳定、短期精密度较高（如果不是因为仪器预热时间不够），则检查实验室内温度及湿度是否达到要求。该仪器工作温度范围在 15～35℃ 为最佳，且温度变化不应大于 1℃/h。相对湿度较大时，不容易一次点火成功。

(6) **气路系统故障**

① 点火时发现等离子气流量不足，调节流量器没有多大变化。此时初步判定为气路泄漏或气路堵塞，处理方法是按气体管路接头分段排查。

② 点火时发现等离子体发出"劈啪"声音，而且不易点着。此时初步判定为氩气含水分过高或气体纯度不够，更换高纯氩气即可。

## 1.6 实验项目

### 项目 1 紫外-可见分光光度计的维护与检定

**1. 说明**

紫外-可见分光光度计应定期对其性能（技术指标）进行检定，检定项目一般包括稳定度、波长准确度与重复性、透射比准确度与重复性、光谱带宽、$T$-$A$ 换挡偏差、吸收池的配套性等，其方法步骤应根据有关国家标准进行，检定周期为一年，但当条件改变，如更换或修理影响仪器主要性能的零配件或单色器、检测器等，或对测量结果有怀疑时，则应随时进行检定。

2. 检定实验设计

请参照附录 2 中紫外、可见、近红外分光光度计检定规程（JJG 178—2007），针对普析 TU1810 紫外-可见分光光度计波长准确度与重复性、透射比准确度与重复性的检定设计实验方案。

3. 普析 TU1810 紫外-可见分光光度计的维护实验设计

请针对仪器的维护，自行设计实验方案。

4. 数据处理

请对实验相关数据进行处理。

**思考题**

1. 怎样检定紫外-可见分光光度计的波长准确度与重复性？
2. 怎样检定单光束紫外-可见分光光度计的透射比准确度与重复性？

## 项目 2　傅里叶变换红外光谱仪的维护与检定

1. 说明

以布鲁克 TENSOR27 傅里叶变换红外光谱仪为例介绍红外光谱仪的维护过程：
① 取出并再生干燥剂。
② 更换激光器。
③ 更换 IR 光源。
④ 更换保险丝。
⑤ 更换窗片。

为了用户及仪器的安全必须注意如下事项。
① 做任何维护之前，先拔掉电源线。
② 当仪器在"开"的状态而仪器盖板被打开时，必须注意如下事项：
　a. 检查可能的激光辐射泄漏。
　b. 注意潜在的高压危险。
　c. 避免静电。用户身上的静电可能损坏电路接头和半导体芯片，身上释放的微弱的静电足以损坏半导体芯片。在接触电源腔体、光源/电子腔体之前，用户与仪器同步接地是很重要的，可以通过下列方式接地：使用接地的手腕电缆；触摸仪器金属体部分。接地手腕电缆是最有效（首选）的接地方法。

完成维护操作后（除了换干燥剂），建议运行 OPUS 软件的"仪器测试"程序，以检查仪器的状态。

2. 维护实验设计

(1) 干燥剂的更换与再生

封在筒中可更换的干燥剂（分子筛）能够保持干涉仪和探测器腔体中的空气干燥，尽管其密封在腔体中，但还是有必要使其再生。大约每六个月或者当仪器上面的电子湿度指示等表明应该更换干燥剂时，再生或更换干燥剂。干燥器筒装在探测器（TENSOR 27 中没有）和干涉仪腔体中，见图 1-31。

① 更换干燥剂

a. 探测器（TENSOR 37）腔体干燥剂的更换：取下探测器腔体左侧螺钉的塞子；转大约半圈，松开螺钉（6mm）；移开盖子，拔出干燥器筒。

b. 干涉仪腔体干燥剂的更换：按下光源腔体盖，打开盖子，会在面向干涉仪腔体的壁上看到一个螺钉；转大约半圈，松开螺钉（6mm）；取下干涉仪腔体盖子，拔出干燥器筒。

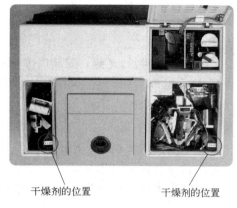

图 1-31　干燥剂位置

② 干燥剂的再生。干燥剂从仪器中取出后就应该再生，这样要用时才会有可用的。干燥剂再生后，存入所提供的存放管中。

a. 握紧白色管子与上部黑色盖，分开这两部分。

b. 将干燥剂倒入一个能经受 150℃ 的容器中。

c. 将分子筛放入 150℃ 的炉子中，至少烘干 24h。

d. 将热的分子筛倒入干燥管中，并装好该管。

e. 将再生的干燥剂装入存放管中，以便之后再次更换。

**(2) 激光器模块的更换**

激光损坏后，用户可以很容易地更换 He-Ne 激光器与电源。激光器安装在光源/电子腔体内，见图 1-32。

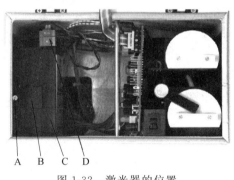

图 1-32　激光器的位置

① 关掉仪器电源。

② 按下盖子，打开光源/电子腔体盖板。

③ 松开螺丝（A，约两圈），取下边上的固定支架（B）。

④ 抬起激光单元（C）约 3mm，稍微顺时针并向前倾斜，从腔体中取出。注意这时仍然连着电源电缆！

⑤ 拧开两个小螺钉，取下电源插头（D）。

⑥ 换上一个新的激光单元，按反顺序操作。

⑦ 关闭全部腔体，并打开电源。

⑧ 检查仪器上盖上的激光诊断指示灯。

⑨ 初始化后（红色和绿色灯交替闪烁约 30s），应只有绿灯闪烁。如果不是这样，参考"故障诊断"。

必须用 OPUS 软件初始化新激光器，详情见 OPUS 软件使用手册。

**(3) IR 光源的更换**

如果光源损坏，用户可以很容易地更换光源。

① 换光源之前，关闭仪器电源。

② 按下盖子，打开光源/电子腔体盖板。

③ 松开光源螺丝大约一圈。
④ 轻轻按下光源同时转动固定杆。
⑤ 取出光源。
⑥ 换上一个新的光源，安装时光源端点平的部分必须面朝仪器一面。
⑦ 拧紧螺丝。
⑧ 关上光源腔盖。
⑨ 打开仪器电源。

**（4）保险丝的更换**

如果仪器后面的电压指示灯不亮，并且电源开关也是开着的（假定电源电压没问题），那么可能是主电源保险丝烧了。主电源保险丝在仪器后面的电源插座上，见图1-33。

图1-33 主电源保险丝位置

① 置仪器电源开关（A）到"关"的位置（"O"位置）。
② 拔掉仪器电源线。
③ 找到保险丝座（B）。
④ 向槽（C）中插入一个小扁平改锥。
⑤ 轻轻撬动改锥，放开保险丝座卡簧，这时可取下保险丝座。
⑥ 这时能看到两个保险丝，换上两个 5mm×20mm、4AT 的保险丝。建议使用的保险丝为 WICHMANN195 4.00AT 系列，订货号为 195 1400 002，一组十个保险丝；或使用 BRUKER 保险丝，号码为 2257（一个）。
⑦ 插回保险丝架，直至听到卡簧的响声。
⑧ 插上电源电缆。
⑨ 打开电源开关。

**3. 检定实验设计**

请参照附录2中傅里叶变换红外光谱仪检定规程［JJG（苏）75—2008］，针对红外光谱仪波数示值误差、波数重复性、透射比重复性、分辨率和分辨深度的检定设计实验方案。

**4. 数据处理**

将实验相关数据进行处理。

**思考题**

1. 怎样检定傅里叶变换红外光谱仪的波数准确度与重复性？
2. 傅里叶变换红外光谱仪和传统色散型红外光谱仪比有什么优点和缺点？

## 项目3 原子吸收光谱仪的维护与检定

**1. 说明**

对于新制造、使用中和修理后的单、双光束原子吸收光谱仪的检定，采用火焰原子化法测定铜的检出限 $c_{L(k=3)}$ 和精密度 RSD 检定结果应符合：新制造仪器应分别不大于 $0.008\mu g/mL$ 和 $1\%$；使用中和修理后的仪器应分别不大于 $0.02\mu g/mL$ 和 $1.5\%$。检定周期为两年。修理后的仪器应随时进行检定。

## 2. 检定实验设计

请参照附录 2 中原子吸收分光光度计检定规程（JJG 694—2009），针对火焰原子化法测铜的检出限和精密度检定设计实验方案。

## 3. 火焰和石墨炉原子吸收仪的维护实验设计

请针对仪器的维护自行设计实验方案。

## 4. 数据处理

请对实验相关数据进行处理。

### 思考题

原子吸收光谱仪采用火焰原子化法测铜的检出限和精密度的检定是怎样进行的？

# 项目 4　电感耦合等离子体原子发射光谱仪的维护与检定

## 1. 说明

以 PE OPTIMA 2000 系列 ICP-AES 光谱仪为例介绍维护过程：

① 日常维护。
② 清洁进样系统。
③ 雾化系统维护。
④ 炬管维护。
⑤ 切割气系统维护。

## 2. 维护实验设计

### (1) 日常维护

每天工作完成后，必须在点炬的状态下用蒸馏水或纯水冲洗进样系统不少于 5min。分析完水溶液后须先用去离子水或 2%的硝酸冲洗，然后用纯水洗。分析完有机样品以后须使用干净的有机溶剂冲洗。使用清淡的实验室清洁剂清扫光谱仪台。

确保氩气、吹扫气、水循环、炬管、喷雾器、蠕动泵、废液管、观测窗等部件工作正常。

### (2) 清洁进样系统维护

根据如表 1-11 推荐的清洁程序进行进样系统清理。

表 1-11　清洁程序表

| 项目 | 推荐清洗程序 |
| --- | --- |
| 每日清理 | 分析完水样以后用去离子水清洗，或者用 2%的硝酸洗后用去离子水洗。分析完有机试样以后，用干净的溶剂清洗 |
| 炬管 | 放入 5%～20%的硝酸或者王水，使用超声波清洁器清洗 |
| 炬管帽 | 使用肥皂水彻底清洗 |
| 进样管 | — |
| 雾化室 | — |
| O 型圈 | — |
| 雾化室帽 | 使用肥皂水彻底清洗，或用 2%的硝酸（十字交叉） |

续表

| 项目 | 推荐清洗程序 |
|---|---|
| 雾化室帽 | 使用肥皂水彻底清洗（旋流雾化室） |
| 同心喷雾器 | 不要使用超声波清洁器及清洁金属丝 |
| 雾化室 | 处理雾化室的油污，这些油污会影响仪器性能。用带有丙酮的湿布擦雾化室以达到去除油污的目的 |
| 泵顶 | 卸下并用水或弱的溶剂清洗 |
| 观测窗 | 用去离子水清洗并用软布擦干 |

(3) 雾化系统维护

拆除雾化器组件进行清洗，如图 1-34 所示。

如果分析水样，则必须用酸在超声波清洁器里清洗雾化室。开始用 5% 的硝酸或王水，如果污垢还在，增加酸浓度到 20%。使用酸的时候要小心，按照厂商的介绍使用。如果分析的是有机试样，则需用有溶解能力的溶剂或稀的肥皂水来清洗雾化室。O 型环需用肥皂水在超声波清洁器里清洗。准备一个备用的雾化室，以便在需要更换的时候更换，如图 1-35 为斯科特雾化室及其组件。

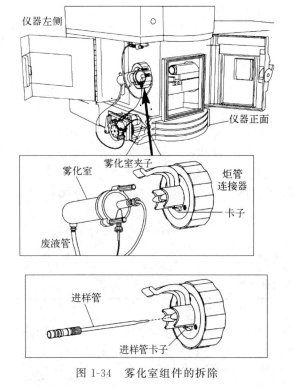

图 1-34　雾化室组件的拆除

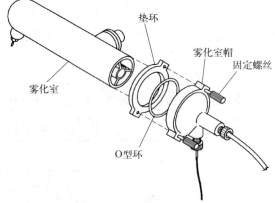

图 1-35　斯科特雾化室及其组件

(4) 炬管维护

有规律地检查炬管玻璃器具和气溶胶进样管。玻璃器具应该清理到没有污垢痕迹和熔化痕迹，要特别注意内管。在拆下炬管之前应该有一个备用炬管用来预防旧管损坏。

使用一段较长时间以后，炬管会失去光泽。在这种情况下，炬管较容易破碎。不透明的炬管不可清洗，但仍然可用。如果炬管是灰蒙蒙的，通常不会影响观测效果，因为径向观测是通过炬管狭缝，轴向观测是通过炬管的开口端。

石英炬管如图 1-36、图 1-37 所示。石英炬管有一个狭缝和一个玻璃帽。炬管下方有一个狭缝以便更好地观测等离子炬，获得更好的性能。

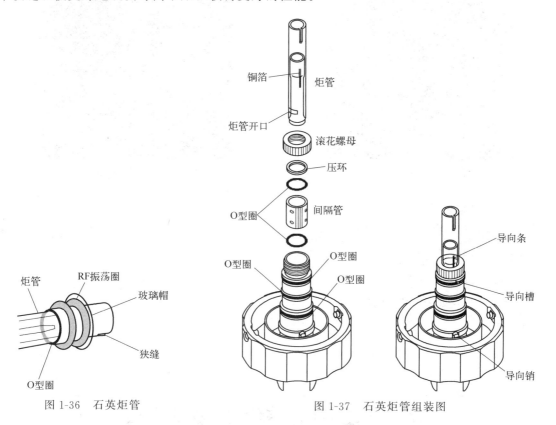

图 1-36　石英炬管　　　　　图 1-37　石英炬管组装图

注意：如果炬管破裂，则需更换一支新的炬管，打开滚花螺母，把所有的碎片都要清理出来。

**(5) 切割气系统维护**

① 切割气喷嘴的清洗。应周期性对切割气喷嘴进行清洗，腔室结构如图 1-38 所示。

图 1-38　腔室内部构造

② 切割电磁阀及传感器的清洁。电磁阀与传感器结构如图1-39、图1-40所示。

图1-39 电磁阀

图1-40 传感器

3. 检定实验设计

请参照附录2中发射光谱仪检定规程（JJG 768—2005），针对ICP光谱仪波长示值误差、波长重复性、检出限、重复性的检定设计实验方案。

4. 数据处理

请对实验相关数据进行处理。

**思考题**

光电直读型ICP仪的关键能力是什么？

## 1.7 光谱分析仪器产教融合案例

**案例1：**

采用邻二氮菲分光光度法测定自来水中的铁时，配制得到样品溶液为橘红色，使用721型分光光度计测定样品溶液吸光度为0.005。检查空白可调0和100%，出射光为蓝绿色。这个吸光度数据正常吗？若不正常，原因是什么？如何解决？

**案例2：**

以空气作背景，扫描溴化钾空白压片，得到如图1-41谱图，压片如图1-42所示，问题出在哪儿？

**案例3：**

通过下面的样品红外谱图（图1-43），推测出现了什么问题？如何改进？

**案例4：**

FAAS测锂时，标准曲线的线性不好，原因是什么？怎么解决？

**案例5：**

灰化法测植物样品中的铅时，发现火焰法灵敏度低，石墨炉法灵敏度高，但结果精密度差；改酸消解法（硝酸+高氯酸），发现石墨炉法测定空白值为0.1，且石墨管损耗很厉害。原因是什么？如何改进？

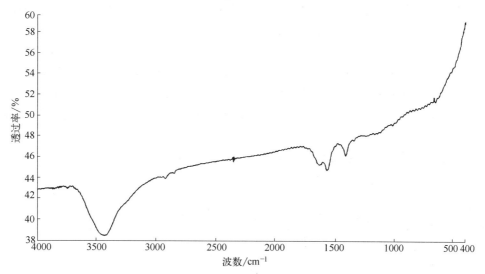

图 1-41　空白溴化钾红外谱图

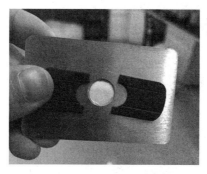

图 1-42　溴化钾空白压片

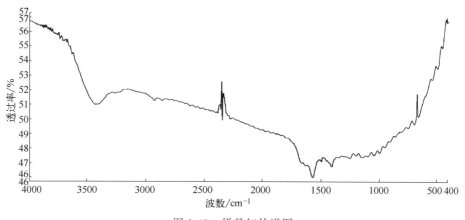

图 1-43　样品红外谱图

**案例 6：**
火焰法测样品中铜时，吸光度为负值，原因是什么？怎么解决？

**案例 7：**
用石墨炉测定镉时，在原子化信号窗口会出现两个峰，一个在 0.5s，一个在 1.5s，且

0.5s 的峰随浓度变化不大，而 1.5s 的峰随浓度变化较好（升温程序：干燥，100℃，25s；灰化，300℃，20s；原子化，1600℃）。原因是什么？怎么解决？

**案例 8：**

测定铁矿石中杂质元素时，称取 5g 样品，使用盐酸＋硝酸＋氢氟酸消解，蒸干赶酸，最后定容至 50mL 容量瓶中。上机测试 Pb、Al、Si、Ti 的含量，测试了 10 个样后，发现样品所有元素谱线强度基本消失。仪器配置：Thermo 6000 系列，同心雾化器＋Scott 雾化室，全谱直读。

请推测故障原因，并讨论此实验方案是否存在不合理之处。

# 第 2 章 色谱分析仪器的使用与维护

作为一种对多组分混合物进行分离并测定其含量的重要手段，色谱方法得到了日益广泛的应用，并已成为现代成分分析的最重要的方法之一。色谱分析仪器由于具有应用范围广、分离效率高、分析速度快、样品用量少、灵敏度高及易于自动化等特点，广泛地应用于石油化工、生物化学、医药卫生、环境保护、食品检验和临床医学等行业。色谱分析仪器已经成为许多分析实验室不可缺少的仪器，它主要包括气相色谱仪和液相色谱仪。

本章着重介绍气相色谱、液相色谱和气相色谱-质谱联用仪的结构、原理，掌握色谱分析仪器进行安装、调试、使用和保养的方法，尤其是色谱条件、质谱条件的设定和日常维修保养；同时能够对仪器一般故障的产生原因进行分析进而将故障排除。通过本章的学习，应达到如下要求：

① 详细了解色谱分析仪器的组成、结构，能够参照仪器说明书对仪器进行安装、调试。
② 能够熟练地对仪器进行正确的维护和保养。
③ 对仪器的常见故障能够进行分析，了解故障产生的原因，采取针对性的措施加以排除。
④ 对使用中和维修后的色谱分析仪器能按照有关国家标准对其性能进行检定。

## 2.1 气相色谱仪

气相色谱法就是以气体为流动相的一种色谱法。James 和 Martin 于 1952 年创立了气相色谱法，并提出了气相色谱的塔板理论。1956 年范第姆特等提出了气相色谱的速率理论，从而奠定了气相色谱法的理论基础。同年，戈莱发明了毛细管色谱柱，极大地提高了气相色谱法的分离效能；在此前后，又有人发明了几种高性能的检测器，使气相色谱法得到了迅速的发展，应用也更加广泛。经过几十年的发展，气相色谱法的理论和仪器已日趋完善，与其他仪器的联用技术也得到了较快的发展。

### 2.1.1 气相色谱仪的结构及功能

气相色谱法作为一种分离分析技术，具有灵敏度高、选择性高、分离效能高、分析速度

快、应用范围广泛等优点。一般来说,一台气相色谱仪由下面几部分组成:

① 气路系统:包括载气和检测器所用气体的气源(载气钢瓶和气流管线等)、气体净化装置以及气流控制装置(压力表、针形阀,还可能有电磁阀、流量计等)。

② 进样系统:其作用是有效地将样品导入色谱柱进行分离,如自动进样器、进样阀、各种进样口,以及顶空进样器、吹扫-捕集进样器、裂解进样器等辅助进样装置。

③ 分离系统:或者称柱系统,包括柱加热箱、色谱柱以及与进样口和检测器的接头,其中色谱柱本身的性能是分离成败的关键。

④ 检测系统:用各种检测器检测色谱柱的流出物,如热导检测器(TCD)、火焰离子化检测器(FID)、氮磷检测器(NPD)、电子捕获检测器(ECD)、火焰光度检测器(FPD)、质谱检测器(MSD)、原子发射光谱检测器(AED)等。

⑤ 数据处理系统:可对气相色谱仪的原始数据进行处理,画出色谱图,并获得相应的定性定量数据。

⑥ 控制系统:主要是对检测器、进样口和柱温的控制,以及对检测信号的控制等。

图 2-1 所示为一台常见的气相色谱仪的结构示意图。

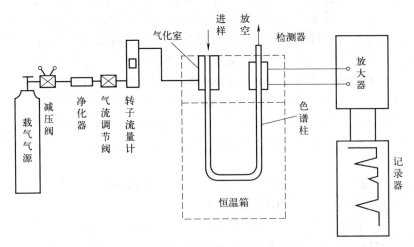

图 2-1 气相色谱仪基本结构图

#### 2.1.1.1 气路系统

气相色谱仪的气路系统是一个载气连续运行的密闭管路系统。气路系统的密闭性、载气流速的稳定性以及流量测量的准确性等,都是影响气相色谱仪性能的重要因素。

气相色谱中常用的气体有氢气、氮气、氦气、氩气和空气等,除了空气一般由空压机供给外,其他一般都由高压钢瓶供给。这些气体需要经过净化、稳压、控制流量等气路系统。一般气相色谱中使用的气体,其纯度必须达到99.99%以上,因此应在气源与仪器之间连接气体净化装置。载气的净化主要通过净化器来完成,普通的净化器是一根金属或塑料制成的管,其中装净化剂,并连接在气路上,净化剂按需要选择。载气的流速要求保持恒定,通常将减压阀和气流调节阀(稳压阀、稳流阀、月形阀等)串联使用,以控制柱子的进口压力恒定、载气流速稳定。流量计安装在柱出口处用以精确测量载气流速,一般常用的是皂膜流量计和转子流量计。

气路系统安装完成后需进行检漏,一般最常用的方法是用毛刷或毛笔蘸上肥皂水在接口处或管道上涂抹,吹气有气泡出现时说明此处漏气。接头漏气则需拧紧或者更换密封垫,管道漏气则更换管道。

#### 2.1.1.2 进样系统

气相色谱的进样就是指把试样（气体、液体和固体样品）快速定量地加到色谱柱柱头上，以便其被载气带入色谱柱进行分离。气相色谱仪的进样系统包括样品引入装置（如注射器和自动进样器）和气化室（进样口）两部分。进样量的大小、时间的长短、试样气化的速度、试样浓度都会影响色谱的分离效率以及测定的准确性和重复性。因此每次进样时，要求能够瞬时进样，同时几次进样的速度和进针的深度要尽可能保持一致。

(1) 气化室

气化室的作用是将试样瞬间气化成蒸气，要求其热容量大、死体积小、无催化作用。常用金属块制成气化室，一般常用的色谱仪其气化室仅需加热到400℃以内即可，防止金属在高温下对试样起催化作用，常用石英玻璃衬管气化室。

(2) 常见进样方法

气体样品一般使用旋转式六通阀来进样，液体样品则一般用微量注射器来进样，固体样品则用溶剂溶解后按液体样品进样。

六通阀一般由不锈钢制成，分阀体和阀瓣两部分。如图2-2所示，图（a）表示取样位置，样品取好后将阀瓣旋转60°，如图（b）所示，将样品送入色谱柱中。常见的定量管有0.25mL、0.5mL、1mL、3mL、5mL、10mL等规格，可根据试样情况选用。另外，气体样品的进样也可将气体试样吸入不同规格的注射器中，从色谱仪进样口的硅胶垫处进样。

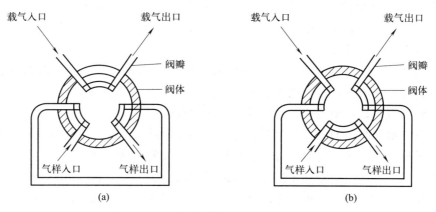

图2-2 六通阀的采样、进样位置示意图

液体试样一般采用微量注射器进样，常见的有1μL、5μL、10μL、50μL、100μL等规格，如图2-3所示。使用时应先用试样溶剂至少洗针3次，再用试样溶液置换3～5次。吸取试样时，要慢吸快排，防止吸入气泡。对刻度时，要倒置注射器，使视线与针管中液面水平一致，然后推动针芯到所需刻度。

(3) 常见的进样口

气相色谱仪中常见的进样口有填充柱进样口、分流/不分流进样口、冷柱上进样口、程序升温气化进样口等。

其中，填充柱进样口是最简单的进样口，可以接玻璃或不锈钢填充柱，也可以接大口径的毛细管柱。分流/不分流进样口则是最为常见的毛细管柱进样口，分流进样最为普遍，操作简单，不分流进样虽然操作复杂，但分析灵敏度高，常用于痕量分析。

### (4) 手动进样与自动进样

在气相色谱中，如果使用的是传统的手动进样的方法，则有一些技术性问题需要注意。就如同医院中护士打针，有的可以在不知不觉中完成注射，而有的则会让人感到十分痛苦。气相色谱中手动进样技术的好坏，也会直接影响到分析结果的好坏。好的手动进样技术要求：

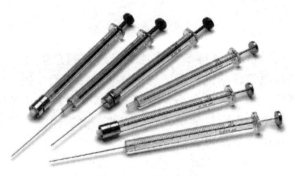

图 2-3 微量注射器

① 注射速度快。注射速度慢时会使样品的气化过程变长，导致样品进入色谱柱的初始谱带变宽。正确的注射方法：进样时，一手持注射器，一手保护针尖，先小心将针头穿过进样口隔垫，随后以最快速度将注射器插到底，同时迅速注入试样（注意针芯不能弯曲），然后快速拔出注射器，完成瞬时进样。

② 取样准确而重现性好。即取样量要准确，抽取样品的速度要一致，以保证进样的重现性。特别是黏度大的样品，要避免在注射器中形成气泡。

③ 避免样品之间的相互干扰。如果进样时注射器内有上一个样品的残留组分，就会干扰下一个样品的分析，带来定量误差。这在色谱中称为记忆效应，是必须消除的，具体办法是洗针。

④ 选用合适的注射器。气相色谱分析最常用的是 $10\mu L$ 微量注射器，其进样量一般不要小于 $1\mu L$。如果进样量要控制在 $1\mu L$ 以下，就应采用 $1\mu L$ 或 $5\mu L$ 的注射器。取样时反复推拉针芯，以确保针尖内没有气泡。

⑤ 减少注射歧视。所谓注射歧视是指注射针插入色谱进样时，针尖内的溶剂和样品中的易挥发组分首先开始气化。无论注射速度多快，不同沸点的组分总是有气化速度的差异。为减少注射歧视现象，可采用热针进样或溶剂冲洗进样技术。

现今，有一部分高档的气相色谱仪会配置自动进样器。一般认为用自动进样器进样的好处是进样量重现性好、可实现自动分析、减轻分析人员的劳动强度、提高工作效率。随着气相色谱进样技术的发展，一台自动进样器所能提供的功能已越来越多。新型的自动进样器不仅能完成自动进样的任务，它还越来越倾向于与样品制备功能相结合，自动完成一些样品制备操作。有的自动进样器还具有自动固相微萃取功能，还有的与色谱仪集成为一体，通过主机即可控制进样。这些都促进了整个气相色谱仪器的自动化。

#### 2.1.1.3 分离系统

气相色谱仪器的分离系统（柱系统）包括柱箱、色谱柱，以及色谱柱与进样口和检测器的连接头。其中色谱柱是色谱分离的心脏，应该说是最重要的组成部分。常见的气相色谱柱可分为两类：填充柱和毛细管柱。

##### (1) 填充柱

填充柱是将固定相填料填充在柱内的色谱柱，内径一般为 2～4mm、长为 1～10m，由不锈钢、铜镀镍或聚四氟乙烯制成，形状为 U 形或螺旋形。因为制备和使用均比较容易，且有多种填料可以选择，能满足一般分析要求，故而填充柱的应用比较普遍，但也存在渗透性差、传质阻力大等缺点。

**(2) 毛细管柱**

毛细管柱是一种高效能色谱柱，内径一般为 0.1～0.5mm、长为 10～100m，由不锈钢管、玻璃管或石英管拉成螺旋形。它的分离效率比填充柱要高得多，且试样用量少，具有一定的强度和柔性，已在很大程度上取代了填充柱。常用毛细管色谱柱牌号对应表见表 2-1。

表 2-1 常用毛细管色谱柱牌号对应表

| 极性 | 固定液 | 色谱柱型号 | | | | | 应用范围 |
| --- | --- | --- | --- | --- | --- | --- | --- |
| | | Agilent | J&W | Supelco | Alltech | SGE | |
| 非极性 | 43<br>44<br>45 | SE-30<br>OV-1<br>OV-101 | HP-1<br>HP-1MS | DB-1 | SPB-1<br>SPX-1<br>CP-Sil 5 CB-MS | AT-1 | BP-1 | 石油产品、农药、药物、有机酸、酯、香精香料、多环芳烃 |
| 弱极性 | 67<br>67 | SE-52<br>SE-54 | HP-5<br>HP-5MS<br>HP-5TA | DB-5 | SPB-5<br>CP-Sil 8 CB-MS | AT-5 | BPX-5 | 石油产品、农药、药物、有机酸、酯、香精香料、多环芳烃 |
| 中极性 | 158<br>177 | OV-1701<br>OV-17 | HP-1301<br>HP-50<br>HP-1701 | DB-1701 | SPB-1701<br>SPX-1701<br>CP-Si 19 CB-MS<br>SP-2250 | AT-1701<br>AT-50 | BP-10 | 有机磷、卤化物、农药、酸性药物、醇类、芳烃、甾族类 |
| 极性 | 363 | OV-225 | HP-225 | DB-225 | SP-2250<br>CP-Si 43 CB | — | BP-225 | 糖类、甾族类、农药、卤化物、脂肪酸、芳烃 |
| 极性 | 463<br>509 | PEG-20M<br>FFAP | HP-INNOWax<br>HP-Wax<br>HP-FFAP | DB-Wax | SUPELCO-WAX10<br>CP-Wax 57CB | AT-WAX | BP-20 | 醇、醛、脂、酮、腈类、挥发性脂肪酸、酯 |
| 极性 | 700 | EGS | — | — | — | — | — | 饱和不饱和脂肪酸、酯 |
| 极性 | 765 | OV-275 | HP-23 | DB-23 | SP-2340<br>CP-Si 1188 | | BPX-70 | 对各种异构体有较高选择性 |

#### 2.1.1.4 检测系统

检测系统的功能是将待测组分的信息转变为便于记录的电信号，然后对各组分的组成和含量进行测量。气相色谱检测器的分类方法有多种，按照检测器的响应值是与浓度相关还是与质量相关，可分为浓度敏感型检测器和质量敏感型检测器；按照所测定物质的范围，又可将其分为通用型检测器和选择型检测器。目前，常见的商品化的检测器有热导检测器（TCD）、氢火焰离子化检测器（FID）、电子捕获检测器（ECD）、火焰光度检测器（FPD）、氮磷检测器（NPD）等。

**(1) 热导检测器（TCD）**

热导检测器是气相色谱中应用最为广泛的一种通用的浓度敏感型检测器。它基于不同物质有不同的热导系数，几乎对所有物质都有响应，特点是结构简单、灵敏度适宜、稳定性好。

① 结构。热导检测器由热导池和热敏元件构成。热导池可分为双臂热导池和四臂热导池两种，分别如图 2-4（a）和图 2-4（b）所示。热导池体用铜块或不锈钢块制成，内装热

敏元件（热丝）。热敏元件一般都用电阻大、电阻温度系数大的金属丝（如钨丝、铁丝、铼钨合金丝或铂丝等）或半导体热敏电阻制成，其特点是它的电阻随温度的变化而灵敏变化。

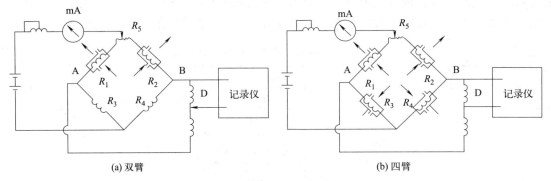

图 2-4　热导检测器电路图

② 工作原理。热导检测器的工作原理基于不同气体具有不同的热导率。当有恒定电流通过热导池时，热丝被加热。由于载气具有一定的热传导作用，因此当载气通过时，会带走一部分热量，当热丝产生的热量与散失的热量达到平衡时，热丝温度达到稳定。由于热丝的电阻是随温度变化而变化的，此时热丝的电阻达到一个稳定值。开始时，热导池中的参比池和测量池通入的都是纯载气，具有相同的热导率，因此两条热丝的电阻是相同的，电桥平衡，无信号输出。而当载气带着组分流经测量池时，由于载气和组分的混合气体的热导率与纯载气不同，测量池中热丝的电阻值发生变化，电桥失去平衡，就有电信号输出。载气中待测组分的浓度越大，则气体热导率改变越明显；热丝的电阻值变化越大，则产生的电信号越强。此外，输出电信号的强度与待测组分的浓度成正比，这就是热导检测器的定量基础。

③ 影响热导检测器灵敏度的因素

a. 桥路电流。增加桥路电流可以提高热丝温度，有利于提高热导池的灵敏度。但同时会增大噪声，使基线不稳，缩短热丝使用寿命。在满足灵敏度要求下，尽量选择较低的桥电流。通常载气选氢气，桥电流可选 150～200mA；载气选氮气，桥电流可选 80～120mA。

b. 池体温度。池体与热丝温差越大，灵敏度越高。但一般池体温度不能低于柱温，以防止样品在检测器中冷凝，污染检测器。

c. 载气种类。载气与组分的热导率相差越大，灵敏度越高。一般氢气和氦气作为载气灵敏度最高，氮气最低。载气的纯度也会影响检测器的灵敏度和稳定度。另外，载气的流速也要求稳定，否则会使噪声增大。

**(2) 氢火焰离子化检测器（FID）**

氢火焰离子化检测器（FID）是以氢火焰为电离源，使有机物离子化生成正、负离子，通过对收集到的离子进行测量的检测器。

① 结构。典型的氢火焰离子化检测器的电路图如图 2-5 所示。

图中，1 为离子室，一般由不锈钢制成。2 为喷嘴，3 为发射极，4 为收集极，

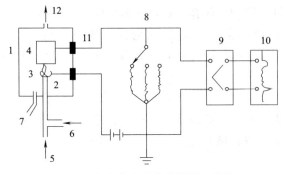

图 2-5　氢火焰离子化检测器电路图

三者共同组成离子头。载气带着组分从 5 进入喷嘴，混合 6 进入的氢气，接电后点燃氢气，在 7 进入的空气的助燃下形成氢焰。组分燃烧后形成的离子团在电场作用下向收集极移动形成微弱的电流，通过高阻 8 形成电信号，经放大器 9 放大，在记录仪 10 中记录。燃烧后的废气经排气口排出，由于信号微弱，为防止信号泄漏，要有 11 这样的绝缘部分。12 为排出的废气。

② 工作原理。当载气带着有机物组分 $C_nH_m$ 进入火焰时，如图 2-6 所示，首先在火焰的 C 层裂解产生自由基：

$$C_nH_m \xrightarrow{\text{裂解}} \cdot CH$$

产生的自由基在 D 层中与氧原子或氧分子发生如下反应：

$$CH + O \longrightarrow CHO^+ + e^-$$

生成的正离子与火焰中大量的水分子碰撞而发生分子-离子反应：

$$CHO^+ + H_2O \longrightarrow H_3O^+ + CO$$

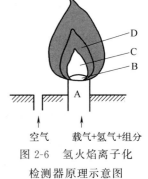

图 2-6 氢火焰离子化检测器原理示意图

反应中生成的正离子和电子在外加恒定电场的作用下分别向两极移动，产生微弱的电流（$10^{-14} \sim 10^{-6}$ A）。在一定范围内，电流的大小与待测组分的质量成正比。

③ 特点。氢火焰离子化检测器是典型的破坏性的质量敏感型检测器，灵敏度高、线性范围宽、操作简单、噪声小、死体积小。它对大多数有机物有很高的灵敏度，但是对水、无机气体、四氯化碳等含氢少或者不含氢的物质灵敏度低或者不响应。它的灵敏度比热导检测器高出三个数量级，检测下限可达 $10^{-12}$ g/g，是最常用的检测器之一。

④ 影响灵敏度的因素及使用注意事项。影响氢火焰离子化检测器灵敏度的因素主要有各种气体的流速和配比以及极化电压。载气一般选用氮气，载气与氢气的配比对火焰和电离过程的影响较大，空气与氢气的配比一般为 10∶1。极化电压一般选择在 100~300V。

使用时，要注意运行时间较长的氢火焰离子化检测器需要清洗检测器中的喷嘴和收集极。方法是先拆下这些部件，将喷嘴在正己烷中浸泡片刻，再浸泡在 1∶1 的丙酮-乙醇溶液中，最后用低速干燥空气吹干后于 110℃ 烘箱烘干。

为了保证 FID 的正常点火，点火时检测器温度需在 120℃ 以上，同时也不低于色谱柱温度。为防止水和其他流出物在 FID 中冷凝，应注意关机时先关氢气、空气、气化室和色谱加热器等，最后关 FID 和整个色谱系统。

**(3) 电子捕获检测器（ECD）**

电子捕获检测器（ECD）属于浓度敏感型检测器，它是利用电负性物质捕获电子的能力，通过测定电子流来进行检测的。ECD 具有灵敏度高、选择性好的特点。它是一种专属型检测器，是目前分析痕量电负性有机化合物最有效的检测器，元素的电负性越强则检测器灵敏度越高。对含有 X、S、P、N、O 等电负性较强元素的物质如卤素、硫、氧、羰基、氨基等化合物有很高的响应。目前，ECD 广泛应用于有机氯和有机磷农药残留、金属配合物、金属有机多卤或多硫化合物等的分析。它可用氮气或者氩气作载气，最常用高纯氮。

① 结构。电子捕获检测器的结构如图 2-7 所示。

② 工作原理。在离子室中，载气被放射源所放出的 β 射线轰击，电离成正离子和电子，在外电场的作用下，电子向阳极移动形成电流。而当载气带着具有电负性的组分进入离子室时，亲电子的组分大量吸收电子形成负离子或带电负分子。负离子会和正离子复合，从而使

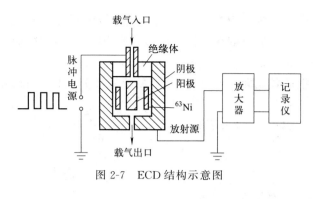

图 2-7 ECD结构示意图

电子流信号下降,出现负峰。峰的大小与电负性物质的浓度成正比。

③ 使用注意事项。使用 ECD 时载气对灵敏度影响很大,因此要使用高纯氮(纯度＞99.999%)作为载气,还要加净化器去除氧气和水。检测器温度应保持在柱温以上,常用温度范围为 250～300℃,一般不能低于 250℃。使用时还要注意防范放射性污染,出口要接到室外。

**(4) 火焰光度检测器 (FPD)**

火焰光度检测器 (FPD) 是对含硫、磷化合物具有高选择性和高灵敏度的检测器,一般的结构组成包括火焰喷嘴、点火器、石英片、滤光片、光电倍增管等部分。其工作原理:当含硫、磷化合物试样在氢火焰中燃烧时,含磷部分主要以 HPO 碎片的形式发射出波长为 526nm 的光,含硫部分则以 $S_2$ 的形式发射出波长为 394nm 的光。光电倍增管将光信号转化为电信号并记录下来。此类检测器灵敏度很高,最小检测量可达 $10^{-11}$ g/g,非常有利于痕量磷、硫的分析,是检测有机磷农药和含硫污染物的主要检测器。

#### 2.1.1.5 数据处理系统和控制系统

检测器产生的信号经放大器放大后,经记录仪记录,再经过一系列转换和处理后,才能得到色谱峰和分析结果。常见的数据处理系统有记录仪、积分仪和色谱工作站,其中应用最广泛的是色谱工作站。

色谱工作站配有专门的色谱分析软件,可对谱图进行各项操作处理。通过工作站还能调节色谱仪的各项参数,对色谱仪器的运行进行控制,例如调节色谱柱温度、检测器温度、载气流速等等。

## 2.1.2 气相色谱常用气体

**(1) 气相色谱常用气体纯度要求**

气相色谱分析中气体分为载气与辅助气体两类,最常用的载气是氮气、氢气,其次是氦气和氩气。样品由载气携带进入色谱柱进行分离,然后进入检测器实现对各组分的分析。载气中的污染物对色谱柱寿命、分析物检测等方面都有很大影响。因此,这些气体的纯度对于保证分析质量、防止色谱硬件性能下降至关重要。辅助气体包括燃料气、氧化气体、冷却气、检测器气体和气压动力用气体等。辅助气体的纯度取决于其使用目的和是否与样品接触,冷却气(二氧化碳)和气压动力用气体(空气或氮气)一般不与样品或者检测器接触,所以不一定需要非常高的纯度。表 2-2 列出了气相色谱分析中载气与辅助气体的具体要求,注意气体纯度的要求取决于所用检测器的类型,对于特殊检测器所需专用气体类型,请查阅相关手册资料。

**(2) 高压气瓶安全使用规则**

① 高压气瓶应放置于阴凉、干燥、远离热源、远离明火的地方,严禁暴晒,避免与强酸、强碱接触,防止水浸、温差过大,防止被油脂或其他有机化合物污染。

表 2-2 气相色谱中载气与辅助气体的要求

| 气体类型 | 功能 | 是否与样品接触 | 不同检测限的纯度要求 | | | |
|---|---|---|---|---|---|---|
| | | | $0 \sim 10^{-6}$（痕量） | $10^{-6} \sim 10^{-3}$ | $0.1\% \sim 1\%$ | $1\% \sim 100\%$ |
| 空气 | 气压动力 | 否 | $\leq 99.998\%$ | | | |
| 氮气 | 气压动力 | 否 | $\leq 99.998\%$ | | | |
| 氢气 | 载气或检测器燃料气 | 是 | 99.9999% | 99.9995% | 99.9995% | 99.999% |
| 甲烷、氩气或氮气 | ECD用载气或尾吹气 | 是 | 99.9999% | 99.9999% | 99.9999% | |
| 空气 | 检测器用氧化气 | 否 | 99.9995% | 99.9995% | 99.9995% | 99.999% |
| 氮气、氦气或氩气 | 载气或尾吹气 | 是 | 99.9999% | 99.9995% | 99.9995% | 99.999% |

注：纯度$\leq 99.998\%$，低纯度，专用或工业气体；纯度$=99.999\%$，高纯级；纯度$=99.9995\%$，超纯级；纯度$=99.9999\%$，研究级。

② 高压气瓶直立放置时，应用支架、套环或铁丝固定，以防摔倒；水平放置时，必须垫稳，防止滚动。

③ 不要移动装有减压阀的钢瓶，钢瓶运输时要取下减压阀并装好安全帽，以保护气瓶输出接嘴不受碰撞或冲击。套上安全帽还可以防止灰尘或油脂沾到瓶阀上。

④ 高压器气瓶和减压阀螺母一定要匹配，否则可能导致严重事故。

⑤ 开启高压气瓶时，必须选用合适的减压表，拧紧，不得漏气。

⑥ 安装减压阀时应先将螺纹凹槽擦净，然后用手旋紧螺母，确认入扣后再用扳手扳紧。

⑦ 安装减压阀时应小心保护好表头，所用工具忌油。

⑧ 各种气瓶使用到最后的剩余压力不得低于 0.05MPa，以防止充气或再使用时发生危险。

⑨ 高压气瓶应定期进行试压检验，一般钢瓶每 3 年检一次，到期未经检验或被锈蚀破损严重的、漏气的钢瓶，一律不得使用。

⑩ 使用钢瓶时，装上减压阀以后必须严格进行检漏测试。

**(3) 气路中净化装置常用的净化物质及活化方法**

① 活性炭。购进的产品使用前要筛去微小的颗粒，用苯浸泡几次以除去其中的硫黄、焦油等物质，然后在 380℃下通入过热蒸汽，吹至乳白色消失为止，保存在磨口瓶内。使用时，在 160℃下烘烤 2h 即可。

② 硅胶。购进的产品使用前要筛去微小的颗粒，用 6mol/L 盐酸浸泡 1~2h，然后用蒸馏水浸泡至无氯离子（用 $AgNO_3$ 检查），放入烘箱烘烤 6~8h 后保存待用。使用时在 200℃下通气活化 2h。

③ 分子筛。购进的产品使用前筛去微小的颗粒，在 350~580℃烘烤 3~4h，最高活化温度不要超过 600℃。

④ 105 催化剂。105 催化剂是一种含钯脱氧催化剂，活化方法：将催化剂放入脱氧管中，在 360℃温度下脱水 2h，冷却至室温，将欲钝化的氢气通入催化剂，还原活化 1h，含氧 1%的氢气一次通过催化剂后，含氧量可降至低于 $0.2 \times 10^{-6}$（体积分数）。

⑤ 活性铜催化剂。该催化剂为条状，呈棕色。使用前通氢气在 300~400℃温度下活化，以有效地除去氮气中的氧气，使含氧量降低到 $10 \times 10^{-6}$（体积分数）以下。催化剂颜色变

黑，说明需要再生活化。

⑥ 银 X 型分子筛。201、202 银 X 型分子筛是一种多用途的催化剂，其除氧性能尤为突出，201 催化剂不仅可脱除氢气中的微量氧，亦可在常温下脱除氮气及稀有气体中的微量氧。使用前需要加热活化（100～160℃），用氢气缓慢吹洗，银 X 型分子筛还原为金属态后即可使用。失效后可通入氢气还原，还原 10 余次后，需要将催化剂升温活化除去水分。

## 2.1.3 气相色谱仪的安装与调试

### 2.1.3.1 实验室安装前的准备

仪器应安装在专用的色谱仪器分析实验室内，以便将仪器与气源分开管理。仪器应安装在牢固、无振动的水泥或木质工作台上，工作台的台面上应留有足够的空间，以便放置记录仪、积分仪等外围设备；工作台的背后应留有一定的间隙，以便仪器维护保养。电源应有足够的功率。仪器应远离火种，室内不得有强腐蚀性气体，应避免室内温度剧烈波动和空气的过分流动。工作台的设置请参照图 2-8。

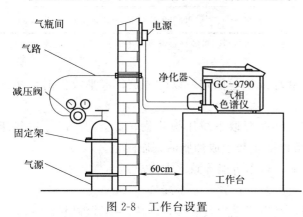

图 2-8 工作台设置

气相色谱实验室应具备的条件如下：

① 气相色谱实验室应宽敞、明亮，室内不应有易燃、易爆和腐蚀性气体。

② 环境温度应避免发生剧烈变化，一般要求在 10～40℃；空气的相对湿度不大于 85%。

③ 氢气瓶一般需另室存放，用链条或皮带将钢瓶固定好，并做上使用标记，以显示钢瓶是满的、空的或正在使用的。

④ 仪器应有良好的接地，最好设专用地线。因为仪器稳定性直接与接地有关，为了保证仪器和大地真正相连，可采用如下的接地办法：内径为 1～1.5mm 的铜导线焊在一块 200mm×200mm 铜板上，再将铜板埋入 0.5～1m 深的湿地中。不允许将接地点接到水龙头或暖气片上，更不允许以电源的中线代替接地点。仪器的所有接地点必须连在一起，使之等电位，从而防止相互引进干扰信号。

### 2.1.3.2 主机的安装

从备件箱中取出电源导线，按图 2-9 进行连接，做好通电准备。通电前还要预先检查仪器电源输入端电源插头相线、中线间有无短路现象，以及电源保险丝座是否松动，并检查电源插座的相位、电压值、功率是否满足仪器使用要求及接地线是否良好。仪器电源开关位置见图 2-10，仪器在工作台的安装请参照图 2-11。

仪器信号输出分 TCD、FID 两路，输出信号可以接入记录仪、积分仪、色谱工作站等记录装置。其接线方式见图 2-11。记录装置可以根据应用情况合理选择。检测器的数量一般根据仪器配置情况而设定，但安装位置一般情况下保持不变。通常基础型仪器信号输出只有 FID 一路。仪器检测器箱装配及线路、气路管线布置见图 2-12。

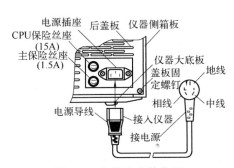

图 2-9 电源线安装位置

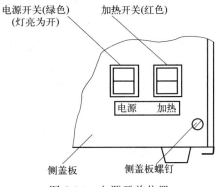

图 2-10 电源开关位置

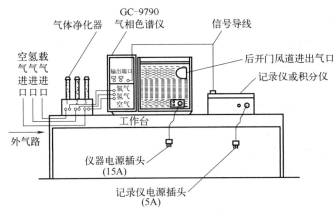

图 2-11 工作台外线路、气路连接示意图

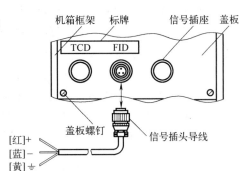

图 2-12 仪器检测器箱装配及线路、气路管线布置示意图

### 2.1.3.3 气路的连接

① 仪器所有气源均通过直径为 3mm 的管路与仪器气路箱的气体入口相连接。气路箱入口处标有所通入具体气体的标志,其接头用 M8×1 的螺母连接。

② 操作 TCD、ECD 检测器只需准备载气管路,操作其他的检测器还需准备氢气和空气的管路。连接方法见图 2-13。

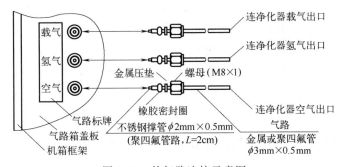

图 2-13 外气路连接示意图

仪器与气源相连接时,最好采用紫铜管或不锈钢管,为防止管路上油雾或其他化学残留物污染仪器气路系统,所使用的管路必须按下列程序严格清洗之后,方可接入仪器。清洗方法:

① 用亚甲氯化物或丙酮清洁溶剂冲洗管路内壁，除去残油，每米管路约用 150mL 溶剂，除油后用无水乙醇脱附干净。

② 清洗后将管路卷绕，放入烘箱中升温到 300℃，同时通入氮气（30mL/min），连续吹洗 1h，待管路温度降低后，封好端头，装入专用袋中以防再次污染。

其他的管路如尼龙管也可以使用，但这类管路不容易清洗干净，且易产生挥发物质，影响仪器的稳定性能，而且易老化，容易出现漏气现象。当使用氢气时，发生漏气现象是十分危险的，所以这一类的管路在使用中要注意经常检查、维护，以防止泄漏事故的发生。

#### 2.1.3.4 系统的检漏

仪器系统检漏一般分两步进行。第一步检查气源出口至净化器入口处气路部分（减压阀及接头，包括气路引线部分）。第二步检查仪器气路系统至净化器出口，即检查仪器气路系统的密封性能。

**(1) 钢瓶至净化器入口处的检漏程序**

气源接通后，由减压阀给定压力为 0.5MPa，关闭净化器面板上相对应的关闭阀。

关闭减压阀，并观察减压阀上的低压压力指示，记录 10min 的压力变化值。若压力明显下降，则说明系统有漏气现象，此时必须进行检漏试验。

气路系统检漏可以用检漏液进行（若此时没有检漏液可以用洗涤剂和水的溶液代替，配制的方法：在温水中加入一定量的洗涤剂，搅拌时能够产生气泡就可以了）。在系统保持一定压力的状态下，将检漏液少量地涂在可能产生漏液的接头或接点上，并观察此点有无鼓泡现象。按此方法逐点进行检查并排除漏气点。检漏过程中要尽量少地使用检漏液，而且检漏后，应及时将检漏液擦干净，以防止压力降低后，检漏液泄漏，污染气路系统。

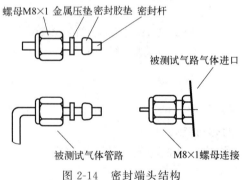

图 2-14 密封端头结构

**(2) 系统气密性检查程序**

打开仪器检测器箱盖板，松开相应气路紧固压帽，将气路接线端用堵头封闭，并保证出气口的气密性，参照图 2-14。

打开气路箱侧板，打开相应净化器的关闭阀，让系统充氮气到 0.35MPa，关闭阀；气体平衡 2min 后，观察气路箱内相应压力表的压力变化，10min 后压力若有显著变化，则说明系统漏气，需要进行检漏试验，其检漏方法同上（检漏过程中一定要尽量少地使用检漏液，检漏后必须及时清除检漏液以防污染气路系统）。

注意：仪器出厂前系统气密性经过严格试验，仪器启动前此项不是必做项目，只有确认系统有故障，或更换气路部件才需进行此试验。

#### 2.1.3.5 通电前的检查

仪器未装入色谱柱以前可以开机练习面板的各项操作，但不能通入任何气体，特别是氢气，以免发生危险。

① 检查电源接线是否正确。

② 检查气路连接是否完整，并检查气体种类是否与要求相符。

③ 检查钢瓶是否固定、减压阀的压力范围是否符合要求。

④ 检查并熟悉仪器基本结构、键盘设定方法、各项控制开关、气路系统，并参照说明书熟悉每个气体流量调节阀的作用及调节方法。

#### 2.1.3.6 气相色谱仪进样口及色谱柱的安装

**(1) 注样器的拆卸、安装**

注样器在使用中，除消耗品进样垫需要经常更换（经多次注样以后针孔扩大产生漏气现象时应及时更换）以外，一般不用拆卸或维护。注样器结构见图2-15。

当注样器出现非正常现象，或需清洗玻璃衬管及其他零部件，必须拆卸注样器时，其操作顺序如下。

① 拆卸

a. 旋松并取下注样器散热帽1，用镊子取出注样导向器2、硅胶隔垫3。

b. 用扳手取下螺母4，拉出密封压板5，检查密封圈6的外观质量，若发现已破损，应及时更换，以免产生注样器漏气。

c. 用镊子取出隔垫清洗器体7。

d. 用扳手旋松并取下柱接头14。

e. 用小螺丝刀沿注样器体12的底孔向上轻轻推动玻璃衬管10，并取出玻璃衬管（包括垫圈8、护套9、石墨压环11）。

② 安装

a. 更换铜垫圈13，安装柱接头14并拧紧，以免漏气。

b. 检查玻璃衬管的外观质量，若有裂纹，应及时更换。更换时，将石墨压环、护套、垫圈按原顺序套入玻璃衬管上，与玻璃衬管一起装入注样器体。玻璃衬管安装参照图2-16，沿箭头方向压到底，使玻璃衬管与柱接头相接触，以保证注样器分流点正常工作。

c. 安装隔垫清洗器体，参照图2-17，将隔垫清洗器体有横槽的一面向上，隔垫清洗器体有立槽的一侧对准隔垫清洗气出口的管路端头。隔垫清洗器体安装反了将会失去隔垫清洗的作用。

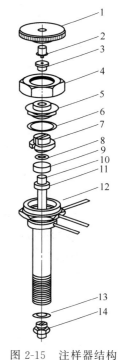

图 2-15 注样器结构

1—散热帽；2—注样导向器；3—硅胶隔垫；4—螺母；5—密封压板；6—密封圈；7—隔垫清洗器体；8—垫圈；9—护套；10—玻璃衬管；11—石墨压环；12—注样器体；13—钢垫圈；14—柱接头

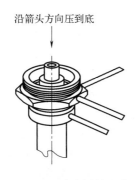

图 2-16 玻璃衬管安装

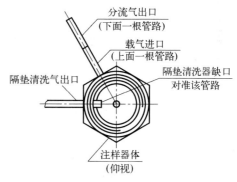

图 2-17 隔垫清洗器体安装

d. 安装密封压板。安装以前要检查密封圈的质量，以免注样器装配以后有漏气现象产生。

e. 安装紧固螺母。

f. 按原顺序装回硅胶隔垫、注样导向器，旋紧注样器散热帽。注样器安装以后，应封闭各出气口，通入氮气进行检漏试验。只有确定系统无漏气现象后，方可投入使用。

注样器安装不正确或装配过程中造成零部件污染，可能会导致仪器稳定性能下降，出现不应有的怪峰，或根本不能正常工作。为防止以上现象的产生，注样器的拆装过程中一定要仔细，防止零部件受到污染。装配完毕，注样器要在通入氮气并升温烘烤数小时后，方可接入色谱柱。

**(2) 玻璃衬管填充**

在玻璃衬管中，适当地填入石英棉或20~40目的玻璃珠，可使载气和样品蒸气充分混合。若填充涂有固定液的单体，除具有以上的作用外，还可作为预处理柱使用。分析过程中，为了获得好的分流重现性，这种预处理是十分有效的方法。

**(3) 气相色谱柱的安装**

① 安装前的准备。为防止色谱柱污染，生产厂家在运输过程中一般均将柱子密封。在安装前，用玻璃刀在距柱端2~3cm处划一下，然后折断密封头。此方法断头平整且光滑。

操作过程中，石英毛细管色谱柱应悬挂安装在柱箱内部的固定支架上，柱端要留出合适的长度。为防止色谱柱从弓架上松开，可将端头在弓架上穿绕几圈。

② 色谱柱支撑固定。色谱柱应安装在固定支架上，以免色谱柱在柱箱内受碰撞、挤压而折断。固定之前要注意柱端头能否插入注样器和检测器，并符合插入深度尺寸，按规定连接色谱柱。

③ 色谱柱检漏。毛细管柱漏气比较简单的检漏方法是，在检测器、柱样器的柱接头连接处，用甲烷或丙烷气流吹洗，然后观察检测器的响应。也可以在柱接头连接处涂异丙醇液体，然后观察有无气泡产生。

④ 色谱柱的安装。色谱柱的安装见图2-18，色谱柱插入深度指从柱端头到石墨压环密封处的高度。

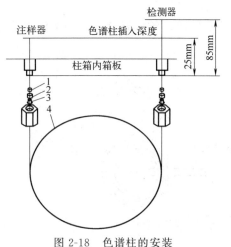

图2-18 色谱柱的安装
1—石墨压环；2—护套；3—压垫；4—色谱柱

a. 接注样器：按顺序在柱端头上套入压垫3、护套2、石墨压环1；测量柱端头插入深度为25mm，插入注样器；安装开口螺母，从柱子侧面沿开口槽套入，并拧紧至不漏气；通入载气，从到检测器的柱接头测量载气流量。

b. 接检测器：按顺序在柱端头上套入压垫3、护套2、石墨压环1；测量柱端头插入深度为85mm，插入检测器；安装开口螺母，从柱子侧面沿开口槽套入，并用手拧紧至不漏气。

**(4) 检测器尾吹气的安装**

检测器尾吹气由毛细管注样器气路系统提供，气路连接方式请参照毛细管注样器气路流程。毛细管色谱柱其内径只有0.1~0.5mm，载气流量只有0.2~2mL/min。因为载气流量太小，所以不能够满足检测器灵敏度的要求。为此，在检测器的进口必须提供一路补充气进行尾吹处理，以满足检测器的需要。

尾吹气安装结构见图 2-19，安装方法如下：

① 将石墨压环 2 套入检测器玻璃衬管 1。

② 将双向螺母 3 细牙螺纹一端逆时针旋入尾吹气组件 4 上（出厂时已配置安装毛细管的器件，其尾吹气组件已安装在柱箱内检测器上）。

③ 将玻璃衬管沿检测器底座孔向上插，底部插入双向螺母粗牙螺纹一端至尾吹气组件上孔内（注意不要插得太紧），然后连同尾吹气组件一起向上推，并旋紧双向螺母至密封。

图中所示 5~9 部件为毛细管连接套件，其安装顺序是：石墨压环 5、护套 6、压垫 7、开螺母 8、毛细管柱 9。

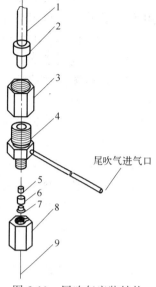

图 2-19 尾吹气安装结构
1—玻璃衬管；2，5—石墨压环；
3—双向螺母；4—尾吹气组件；
6—护套；7—压垫；8—开螺母；
9—毛细管柱

## 2.1.4 气相色谱仪常用仪器型号及操作方法

气相色谱仪作为常用的大型分析检验设备，应用十分广泛，其型号和类别也非常多，不同气相色谱仪的使用方法也各具特点。目前市场上的气相色谱仪器型号繁多、性能各异，常见的进口品牌生产商主要有赛默飞（Thermo Fisher）世尔公司（美国）、安捷伦（Agilent）公司（美国）、Perkin Elmer 公司（美国）、岛津（Shimadzu）公司（日本）等。目前国内的气相色谱仪生产商也有很多，如北京普析通用仪器有限责任公司、山东鲁南分析仪器有限公司、天美（控股）有限公司等。

这里以常见的气相色谱仪说明其一般使用方法。

**(1) 气相色谱仪简单操作流程**

① 开启气相色谱仪时，首先接通载气、空气、氢气等气路，打开稳压阀和稳流阀，调节所需载气流量。

② 先打开气相色谱仪主机电源，再打开色谱工作站，设置进样口、柱箱、检测器的温度（温度视检测项目而定）。

③ 待气化室、柱温箱、检测器室达到设定温度后，调节热导池检测器相关参数至基线稳定，氢火焰离子化检测器则需进行点火操作，基线平稳后即可进行分析。如有要求分流进样，则需选择分流进样，分流比为分流量：柱流量。

④ 在工作站中建立样品名和样品信息等，选择相应的样品名就可以进样。进样完毕，在工作站上选择谱图则可以进行相应的谱图处理和报告打印。

⑤ 当工作完成后，先关掉氢气总阀，使仪器熄火；当火灭后关空气总阀，之后设置进样口、柱箱、检测器温度低于室温；当仪器温度到达设置温度，关机后再关载气总阀。

**(2) 测试条件的设定**

要根据不同化合物的不同性质选择柱子，一般情况下极性化合物选择极性柱，非极性化合物选择非极性柱；色谱柱柱温的确定主要由样品的复杂程度决定；对于混合物一般采用程序升温法，柱温的设定要同时兼顾高、低沸点或熔点化合物。

### (3) 载气的选择

气相色谱最常用的载气是氢气、氮气、氩气、氦气。选择何种气体作载气,首先要考虑使用何种检测器。使用热导池检测器时,选用氢气和氦气作载气,能提高灵敏度,氢载气还能延长热敏元件钨丝的寿命。氢火焰检测器宜用氮气作载气,也可用氢气;电子捕获检测器常用氮气(纯度大于99.99%);火焰光度检测器常用氮气和氢气。

### (4) 载气流速的选择

载气流速对柱效率和分析速度都产生影响。根据范氏方程,载气流速慢有利于传质,且有利于组分的分离;但载气流速快,有利于加快分析速度,减少分子扩散。载气流量对柱效率的影响表现为流量过低或过高都会降低柱效率,只有选择最佳流量才可提高柱效率。对一般色谱柱,载气流量为20~100mL/min。有时为了缩短分析时间,可加大流量,但此时分离效果不好,色谱峰会有拖尾或重叠现象。在实际工作中要根据具体情况选择最佳流速。

### (5) 柱温的选择

柱温是气相色谱的重要操作条件,柱温直接影响色谱柱的使用寿命、柱的选择性、柱效能和分析速度。柱温低既有利于分配,也有利组分的分离;但柱温过低,被测组分可能在柱中冷凝,或者传质阻力增加,使色谱峰扩张,甚至拖尾。柱温高,虽有利于传质,但分配系数变小,不利于分离。一般通过实验选择最佳柱温。

柱温的选择原则:使物质既分离完全,又不使峰扩张、拖尾。柱温一般选各组分沸点平均温度或稍低些。表2-3列出了各类组分适宜的柱温和固定液配比,以供选择参考。

**表2-3 各类组分适宜的柱温和固定液配比**

| 样品 | 固定液配比/% | 柱温/℃ |
|---|---|---|
| 气体、气态烃、低沸点化合物 | 15~25 | 室温或<50 |
| 100~200℃的混合物 | 10~15 | 100~150 |
| 200~300℃的混合物 | 5~10 | 150~200 |
| 300~400℃的混合物 | <3 | 200~250 |

当被分析组分的沸点范围很宽时,用同一柱温往往造成低沸点组分分离不好,而高沸点组分峰形扁平,此时采用程序升温的办法就能使高沸点及低沸点组分都能获得满意结果。在选择柱温时还必须注意,柱温不能高于固定液最高使用温度,否则会造成固定液大量挥发流失;同时,柱温必须高于固定液的熔点,这样才能使固定液有效地发挥作用。

### (6) 气化室温度的选择

合适的气化室温度既能保证样品迅速且完全气化,又不引起样品分解。一般气化室温度比柱温高30~70℃或比样品组分中最高沸点高30~50℃,就可以满足分析要求。温度是否合适,可通过实验来检查。检查方法:重复进样时,若出峰数目变化、重现性差,则说明气化室温度过高;若峰形不规则,出现平头峰或宽峰,则说明气化室温度太低;若峰形正常、峰数不变、峰形重现性好,则说明气化室温度合适。

### (7) 进样量与进样时间的影响

进样量与固定相总量与检测器灵敏度有关,对于内径为4~6mm、长为2m、固定液用量为15%~20%的色谱柱,液体进样量为0.1~10μL,气体样品进样量为0.1~10mL。通常用热导池检测器时,液样进样量为1~5μL,氢火焰检测器小于1μL。

进样量过大会导致分离度变小;保留值变化,难以定性;峰高、峰面积与进样量不呈线性关系，不能定量。最大允许进样量可以通过实验确定：多次进样，逐渐加大进样量，如果发现半峰宽变宽或保留值改变时，此时的量就是最大允许进样量。

进样时应当固定进针深度及位置，针头切勿碰到气化室内壁；进样时间应尽可能短，一般小于 0.1s（从注射器接触气化室密封橡胶垫片算起）；注射、拔针等动作都要快，而且平行测定中速度一致，对此项操作技术必须十分重视，要反复练习，达到熟练、准确的程度。

**(8) 仪器操作注意事项**

① 操作过程中，一定要先通载气再加热，以防损坏检测器。

② 在使用微量进样器取样时要注意不可将进样器的针芯完全拔出，以防损坏进样器。

③ 检测器温度不能低于进样口温度，否则会污染检测器。进样口温度应高于柱温的最高值，同时化合物在此温度下不分解。

④ 含酸、碱、盐、水、金属离子的化合物不能分析，要经过处理后方可进行。

⑤ 进样器所取样品要避免带有气泡以保证进样重现性。

⑥ 取样前用溶剂反复洗针，再用要分析的样品至少洗 2～5 次，以避免样品间的相互干扰。

⑦ 直接进样品时，要在注射器洗净后，将针筒抽干，避免外来杂质的干扰。

## 2.1.5 气相色谱仪的维护保养与常见故障排除

### 2.1.5.1 气路系统的维护

**(1) 气体管路的清洗**

清洗气路连接金属管时，应首先将该管的两端接头拆下，再将该段管线从色谱仪中取出，这时应先把管外壁灰尘擦洗干净，以免清洗完管内壁后再产生污染。清洗管内壁时应先用无水乙醇进行疏通处理，这可除去管路内大部分颗粒状堵塞物以及易被乙醇溶解的有机物和水分。在此疏通步骤中，如发现管路不通，可用洗耳球加压吹洗，加压后仍无效可考虑用细钢丝捅针疏通管路。如此法还不能使管线畅通，可使用酒精灯加热管路使堵塞物在高温下炭化而达到疏通的目的。

用无水乙醇清洗完气体管路后，应考虑管路内壁是否有不易被乙醇溶解的污染物。如没有，可加热该管线并用干燥气体对其进行吹扫，将管线装回原气路待用。如果由分析样品过程判定气路内壁可能还有其他不易被乙醇溶解的污染物，可针对具体物质溶解特性选择其他清洗液。选择清洗液的顺序：先使用高沸点溶剂，而后使用低沸点溶剂浸泡和清洗。可供选择的清洗液有萘烷、$N,N$-二甲基甲酰胺、甲醇、蒸馏水、丙酮、乙醚、氟利昂、石油醚、乙醇等。

**(2) 阀的维护**

稳压阀、针形阀及稳流阀的调节须缓慢进行。稳压阀不工作时，必须放松调节手柄（顺时针转动）；针形阀不工作时，应将阀门处于"开"的状态（逆时针转动）。对于稳流阀，当气路通气时，必须先打开稳流阀的阀针，流量的调节应从大流量调到所需要的流量。稳压阀、针形阀及稳流阀均不可作开关使用；各种阀的进、出气口不能接反。

### 2.1.5.2 进样系统的维护

**(1) 玻璃衬管及其清洗、维护**

衬管是进样口系统的中心部件，样品在其中气化并进入色谱系统，衬管的选择主要取决于具体应用，另外衬管体积、活性和填充物也是需要重点考虑的因素。很多仪器厂商提供了分流进样、不分流进样、通用分流/不分流进样、直接进样、聚焦衬管等多种满足不同应用要求的衬管类型供选择，注意使用时严格区分与标识，避免使用不分流衬管进行不同分流比实验等问题。图2-20为常见衬管。

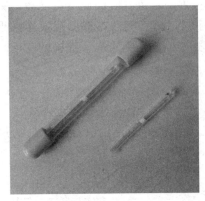

图2-20　常见衬管

衬管的体积和样品蒸发时的体积需要很好地进行匹配，如果衬管太小，将会发生反冲与样品损失，很可能影响准确度、重现性和灵敏度。厂商提供脱活的衬管是经过处理的，防止样品吸附并尽可能减少对热不稳定化合物的降解；未脱活的衬管不推荐用于极性和对热不稳定的样品，若必须使用，在使用之前自行进行脱活处理。填充物的主要作用是增加衬管的表面积，这样将有助于气化和不挥发性样品的保留，获得最佳性能，其中的填充物的质量要高并且经过脱活处理。

衬管应当定期更换，避免峰形变差、溶质歧视、重现性降低、样品分解和怪峰现象，衬管更换的频率取决于样品的干净程度，当色谱性能异常时（如峰形改变、峰歧视、重复性差、样品裂解等问题）需要更换。

① 衬管的维护与检修。警告：试样气化室温度降低至50℃以下后才可以进行气化室的维护与维修；为了防止烧焦螺钉部分，在试样气化室处于高温时，不要拧动螺钉、螺母。

进行玻璃衬管的检修与维护的主要时期：在一系列分析之前，保留时间、面积的重现性变差时，检测出怪峰时。

主要的检修点包括：玻璃衬管的形状（形状异常时，无法进行正确的分析）；玻璃衬管的破损（重现性差的主要原因）；玻璃衬管内的石英棉（石英棉装填不当是重现性差的原因）；玻璃衬管的内壁污染，或者附着进样垫残渣（重现性差和产生怪峰的原因）。

② 衬管的清洗。石墨压环上附着的有机溶剂是产生怪峰的原因，因此玻璃衬管用溶剂清洗之前一定要将石墨压环卸下。清洗的基本步骤如图2-21、图2-22所示。

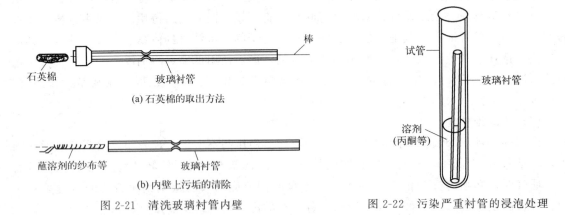

图2-21　清洗玻璃衬管内壁　　　　图2-22　污染严重衬管的浸泡处理

a. 去除石英棉上附着的进样垫残渣：将石英棉用细棒捅出，装入新的石英棉。

b. 清除附着在玻璃衬管内壁上的污垢：除去石英棉之后，用蘸溶剂（丙酮等）的纱布等擦洗内壁。

c. 玻璃衬管内壁、污染严重时，可以将衬管污染严重的部分浸于溶剂（丙酮等，溶剂只装入清洗需要的量）中放置数小时，然后用蘸溶剂的纱布擦洗内壁。

**(2) 进样垫的维护**

进样口隔垫是用于样品引入的重要元件之一。所有色谱柱均必须有足够的载气柱头压才可确保气流流经色谱柱。隔垫的作用是保持色谱系统处于密封状态，并防止空气进入进样口。针对进样口类型和分析的需求，隔垫具有多种不同尺寸，并由不同类型的材料制成，如图 2-23 所示。

在进行高灵敏度分析时，会因来自硅橡胶进样垫的杂质引入，检测出现怪峰，产生这样的情况时，需要进行进样垫的维护。

日常实验时建议在以下情况进行维护：注入次数大致在 100 次时，进行定期更换；保留时间和面积的重现性变差时；检测出现怪峰时。

图 2-23 隔垫

进样垫维护时首先要检查是否漏气（漏气是重现性差的原因）、进样垫是否污染（产生怪峰的原因）。

进样垫的清洗尽量在即将实验之前进行，因为进样垫放置太久可能会重新附着杂质。基本步骤如下：

① 将进样垫浸于己烷中，放置 10～15h。注意进样垫在己烷中会膨胀近 2 倍，需要准备大的带盖容器。

② 进样垫取出放置于干净的容器内，为了避免操作时吸收己烷膨胀的进样垫损坏，操作要非常小心。

③ 在干净大气中自然干燥后，在 130～150℃的柱温箱中热烘 2h。

④ 装入仪器。

**(3) 石墨压环的维护**

在气相色谱中，石墨压环（见图 2-24）主要是在进样口和检测器喷嘴部分，石墨压环的主要故障是漏气和吸附杂质。石墨减少导致的漏气是重现性差的原因。

日常分析中，安装新的石墨压环进行升温分析中检测出现怪峰或基线漂移增大时，需要进行石墨压环的维护。与进样垫的维修相同，最好在使用之前维护，长时间放置之后可能会重新吸附杂质。石墨压环的维护一般采用以下两种方法。

① 使用气体喷灯的方法：将石墨压环放入喷灯的蓝色火焰中，烧成赤热 1～2s。

② 使用马弗炉的方法：放入马弗炉中，在 400℃处理 2～3h。

图 2-24 石墨压环

**(4) 样品瓶**

当采用自动进样时，样品瓶的选择和正确使用，对于保证分析结果准确可靠也是至关重要的，很多厂商提供的自动进样器的样品瓶可以通用，但是也有特殊的情况需要注意。向样品瓶中加样时要注意，如果需要通过重复进样测试大量的样品，将样品分装在几个瓶中获得的结果会更加可靠。当样品瓶中样品体积很小时，由前面进样或者溶剂清洗造成的干扰对样品的影响更大一些。样品瓶中液面上方一定要留有适当的空间，避免抽取样品时形成真空，影响进样重现性。

**(5) 注射器的维护**

微量注射器使用前要先用丙酮等溶剂洗净，使用后立即清洗处理（一般常用5%NaOH水溶液、蒸馏水、丙酮、氯仿依次清洗，最后用真空泵抽干），以免芯子被样品中的高沸点物质污染而阻塞；切忌用重碱性溶液洗涤，以免玻璃受腐蚀失重和不锈钢零件受腐蚀而漏水漏气；对于注射器针尖为固定式者，不宜吸取有较粗悬浮物质的溶液；一旦针尖堵塞，可用0.1mm不锈钢丝疏通；高沸点样品在注射器内部分冷凝时，不得强行多次来回抽动拉杆，以免发生卡住或磨损而造成损坏；如发现注射器内有不锈钢氧化物（发黑现象）影响正常使用时，可将不锈钢芯子蘸少量肥皂水塞入注射器内，来回抽拉几次，然后洗清即可；注射器的针尖不宜在高温下工作，更不能用火直接烧，以免针尖退火而失去穿戳能力。

**(6) 六通阀的维护**

在使用六通阀时应绝对避免带有小颗粒固体杂质的气体进入六通阀，否则，在拉动阀杆或转动阀盖时，固体颗粒会擦伤阀体，造成漏气；六通阀使用时间长了，应该按照结构装卸要求卸下，进行清洗。

**(7) 气化室进样口的维护**

由于仪器的长期使用，硅橡胶微粒可能会积聚造成进样口管道阻塞，或气源净化不够，使进样口沾污，此时应对进样口清洗。其方法是首先从进样口处拆下色谱柱，旋下散热片，清除导管和接头部件内的硅橡胶微粒（注意：接头部件千万不能碰弯），接着用丙酮和蒸馏水依次清洗导管和接头部件并吹干，然后按拆卸的相反程序安装好，最后进行气密性检查。

### 2.1.5.3 色谱柱的维护

① 新制备的或新安装的色谱柱使用前必须进行老化。

② 新购买的色谱柱一定要在分析样品前先测试柱性能是否合格，如不合格可以退货或更换新的色谱柱。色谱柱使用一段时间后，柱性能可能会发生变化，当分析结果有问题时，应该使用测试样测试色谱柱，并将结果与前一次测试结果相比较。这有助于确定问题是否出在色谱柱上，以便于采取相应的措施排除故障。每次测试结果都应保存起来作为色谱柱寿命的记录。

③ 色谱柱暂时不用时，应将其从仪器上卸下，在柱两端套上不锈钢螺母（或者用一块硅橡胶堵上），并放在相应的柱包装盒中，以免柱头被污染。

④ 每次关机前都应将柱箱温度降到50℃以下，然后关电源和载气。若温度过高时切断载气，则空气（氧气）扩散进入柱管会造成固定液氧化和降解。仪器有过温保护功能时，每次新安装色谱柱后都要重新设定保护温度（超过此温度时，仪器会自动停止加热），以确保柱箱温度不越过色谱柱的最高使用温度，避免对色谱柱造成一定的损伤（如固定液的流失或者固定相颗粒的脱落）而降低色谱柱的使用寿命。

⑤ 对于毛细管柱，如果使用一段时间后柱效有大幅度的降低，往往表明固定液流失太多，有时也可能只是一些高沸点的极性化合物的吸附而使色谱柱丧失分离能力，这时可以在高温下老化，用载气将污染物冲洗出来。若柱性能仍不能恢复，则需从仪器上卸下柱子，将柱头截去10cm或更长，去除掉最容易被污染的柱头后再安装测试，此方法往往能恢复柱

性能。

当处理、切割或安装玻璃或石英毛细管柱时,应戴安全眼镜以防微粒飞入眼睛。注意:应小心处理以防被其刺伤。色谱柱的切割方法:

a. 把毛细管柱螺母和垫圈安装于柱上。

b. 使用玻璃刻痕工具刻划色谱柱。刻痕部位必须平直,确保裂口整齐。

c. 用柱切割器的平面折断柱。用放大镜观察末端,确保没有毛边或呈锯齿状。

d. 用带有异丙醇的棉纸擦毛细管柱壁,去掉指纹和粉末。如果还是不起作用,可再反复注射溶剂进行清洗,常用的溶剂依为丙酮、甲苯、乙醇、氯仿和二氯甲烷。每次可进样 $5\sim10\mu L$,这一办法常能奏效。如果色谱柱性能还不好,就只有卸下柱子,用二氯甲烷或氯仿冲洗(对固定液关联前的色谱柱而言),溶剂用量依柱子的污染程度而定,一般为 20mL 左右。如果这一办法仍不起作用,说明该色谱柱只能报废。

⑥ 新装填好的柱不能马上用于测定,需要先进行老化处理。色谱柱老化的目的有两个,一是彻底除去固定相中残存的溶剂和某些易挥发性杂质;二是促使固定液更均匀、更牢固地涂布在载体表面上。

老化的方法:将色谱柱接入色谱仪气路中,将色谱柱的出气口(接真空泵的一端)直接通大气,不要接检测器,以免柱中逸出的挥发物污染检测器;开启载气,在稍高于操作柱温下(老化温度可选择为实际操作温度以上 30℃),以较低流速连续通入载气一段时间(老化时间因载体和固定液的种类及质量而异,$2\sim72h$ 不等);将色谱柱出口端接至检测器上,开启记录仪,继续老化;待基线平直、稳定、无干扰峰时,说明柱的老化工作已完成,可以进样分析。

#### 2.1.5.4 检测器的维护

**(1) 热导池检测器**

① 热导池检测器的使用。使用注意点如下:

a. 尽量采用高纯度气源;载气与样品气中应无腐蚀性物质、机械性杂质或其他污染物。

b. 载气至少通入 0.5h,保证将气路中的空气赶走后,方可通电,以防热丝元件的氧化。未通载气严禁加载桥电流。

c. 根据载气的性质,选择桥电流,桥电流不允许超过额定值。如当载气用氮气时,桥电流应低于 150mA;用氢气时,则应低于 270mA。

e. 不允许有剧烈的振动。

f. 热导池高温分析时,如果停机,除首先切断桥电流外,最好等检测室温度低于 100℃ 以下时,再关闭气源,这样可以提高热丝元件的使用寿命。

② 热导池检测器的清洗。当热导池使用时间长或沾污后,必须进行清洗。清洗的方法是将丙酮、乙醚、十氢萘等溶剂装满检测器的测量池,浸泡一段时间(20min 左右)后倾出,如此反复进行多次,直至所倾出的溶液比较干净为止。

当选用一种溶剂不能洗净时,可根据污染物的性质先选用高沸点溶剂进行浸泡清洗,然后用低沸点溶剂反复清洗。洗净后加热使溶剂挥发、冷却到室温后装到仪器上,再加热检测器通载气数小时后即可使用。

**(2) 氢火焰离子化检测器**

① 氢火焰离子化检测器的使用。使用注意点如下:

a. 尽量采用高纯气源（如纯度为99.99％的$N_2$或$H_2$），空气必须经过5A分子筛充分净化。

b. 在最佳的氢氮比以及最佳空气流速下操作。

c. 色谱柱必须经过严格的老化处理。

d. 离子室要注意外界干扰，保证它处于屏蔽、干燥和清洁的环境中。

e. 使用硅烷化或硅醚化的载体以及类似的样品时，长期使用会使喷嘴堵塞，因而造成火焰不稳、基线不佳、校正因子不重复等故障，应及时注意它的维修。

f. 应特别注意氢气的安全使用，切不可使其外逸。

② 氢火焰离子化检测器的清洗。若检测器污染不太严重时，只需将色谱柱取下，用一根管子将进样口与检测器连接起来，然后通载气将检测器恒温升至120℃以上，再从进样口中注入20μL左右的蒸馏水，接着用几十微升丙酮或氟利昂（Freon-113等）溶剂进行清洗，并在此温度下保持1~2h，检查基线是否平稳。若仍不理想则可再洗一次或卸下清洗（在更换色谱柱时必须先切断氢气源）。

当污染比较严重时，必须卸下检测器进行清洗。其方法如下所示：

先卸下收集极、正极、喷嘴等。若喷嘴是由石英材料制成的，则先将其放在水中进行浸泡过夜；若喷嘴是不锈钢等材料制成的，则可将喷嘴与电极等一起，先小心用300~400号细砂纸磨光，再用适当溶液（如1:1甲醇-苯）浸泡（也可用超声波清洗），最后用甲醇清洗后置于烘箱中烘干。注意勿用卤素类溶剂（如氯仿、二氯甲烷等）浸泡，以免与卸下零件中的聚四氟乙烯材料发生反应，导致噪声增加。洗净后的各个部件要用镊子取，勿用手摸。各部件烘干后在装配时也要小心，否则会再度沾污。部件装入仪器后，要先通载气30min，再点火升高检测室温度，最好先在120℃的温度下保持数小时后，再升至工作温度。

**(3) 电子捕获检测器**

① 电子捕获检测器的使用。使用注意点如下：

a. 必须采用高纯度（99.99％以上）的气源，并要经过5A分子筛净化脱水处理。

b. 经常保持较高的载气流速，以保证检测器具有足够的基流值。一般来说，载气流速应不低于50mL/min。

c. 色谱柱必须充分老化，不允许在柱温达到固定液最高使用温度时操作，否则少量固定液的流失会使基流减小，严重时可将放射源污染。

d. 若每次进样后，基流有明显的下降，表明检测器存在样品的污染。最好使用较高的载气流速在较高温度下冲洗24h，直到获得原始基流为止。

e. 对于多卤化合物及其他对电子的亲和能力强的物质，进样时的浓度一定要控制在0.0001~0.1mg/L范围内，进样浓度不宜过大。否则，一方面会使检测器发生超负荷饱和（此效应会持续数小时），另一方面会污染放射源。

f. 一些溶剂也有电子捕获特性，例如，丙酮、乙醇、乙醚及含氯的溶剂，即使是非常小的量，也会使检测器饱和。色谱柱固定相配制时应尽可能不采用上述溶剂，非用不可时，一定要将色谱柱在通氮气的条件下连续老化24h。老化时，不可将色谱柱出口接至检测器上，以防止污染放射源。

g. 空气中的$O_2$易污染检测器，故当气化室、色谱柱或检测器漏入空气时，都会引起基流的下降，因此，要特别注意气路系统的气密性，在更换进样口的硅橡胶垫时要尽可能快。

h. 一旦检测器较长时间使用，建议中间停机时不要关掉氮气源，要保持正的氮气压力，即以 10mL/min 的流速一直通过色谱柱和检测器为佳。

ⅰ. 一定要保证检测室温度在放射源允许的范围内（要按说明书的要求操作）。检测器的出口一定要接至室外，最后的出气口还应架设在比房顶高出 1m 的地方，以确保人身的安全。

② 电子捕获检测器的清洗。电子捕获检测器中通常有 $^3$H 或 $^{63}$Ni 放射源，因此，清洗时要特别小心。这种检测器的清洗方法：先拆开检测器，用镊子取下放射源箔片，再用 2∶1∶4 的硫酸、硝酸、水溶液清洗检测器的金属及聚四氟乙烯部分；当清洗液已干净时，改用蒸馏水清洗，然后用丙酮清洗，最后将清洗过的部分置于 100℃ 左右的烘箱中烘干。

对 $^3$H 源箔片，应先用己烷或戊烷淋洗（绝不能用水洗），清洗的废液要用大量的水稀释后弃去或收集后置于适当的地方。

对 $^{63}$Ni 源箔片的清洗应格外小心。这种箔片绝不能与皮肤接触，只能用长镊子来夹取操作。清洗时先用乙酸乙酯加碳酸钠或用苯淋洗，再放在沸水中浸泡 5min，取出烘干后装入检测器中。检测器装入仪器后要先通载气 30min，再升至操作温度，预热几小时后备用。清洗后的废液要用大量水稀释后才能弃去或收集后置于适当的地方。

**(4) 火焰光度检测器**

① 火焰光度检测器的使用。使用注意点如下：

a. 使用高纯度的气源，确保仪器所需的各项流速值，特别应保证氢氧比有利于测硫或测磷。

b. 色谱柱要充分老化。柱温绝对不能超过固定相的最高使用温度，否则会产生很高的碳氢化合物的背景，影响到检测器对有机硫或有机磷的响应。

c. 色谱柱的固定液一定要涂渍均匀，没有载体表面的暴露，否则会引起样品的吸附，影响痕量分析。

d. 要经常地使检测器比色谱柱保持一个较高的温度（例如 50℃），这对于易冷凝物质的分析尤其需要。

e. 注意烃类物质对测硫的干扰。使用单火焰光度检测器时，色谱柱应保证烃类物质与含硫物质的分离。

f. 为了防止损坏检测器中的光电倍增管、延长其寿命、确保安全操作，还必须注意以下几点：

未点火前不要打开高压电源。如果在实验过程中灭火，必须先关掉高压电源之后方可重新点火。当冷却装置失去作用，不能保证光电倍增管在 50℃ 以下工作时，最好停止实验。开启高压电源时，最好从低到高逐渐调至所需数值。检测室温度低于 120℃ 时不要点火，以免积水受潮，影响滤光片和光电倍增管的性能。实验完毕，首先关掉高压电源，并将其值调至最小，等检测室温度降到 50℃ 以下，再将冷却水关掉。

② 正常操作时，在检测器筒体内仅产生很少的污染物（如 $SiO_2$），甚至积累了大量污染物时也不影响检测器性能，此时把筒体卸下刮去内部污染物即可。

如在检测器的任何光学部件上留有沉积物时，将减弱发射光，影响检测器的灵敏度。所以应避免在检测器窗、透镜、滤光片和光电倍增管上留下污染（如指印）。尽管如此，正常操作检测器时，在检测器筒体内侧也会慢慢积聚污染物，此时可用一块清洁的软绒布蘸丙酮对检测器窗、透镜等被污染处清洗。

当火焰喷嘴的上部被污染时，在较高灵敏挡会引起基线不稳定。此时可在带烟罩的良好通风场所，把喷嘴加热至50℃，在50%的硝酸中清洗20min。

#### 2.1.5.5 其他维护

**(1) 温度控制系统的维护**

相对来说，温度控制器和程序控制器是比较容易保养的，尤其是当它们是新型组件时。一般来说，每月一次或按生产者规定的校准方法进行检查，就足以保证其工作性能。校准检查的方法可参考有关仪器说明书。

**(2) 记录仪的维护**

要注意记录仪的清洁，防止灰尘等污染物落入测量系统中的滑线电阻上，应定期（如每星期一次）用脱脂棉蘸酒精或乙醚轻微仔细擦去滑线电阻上的污物，不宜用力横向擦拭，更不能用硬的物件在滑线电阻上洗擦，以免在滑线电阻上划出划痕而影响精度。相关的机械部位应注意润滑，可以定期滴加仪表油，以保证活动自如。

**(3) 整机的维护保养**

为了使气相色谱仪的性能稳定良好并延长其使用寿命，除了对各使用单元进行维护保养，还需注意对整机的维护和保养。

① 仪器应严格在规定的环境条件中工作，在某些条件不符合时，必须采取相应的措施。

② 仪器应严格按照操作规程进行工作，严禁油污、有机物以及其他物质进入检测器及管道，进而造成管道堵塞或仪器性能恶化。

③ 必须严格遵守开机时先通载气后开电源、关机时先关电源后断载气的操作程序，否则在没有载气散热的条件下热丝极易氧化烧毁，在换钢瓶、换柱、换进样密封垫等操作时应特别注意。

④ 仪器使用时，钢瓶总阀应旋开至最终位置（开足），以免总阀不稳，造成基线不稳。

⑤ 使用氢气时，仪器的气密性要得到保证；流出的氢气要引至室外。这些不仅是仪器稳定性的要求，也是安全的保证。

⑥ 气路中的干燥剂应经常更换，以及时除去气路中的微量水分。

⑦ 使用氢火焰离子化检测器时，"热导"温控必须关断，以免烧坏敏感元件。

⑧ 使用"氢火焰"时，在氢火焰已点燃后，必须将"引燃"开关扳至下面，否则放大器将无法工作。

⑨ 要注意放大器中高电阻的防潮处理。因为高电阻阻值会因受潮而发生变化，此时可用硅油处理。方法如下：先将高电阻及附近开关、接线架用乙醚或酒精清洗干净，放入烘箱（100℃左右）烘干，然后把1g硅油（201～203）溶解在15～20mL乙醚中（可大概按此比例配制），用毛笔将此溶液涂在已烘干的高阻表面和开关架上，最后放入烘箱烘上片刻。

⑩ 气化室进样口的硅橡胶密封垫片使用前要用苯和酒精擦洗干净。若在较高温度下老化2～3h，可防止使用中的裂解。经多次使用（20～30次）后，垫片就需更换。

⑪ 气体钢瓶压力低于1471kPa（15kg/cm$^2$）时，应停止使用。

⑫ 220V电源的零线与火线必须接正确，以减少电网对仪器的干扰。

⑬ 仪器暂时不用，应定期通电一次，以保证各部件的性能良好。

⑭ 仪器使用完毕，应用仪器布罩罩好，以防止灰尘的污染。

#### 2.1.5.6 气相色谱仪常见故障的排除

气相色谱仪属于结构、组成较为复杂的大型分析仪器之一，一旦发生故障，往往比较棘手,不仅某一故障的产生可以由多种原因造成,而且不同型号的仪器,情况也不尽相同。这里仅就各种仪器的故障的共通之处加以介绍,为了叙述方便,将仪器的故障现象和排除方法从以下两方面来说明。

**(1) 根据仪器运行情况判断故障**

表 2-4～表 2-6 列出了仪器运行时主机、记录仪和温度控制与程序升温系统常见故障及其排除方法。

表 2-4　仪器运行时主机常见故障及其排除方法

| 故障 | 故障原因 | 排除方法 |
| --- | --- | --- |
| 温控电源开关未开,但主机启动开关打开后温度控制器加热指示灯就亮,并且柱恒温箱或检测室也开始升温 | ①恒温箱可控硅管中的一只或二只击穿,呈现短路状态<br>②温度控制器中的脉冲变压器漏电<br>③电热丝与机壳互碰 | ①判明已损坏可控硅管,更换同规格的管子<br>②更换脉冲变压器<br>③分开相碰处 |
| 主机开关及温度控制器开关打开后,加热指示灯亮,但柱恒温箱不升温 | ①加热丝断了<br>②加热丝引出线或连接线已断 | ①更换同规格加热丝<br>②重新连接好 |
| 打开温控开关,柱温调节电位器旋到任何位置时,主机的加热指示灯都不亮 | ①加热指示灯灯泡坏了<br>②铂电阻的铂丝断了<br>③铂电阻的信号输入线已断<br>④可控硅管失效或可控硅管引出线断<br>⑤温度控制器(温控器)失灵 | ①更换灯泡<br>②更换铂电阻或焊接好铂丝<br>③接好输入线<br>④更换同规格可控硅管或将断线部分接好<br>⑤修理温度控制器 |
| 打开温控器开关,将柱温调节电位器逆时针旋到底,加热指示灯仍亮 | ①铂电阻短路或电阻与机壳短路<br>②温控器失灵 | ①排除短路处<br>②修理温度控制器 |
| 热导池电源电流调节偏低(最大只能调到几十毫安)或无电流 | ①热导池钨丝部分烧断或载气未接好<br>②热导池钨丝引出线已断<br>③热导池引出线与热导池电源插座连接线已断<br>④热导池稳压电源失灵 | ①根据线路检查各臂钨丝是否断开,若断开,予以更换;接好载气<br>②将引出线重新焊好(需银焊,若使用温度在150℃以下,亦可用锡焊)<br>③将断线处接好<br>④修理热导池稳压电源 |
| 热导池电源电流调节偏高(最低只能调到120mA) | ①钨丝、引出线或其他元件短路<br>②热导池电源输出电压太高 | ①检查并排除短路处<br>②修理热导池电源 |
| 仪器在使用热导池检测器时,"电桥平衡"及"调零"电位器在任何位置都不能使记录仪基线调到零位(拨动"正""负"开关时,记录仪指针分别向两边靠) | ①仪器严重漏气(特别是气化室后面的接头、色谱柱前后的接头严重漏气)<br>②热导池钨丝有一臂短路或碰壳<br>③热导池钨丝不对称,阻值偏差太大 | ①检漏并排除漏气处<br>②断开钨丝连接线,用万用表检查各臂电阻是否相同,在室温下各臂之间误差不超过 0.5Ω 时为合格。若短路或碰壳应拆下重装<br>③更换钨丝,如大于 0.5Ω 而小于 3Ω,可在阻值较大的一臂并联一只电阻(采用稳定性好的线绕电阻),使其阻值在 0.3～3kΩ 之间(阻值不宜过低,以免影响灵敏度) |

续表

| 故障 | 故障原因 | 排除方法 |
| --- | --- | --- |
| 氢火焰未点燃时,"放大器调零"不能使放大器的输出调到记录仪的零点 | ①放大器失调<br>②放大器输入信号线(同轴电缆)短路或绝缘不好(同输电缆中心线与外包铜丝网绝缘电阻应在 1000MΩ 以上)<br>③离子室的收集极与外罩短路或绝缘不好<br>④放大器的高阻部分受潮或污染<br>⑤收集极积水 | ①修理放大器<br>②把同轴电缆线两端插头拆开,用丙酮或乙醇清洗后烘干<br>③清洗离子室<br>④用乙醇或乙醚清洗高阻部分,并用电吹风吹干,然后再涂上一薄层硅油<br>⑤更换收集极 |
| 当氢火焰点燃后,"基始电流补偿"不能把记录仪基线调到零点 | ①空气不纯<br>②氢气或氮气不纯<br>③若记录仪指针无规则摆动,则大多因离子室积水所致。检查积水情况时,可旋下离子室露在顶板的圆罩,直接用眼睛观察<br>④氢气流量过大<br>⑤氢火焰燃到收集极<br>⑥进样量过大或样品浓度太高<br>⑦色谱柱老化时间不够<br>⑧柱温过高,使固定液蒸发而进入离子室 | ①若降低空气流量时情况有好转,说明空气不纯。这时可在流路中加过滤器或将空气净化后再通入仪器<br>②流路中加过滤器或气体净化后再通入仪器<br>③加大空气流量,增加仪器预热时间,使离子室有一定的温度后再点火工作。尽量避免在柱恒温箱温度未稳定时就进行点火工作。此外,也可采用旋下离子室的盖子,待温度较高后再盖上的办法<br>④降低氢气流量<br>⑤重新调整位置<br>⑥减少进样量或更换样品试验<br>⑦充分老化色谱柱<br>⑧降低柱温,清洗柱后面的所有气路管道 |
| 氢火焰点不燃 | ①空气流量太小或空气大量漏气<br>②氢气漏气或流量太小<br>③喷嘴漏气或被堵塞<br>④点火极断路或碰圈<br>⑤点火电压不足或连接线已断<br>⑥废气排出孔被堵塞 | ①增大空气流量,排除漏气处<br>②排除漏气处,加大氢气流量<br>③更换喷嘴或将堵塞处疏通<br>④排除点火极断路或碰圈故障<br>⑤提高点火电压或接好导线<br>⑥疏通废气排出孔 |
| 氢火焰已点燃或用热导池检测器时,进样不出峰或灵敏度显著下降 | ①灵敏度选择过低<br>②进样口密封垫漏气<br>③柱前气化室漏气或检测器管道接头漏气<br>④注射器漏气或被堵塞<br>⑤气化室温度太低<br>⑥氢火焰同轴电缆线断路<br>⑦收集极位置过高或过低<br>⑧极化极负高压不正<br>⑨更换热导池钨丝时,接线不正确<br>⑩喷嘴漏气<br>⑪使用高沸点样品时,离子室温度太低 | ①提高灵敏度<br>②更换硅橡胶密封垫<br>③检漏并排除漏气<br>④排除漏气处或疏通处堵塞<br>⑤提高气化室温度<br>⑥更换同轴电缆线<br>⑦调整好收集极位置<br>⑧调整极化电压<br>⑨重新接线,桥路中对角线的钨丝应在热导池的同一腔体内<br>⑩将喷嘴拧紧<br>⑪提高温度,防止样品在离子室管道中凝结,并提高氢气流量 |

**表 2-5　仪器运行时记录仪常见故障及其排除方法**

| 故障 | 故障原因 | 排除方法 |
| --- | --- | --- |
| 记录笔移动缓慢 | ①"增益"调得太低,"阻尼"过大<br>②参比稳压电源失效<br>③放大器有故障<br>④机壳接地不良<br>⑤输入导线接错<br>⑥输入电源有故障 | ①检查记录仪放大器,调离"增益",选择适当的"阻尼"<br>②更换参比稳压电源<br>③检修放大器,排除故障<br>④按要求使机壳接地良好<br>⑤重新接好输入导线<br>⑥用低电平直流信号输入进行检查并排除故障 |
| 记录笔急速移动 | ①滑线电阻被污染<br>②放大器中有的管子已坏<br>③线路中电压剧烈变化 | ①用乙醚或酒精清洗滑线电阻及其触点<br>②检查并更换坏管子<br>③将记录仪和色谱仪隔开或使用稳压电源 |
| 记录笔振动 | ①"增益"调得太高<br>②"阻尼"太小<br>③接地不良<br>④输入导线连接不适当 | ①检查调整放大器,使"增益"适当<br>②将阻尼控制旋钮调至适当<br>③使接地良好<br>④将输入导线接正确 |
| 记录仪驱动部分空转 | ①轴上的驱动齿轮松动<br>②离合部件没合上 | ①将松动的零件拧紧<br>②重新装配离合部件 |
| 衰减不成线性 | ①接地不良<br>②"增益"调得太低,"阻尼"太大<br>③电气和机械零点不重合<br>④放大器部分有的管子已坏<br>⑤"最程调节"偏离校准点太远 | ①使接地良好<br>②重调放大器增益可变电阻,并把"阻尼"调至适当<br>③将零点调至重合<br>④更换已损坏的管子<br>⑤对于有此调节功能的仪器,可将"量程调节"调到校准点 |

**表 2-6　温度控制和程序升温系统常见故障及其排除方法**

| 故障 | 故障原因 | 排除方法 |
| --- | --- | --- |
| 检测器不加热 | ①主电源、柱恒温箱或程序控制器保险丝已坏<br>②加热器元件已断<br>③连接线脱落<br>④上限控制开关调得太低或有故障<br>⑤温度敏感元件有缺陷<br>⑥检测器恒温箱控制器中有的管子已坏 | ①更换损坏的保险丝<br>②更换加热器元件<br>③焊好脱落的连接线<br>④调高上限控制开关,或用细砂纸磨光开关触点,然后用酒精清洗<br>⑤更换温度敏感元件<br>⑥检测出已损坏的管子并更换 |
| 不管控制器调节处于什么位置上,检测器(或色谱柱)恒温箱都处于完全加热状态 | ①温度补偿元件有故障<br>②控制器中的管子有故障 | ①检修并更换已损坏的元件<br>②更换已损坏的管子 |
| 样品注入口需加热时,温度难以升高 | ①保险丝已断<br>②加热器元件损坏<br>③注入口加热器中的控制器已坏 | ①更换保险丝<br>②更换已损坏的元件<br>③修理注入口部分的恒温控制器 |
| 恒温箱中温度不稳定 | ①温度敏感元件有缺陷<br>②控制器中有的管子已损坏<br>③恒温箱的热绝缘器有间隙或有空洞<br>④高温计有故障或高温计连线松脱 | ①更换已损坏元件<br>②检测并更换已损坏的管子<br>③调整热绝缘装置<br>④更换高温计或重新接好高温计的连线 |

### (2) 根据色谱图判断仪器故障

气相色谱仪在工作过程中发生的各种故障往往可以从色谱图上表现出来。通过对各种不正常色谱图的分析可以帮助初步判断出仪器故障的性质及发生的大致部位,从而达到尽快进行修理的目的。现将对各种色谱图的分析列于表 2-7,以供参考。

表 2-7 根据色谱图检查分析和排除故障

| 可能现象 | 可能原因 | 排除方法 |
| --- | --- | --- |
| 没有峰 | ①检测器(或静电计)电源断路<br>②没有载气流<br>③记录器连接线接错<br>④进样器气化温度太低,使样品不能气化;或柱温太低,使样品在色谱柱中冷凝<br>⑤进样用的注射器有泄漏或已堵塞,使样品注射不进进样管<br>⑥进样口橡胶垫漏气,色谱柱入口接头处漏气或堵塞<br>⑦记录仪已损坏<br>⑧氢火焰离子化检测器火焰熄灭或极化电压未加上<br>⑨记录仪或检测器的输出衰减倍数太高 | ①接通检测器或静电计电源,并调整到所需要的灵敏度<br>②接通载气,调到合适的流速。检查载气管路是否堵塞,并除去障碍物;检查载气钢瓶是否已空,并及时换瓶<br>③检查输入线路并按说明书所示正确接线<br>④如果当进低沸点物质样时有峰出现,则根据样品性质适当升高气化温度及柱温<br>⑤更换或修理注射器<br>⑥更换橡胶垫或拧紧柱接头,排除堵塞现象<br>⑦用电位差计检查记录仪<br>⑧检查氢气火焰并重新点火;或将极化电压开关拨到"开"位置,检查检测器电缆是否已损坏,并用电子管电压表检查极化电压是否加上<br>⑨调节衰减至更灵敏的挡位 |
| 保留值正常,灵敏度太低 | ①衰减过分<br>②进样量太小或在进样过程中样品漏掉<br>③注射器漏气、堵塞或进样器橡胶垫漏气<br>④载气泄漏<br>⑤热导池检测器灵敏度低<br>⑥火焰电离检测器灵敏度低 | ①重新调节衰减比值<br>②仔细检查进样操作或增加进样量<br>③更换注射器或排除注射器的堵塞物;拧紧进样器使不漏气或更换橡胶垫<br>④检查载气所经管路并排除一切泄漏处<br>⑤增加桥路电流,降低检测器温度;改善热敏元件或更换载气<br>⑥清洗检测器,使收集极更靠近火焰;升高极化电压并增加氢气和空气的流量 |
| 随着保留值增加,灵敏度降低 | ①载气流速太低<br>②进样口橡胶垫漏气<br>③进样口以后的部分有泄漏<br>④柱温降低 | ①检查载气流过的管路。若管道有堵塞现象,应判明原因后再排除,同时要检查钢瓶压力是否太小<br>②更换橡胶垫<br>③判明泄漏部位并排除<br>④检查柱温控制器并排除其故障。如控制器正常,则升高柱温至额定温度 |

续表

| 可能现象 | 可能原因 | 排除方法 |
|---|---|---|
| 出负峰 | ①记录仪输入线接反,倒顺开关位置改变<br>②在双色谱柱系统中,进样时弄错色谱柱<br>③热导池检测器电源接反,电流表指针方向不对<br>④离子化检测器的输出选择开关的位置有错 | ①纠正记录仪输入线或拨对倒顺开关的位置<br>②重新进样<br>③改正电源接线<br>④重新改正输出开关的位置 |
| 拖尾峰 | ①进样器温度太高<br>②进样器内不干净或为样品中高沸点物质及橡胶垫残渣所污染<br>③柱温太低<br>④进样技术差<br>⑤色谱柱选择不当,试样与固定相间有作用<br>⑥同时有两个峰流出 | ①重新调整进样器温度<br>②可先用 2∶1∶4 的硫酸-硝酸-水的混合溶液清洗,接着用蒸馏水清洗;然后用丙酮或乙醚等溶剂清洗;烘干后,装上仪器通气 30min,加热至 120℃左右,数小时后即可进行正常工作<br>③适当升高柱温<br>④提高进样技术<br>⑤更换色谱柱,换用具有更稳定固定相的色谱柱或极性更大的固定液和惰性更大的载体<br>⑥改变操作条件,必要时更换色谱柱 |
| 前延峰 | ①色谱柱超载,进样量太大<br>②样品在色谱柱中凝聚<br>③进样技术欠佳<br>④两个峰同时出现<br>⑤载气流速太低<br>⑥试样与固定相中的载体有作用<br>⑦进样口不干净 | ①换用直径较粗的色谱柱或减小进样量<br>②适当提高进样器、色谱柱和检测器的温度<br>③检查并改进进样技术后,再进样<br>④改变操作条件(如降低柱温等),必要时可更换色谱柱<br>⑤适当提高载气流速,必要时在检测器处引入清除气,以减少试样的保留时间<br>⑥换用惰性载体或增加固定液含量<br>⑦按本表拖尾峰故障排除方法清洗进样器 |
| 峰未分开 或 | ①色谱柱温太高<br>②色谱柱长度不够<br>③色谱柱固定相流失过多,使载体裸露<br>④色谱柱固定相选择不适当<br>⑤载气流速太快<br>⑥进样技术不佳 | ①适当降低柱温<br>②增加柱长<br>③更换色谱柱<br>④另选适当的固定相<br>⑤适当降低载气流速<br>⑥提高进样技术 |
| 圆头峰 | ①进样量过大,超过检测器的线性范围(特别是用电子捕获检测器时)<br>②检测器被污染<br>③记录仪灵敏度太低<br>④载气有泄漏严重之处 | ①减少进样量或将样品用适当的溶剂加以稀释后再进样<br>②参考前面检测器的清洗方法清洗<br>③适当调节、提高记录仪的灵敏度<br>④可仔细检查泄漏之处 |

| 可能现象 | 可能原因 | 排除方法 |
|---|---|---|
| 平顶峰 | ①离子检测器所用的静电计输入达到饱和<br>②记录仪滑线电阻或机械部分有故障<br>③超过记录仪测量范围 | ①减少进样量,适当调节衰减<br>②用电位差计检查记录仪<br>③改变记录仪量程或减少进样量 |
| 出现怪峰(多余的峰)<br>(a)<br>(b)<br>(c) | ①因进样间隔时间短,前一次进样的高沸点物质也流出而出峰,如图(a)所示<br>②载气不纯,在程序升温期间载气中水分或其他杂质在柱温低时冷凝,而当温度高时就会出现图(a)所示情况<br>③液体样品中的空气峰,图(b)所示情况<br>④试样使色谱柱上吸附的物质解吸出来<br>⑤试样在进样口或色谱柱中有分解,从而出现图(b)、(c)所示怪峰情况<br>⑥样品不干净<br>⑦玻璃器皿、注射器等带来污染<br>⑧样品与色谱柱填充物的固定液或载体相互发生作用<br>⑨系统漏气<br>⑩载气不纯,含有杂质<br>⑪进样口橡胶垫上的污染物流出来 | ①加长进样的时间间隔,使进样后所有的峰都流出后,再进下一次样<br>②安装、更换或再生载气过滤器(在使用热导池检测器时特别容易出现这种现象)<br>③是使用注射器进样时的正常现象<br>④多进几次样,使吸附的物质全部解吸出来<br>⑤降低进样口温度并更换色谱柱<br>⑥在进样前,要让样品进行适当的净化<br>⑦注意清洗玻璃器皿和注射器等<br>⑧换用其他色谱柱<br>⑨检查各处接头及进样口橡胶垫处,如有漏气应及时排除<br>⑩更换或活化净化剂,必要时换用更纯的载气<br>⑪在高于操作温度下老化橡胶垫,必要时应更换 |
| 在峰后面出现负的尖端 | ①电子捕获检测器被污染<br>②电子捕获检测器负载过多 | ①清洗电子捕获检测器<br>②减少进样量或对试样进行稀释 |
| 出峰前出现负的尖端 | ①载气有大量漏气的地方<br>②检测器被污染<br>③进样量太大 | ①检查漏气处并注意观察<br>②清洗检测器<br>③减少进样量或将试样稀释 |
| 大拖尾峰 | ①柱温太低<br>②气化温度过低<br>③样品被污染(特别是被样品容器的橡胶帽所污染) | ①适当提高柱温<br>②适当提高气化温度<br>③改用玻璃、聚乙烯等材料作容器的塞子或用金属箔包裹橡胶塞,并重新取样 |
| 基线呈台阶状、不能回到零点,峰呈平顶状,当记录笔用手拨动后不能回原处 | ①记录仪灵敏度调节不当<br>②仪器或记录仪接地不良<br>③有交流电信号输入记录仪<br>④由于样品中含有卤素、氧、硫等成分,所以热导检测器受到腐蚀 | ①调节记录仪灵敏度旋钮,达到用手拨动记录笔后能很快回到原处的程度<br>②检查接地导线并使其接触良好,必要时可另装地线<br>③在地线与记录仪输入线之间加接一个 $0.25\mu F$、150V 的滤波电容器<br>④更换热敏元件或检测器 |

续表

| 可能现象 | 可能原因 | 排除方法 |
|---|---|---|
| 出峰后,记录笔降到正常基线以下 | ①进样量太大<br>②由于样品中氧的含量大,所以氢火焰离子化检测器的火焰熄灭<br>③氢气或空气断路,使氢焰熄灭<br>④载气流速过高<br>⑤氢气流因受冲击而阻断灭火<br>⑥氢焰离子化检测器被污染 | ①减少进样量<br>②用惰性气体稀释试样或用氧气代替空气以供氢燃烧<br>③重新调节空气及氢气的流速比<br>④降低载气流速<br>⑤重新通入氢气,若再次熄灭,则应检查管路中是否有堵塞处<br>⑥清洗检测器 |
| 程序升温时,基线上升 | ①温度上升时,色谱固定相流失增加<br>②色谱柱被污染<br>③载气流速不平衡 | ①使用参考柱,并将色谱柱在最高使用温度下进行老化,或改在较低温度下使用低固定液含量的色谱柱<br>②重新老化色谱柱,并按前面所介绍的方法清洗色谱柱<br>③调节两根色谱柱的流速,使之在最佳条件下平衡 |
| 程序升温时,基线不规则移动 | ①色谱柱固定相有流失<br>②色谱柱老化不足<br>③色谱柱被污染<br>④载气流速未在最佳条件下平衡 | ①将色谱柱进行老化,或改在较低温度下用低固定液含量的色谱柱<br>②再度老化色谱柱<br>③清洗色谱柱并重新老化,必要时应进行更换<br>④按说明书规定平衡载气流速 |
| 保留值不重复 | ①进样技术差<br>②漏气(特别是有微漏)<br>③载气流速没调好<br>④色谱柱温未达到平衡<br>⑤柱温控制不良<br>⑥程序升温过程中,升温重复性差<br>⑦色谱柱被破坏<br>⑧程序升温过程中载气流速变化较大<br>⑨进样量太大<br>⑩柱温过高,超过了柱材料的温度上限,或太靠近温度下限<br>⑪色谱柱材料性能改变,如固定相流失、固定涂渍不良、载体表面有裸露部分以及载体、管壁材料变化(吸附性能改变)等 | ①提高进样技术<br>②进样口的橡胶垫要经常更换,在高温操作下进样频繁时更应勤换;同时,检查各处接头,排除漏气处<br>③增加载气入口处的压力<br>④柱温升到工作温度后,还应有一段时间(约20min)才能使温度达到平衡<br>⑤检查恒温箱的封闭情况,箱门要关严,恒温控制用的旋钮位置要放得合适<br>⑥每次重新升温前,都应有足够的时间使起始温度保持一致,特别是当从室温条件下开始升温时,一定要有足够的等待时间,使起始温度保持一致<br>⑦更换色谱柱<br>⑧在使用温度的上、下限处测流速,使两者间的差值不得超过2mL/s(当柱内径为4mm时)<br>⑨此时峰出现拖尾现象,应减少进样量,或用适当的溶剂将样品稀释,必要时应换用内径较粗的色谱柱<br>⑩重新调节柱温<br>⑪根据具体情况逐一检查并处理 |

续表

| 可能现象 | 可能原因 | 排除方法 |
|---|---|---|
| 连续进样中,灵敏度不重复 | ①进样技术欠佳,表现为面积忽大忽小<br>②注射器有泄漏或半堵塞现象<br>③载气漏气<br>④载气流速变化<br>⑤记录仪灵敏度发生改变或衰减位置发生变化<br>⑥色谱柱温度发生变化,并伴有保留值变化<br>⑦对样品的处理过程不一致<br>⑧检测器被污染(此时氢火焰离子化检测器噪声增加或电子捕获检测器零电流增加)<br>⑨检测器过载,即选样量超过线性范围(此时会出现圆头色谱峰)<br>⑩在氢火焰离子化检测器火焰喷嘴处的各种气体管道的连接弄错,或收集极的电压太低<br>⑪电子捕获检测器正电极对地电压太低(正电极对地电压应为2~4V) | ①认真掌握注射器进样技术,使注射器进样重复性小于5%<br>②修复或更换注射器<br>③检查所有管路接头并消除漏气处<br>④仔细观察系统流速变化情况并设法稳定<br>⑤重新调节记录仪灵敏度及衰减挡位置<br>⑥重新调节柱温,必要时应更换温控及程序升温装置<br>⑦检查处理样品的各步操作,使操作条件严格保持一致,并应防止样品被污染<br>⑧清洗检测器<br>⑨减小进样量或将样品稀释<br>⑩按使用说明书检查并改正管道的连接情况;或熄灭火焰,检查收集极电压,并按说明书进行检修<br>⑪拔下接头,单检查电源,若此时电源正常,则是检测器与地短路;若检查与地短路已排除而电压仍太低,则是电源的故障,应参照说明书进行检修 |
| 基线噪声<br>或 | ①导线接触不良<br>②接地不良<br>③开关不清洁,接触不良<br>④记录仪滑线电阻脏(此现象常在记录笔移动到一定位置时出现)<br>⑤记录仪工作不正常<br>⑥交流电路负载过大<br>⑦电子积分仪的回输电路接错<br>⑧色谱柱填充物或其他杂物进入了载气出口管道或检测器内<br>⑨用氢气发生器作载气时,管道中有积水 | ①清洗并紧固电路各接头处,必要时进行更换<br>②检查记录仪、静电计和积分仪等的接地点,并加以改进<br>③检查各波段开关或电位器的触点,用细砂纸磨光、清洗使之接触良好,必要时应进行更换<br>④清洗滑线电阻<br>⑤先将记录仪输入端短路,若仍有此现象,则应调记录仪灵敏度旋钮<br>⑥将仪器的电源线与其他耗电量大的电路分开,或将仪器所用的交流电改由稳压电源供给<br>⑦按说明书要求连接线路,或使积分仪旁路<br>⑧可加大载气流速,把异物吹去,必要时卸下柱后管道,对检测器进行清洗,排除异物<br>⑨卸下管道,排除积水,或在载气进入色谱系统前加接具有阻力的干燥塔 |

续表

| 可能现象 | 可能原因 | 排除方法 |
| --- | --- | --- |
| 基线噪声太大 | ①色谱柱被污染,或固定相有流失(此时降低柱温,噪声即降低)<br>②载气被污染<br>③载气流速太高<br>④进样口或进样口橡胶垫不干净<br>⑤色谱柱与检测器间的连接管道不干净<br>⑥载气泄漏<br>⑦电路接触不良<br>⑧接地不良<br>⑨检测器或其输出电缆绝缘不良<br>⑩热导池检测器不干净或热敏元件已损坏<br>⑪热导池检测器的电桥或电源部分有故障<br>⑫氢火焰离子化检测器中的氢气或空气流速过高或过低<br>⑬氢火焰离子化检测器中的空气或氢气被污染<br>⑭氢火焰离子化检测器中的水凝结<br>⑮氢火焰离子化检测器火焰附近有漏孔<br>⑯记录仪滑线电阻不干净(此时不论衰减挡在何位置,噪声的大小均不变)<br>⑰记录仪有故障 | ①可升高柱温老化色谱柱,必要时更换色谱柱<br>②更换载气过滤器或将过滤器加热至170~200℃,并用干燥氮气吹扫一昼夜<br>③检查并适当降低出口处流速<br>④清洗进样口及其橡胶垫,或更换橡胶垫片<br>⑤清洗这段管道<br>⑥检漏并修复<br>⑦检查各处接头、插头、插座和电位器等的接触点,必要时应进行清洗或更换<br>⑧检查地线接头,必要时应重新装设地线<br>⑨检查电缆绝缘层、检测器底座或外壳是否干净,若不干净,应用无残留物的溶剂清洗,但不能用手指接触清洗过的绝缘体<br>⑩清洗检测器或更换热敏元件,必要时更换检测器<br>⑪检修电桥或更换电源<br>⑫适当调节氢气或空气的流速<br>⑬将空气或氢气的净化系统再生或更换<br>⑭将检测器的温度升高到100℃以上,以消除水蒸气的冷凝<br>⑮紧固接头并消除漏孔<br>⑯可用毛刷或绸布蘸乙醚等溶剂清洗滑线电阻<br>⑰先让记录仪输入端短路,如仍有噪声,则可按前面所介绍的有关记录仪的修理方法进行检修 |
| 基线周期性地出现毛刺 | ①载气管路中有凝聚物并起泡<br>②载气出口处皂沫流量计液面过高,不断有气泡出现<br>③当将电解氢发生器供氢焰离子化检测器使用时,管路中有水溶液并鼓泡<br>④电源不稳<br>⑤热导池检测器电源有故障 | ①加热管路,将色谱柱出口管道中的凝聚物吹去,必要时可拆下清洗<br>②将皂沫流量计从出口处移开<br>③更换氢气过滤器,并将管道中水滴除去<br>④电源处加接稳压电源<br>⑤检修该检测器的电源(当用蓄电池作电源时,如液面降低,应添加蒸馏水并重新充电) |

续表

| 可能现象 | 可能原因 | 排除方法 |
|---|---|---|
| 等温时,基线不规则漂移 | ①仪器的放置位置不适宜(如附近有热源或排风等温度变化较大的设备或出口处遇到大风等)<br>②载气不稳定或有漏气<br>③色谱柱固定相流失(这在使用高灵敏检测器时尤其明显)<br>④色谱柱被高沸点物质所污染<br>⑤仪器接地不良<br>⑥色谱柱出口与检测器连接的管道不干净<br>⑦热导池检测器池内不干净(此时如降低检测器的温度,基线漂移会减小)<br>⑧离子化检测器的底座不干净<br>⑨检测器恒温箱温度不稳<br>⑩氢火焰离子化检测器中的氢气和空气的比例不稳定<br>⑪热导池检测器的热敏元件已损坏<br>⑫离子化检测器的静电计预热时间不够或已损坏<br>⑬热导池检测器电桥部分有故障<br>⑭热导池检测器的电源有故障<br>⑮记录仪已损坏 | ①改变仪器和出口处的位置,使之远离热源或排风设备<br>②检查钢瓶是否漏气、其压力是否足够大、调节阀是否良好,必要时应更换钢瓶和调节阀;再检查气路系统是否漏气,并将漏气处排除<br>③将色谱柱的出口与检测器分开,在高于原柱温和低于最高使用温度下老化色谱柱<br>④重新老化色谱柱,必要时更换色谱柱<br>⑤检查并接好主机、记录仪、积分仪和静电计等处地线<br>⑥可卸下检查并清洗这段管道<br>⑦清洗检测器<br>⑧清洗底座<br>⑨检查恒温箱门是否关严、离子化检测器移去后的空洞是否堵上<br>⑩检查氢气和空气钢瓶压力,并调节其比例至稳定<br>⑪更换热敏元件或检测器<br>⑫先让静电计开启一段时间后(必要时开24h),观察基线是否恢复稳定。若仍如此,可对静电计进行修理以排除故障<br>⑬检查电桥电路的故障并排除<br>⑭更换电池,如电源用蓄电池则要加水或充电;或检修稳压电源<br>⑮将记录仪输入端短路或用电位差计输入一个恒定信号,若仍有漂移,则确证是记录仪出故障 |
| 等温时,基线朝一个方向漂移 或 | ①检测器恒温箱温度有变动,未达到平衡(使用热导池检测器时,常遇此种基线漂移情况)<br>②色谱柱温有变化<br>③载气流速不稳或气路系统漏气<br>④热导池检测器热敏元件已损坏<br>⑤热导检测器的电源不足<br>⑥离子化检测器的静电计不稳<br>⑦氢火焰离子化检测器中,氢气的流速不稳 | ①增加温度平衡时间<br>②检查色谱柱恒温箱的保温及温度控制情况,并将其故障排除<br>③检查进样口的橡胶垫和柱入口处的接头是否漏气。如漏气可紧固接头部分或用更换橡胶垫等办法排除。检查钢瓶压力是否太低、连接出口与热导池检测器的接头是否有微量漏气,并按具体情况分别加以处理<br>④修理检测器或更换热敏元件<br>⑤更换电源,或给蓄电池充电<br>⑥先将静电计的输入端短路,若仍有此现象,则应修理静电计或记录仪<br>⑦检查氢气钢瓶压力是否足够、流速控制部分是否失效,必要时应更换钢瓶或流速控制部件 |

续表

| 可能现象 | 可能原因 | 排除方法 |
|---|---|---|
| 基线波浪状波动 | ①检测器恒温箱绝热不良<br>②检测器恒温箱温度控制不良<br>③检测器恒温箱温度在选择盘上给定的温度过低<br>④色谱柱恒温箱的温度控制不良<br>⑤载气钢瓶内压力过低或载气控制不严<br>⑥双柱色谱仪的补偿不良 | ①改善保温条件，增加保温层<br>②检查检测器恒温箱的控制器及探头，必要时更换<br>③升高检测器恒温箱的温度<br>④检查色谱柱的热敏元件和温度控制情况，必要时加以更换<br>⑤若钢瓶压力过低，应更换钢瓶；若是载气压力调节阀故障则应更换压力调节阀<br>⑥检查两色谱柱的流速并加以调节使之互相补偿 |
| 基线不能从记录仪的一端调到另一端 | ①记录仪的零点调节得不合适或记录仪已损坏<br>②记录仪接线有错<br>③热导池检测器的热敏元件不匹配<br>④热导池检测器的电桥有开路、匹配不良或电源有故障<br>⑤氢火焰离子化检测器或电子捕获检测器不干净<br>⑥电子捕获检测器基流补偿电压不够大<br>⑦静电计有故障<br>⑧固定相消失并产生信号（特别是在使用氢焰离子化检测器等灵敏度很高的检测器时） | ①将记录仪输入端短路，若不能回零，则应按说明书重新调整零点，若这样仍不能调至零点，则应进行修理<br>②检查记录仪接线并加以纠正<br>③更换选择好的匹配的热敏元件，必要时更换热导池检测器<br>④检查电桥电路，排除电桥开路或电源故障，必要时应更换<br>⑤清洗检测器<br>⑥增加基流补偿电压<br>⑦修理静电计<br>⑧另选一种流失少的固定相作色谱柱，或降低柱温 |
| 基线不规则地出现尖刺 或 | ①载气出口压力变化太快<br>②载气不干净<br>③色谱柱填充物松动<br>④电子部件有接触不良处<br>⑤受机械振动的影响<br>⑥灰尘或异物进入检测器<br>⑦电路部分接线柱绝缘物不干净<br>⑧电源波动<br>⑨热导池检测器电源有故障<br>⑩离子化检测器静电计有故障<br>⑪调零电路有故障 | ①检查载气出口处是否刮风或有异物进入出口管道处，并采取适当措施排除影响因素<br>②直接将载气（不通过色谱柱）与检测器相连，若色谱峰基线仍如此，则应进一步更换载气<br>③将色谱柱填充紧密<br>④轻轻拍敲各电子部件，以确定接触不良处的位置，然后加以修复<br>⑤将仪器远离振动源或排除振动干扰<br>⑥用清洁的气体吹出检测器中的异物<br>⑦清洁接线柱及绝缘物，保证绝缘良好<br>⑧检查电源或加接稳压电源，必要时更换电源<br>⑨参考前面所述的热导池检测器修理，检查电源，必要时应更换有关部件<br>⑩修理静电计<br>⑪按照使用说明书进行检修 |

## 2.2 高效液相色谱仪

高效液相色谱（HPLC）是一种以液体作为流动相的新颖、快速的色谱分离技术。近年来，随着这一技术的迅猛发展，高效液相色谱分析已逐渐进入"成熟"阶段。在生命科学、能源科学、环境保护、有机和无机新型材料等前沿科学领域以及传统的成分分析中，高效液相色谱法的应用占有重要的地位。高效液相色谱法与气相色谱法有相似之处，两者之间的主要差异在于流动相的不同。对于气相色谱而言，受技术条件的限制，沸点太高或者热稳定性差的物质都无法使用气相色谱来分析；但是对于高效液相色谱，试样只要可以制成溶液都可进行分析，而且无需气化，因此可以不受试样沸点和热稳定性的限制。

高效液相色谱的仪器和装备也日趋完善和现代化，可以预期，在不远的将来，高效液相色谱仪必将和气相色谱仪一起，成为用得最多的分析仪器。

### 2.2.1 高效液相色谱仪的分类、结构及功能

高效液相色谱按照分离机制的不同，可以分为液-固吸附色谱、液-液分配色谱、离子交换色谱、离子对色谱、空间排阻色谱、亲和色谱等多种类型。

一般来说，一台高效液相色谱仪主要由高压输液系统、进样系统、分离系统、检测系统和数据处理系统这几个部分组成，此外为了适应多功能的需求，还配有梯度洗脱装置、馏分收集器、自动进样器及数据处理等辅助装置，如图 2-25 所示。

#### 2.2.1.1 高压输液系统

高效液相色谱的固定相颗粒很细，对流动相阻力很大，因此需要配备高压输液系统来使得流动相具有一定的流速。高压输液系统包括储液器、脱气装置、高压泵、梯度洗脱装置等部分。其中，高压泵是高压输液系统的核心，其作用是将流动相以稳定的流速（或压力）输送到分离系统。对高压泵的要求：输送的流动相流量要稳定，压力要

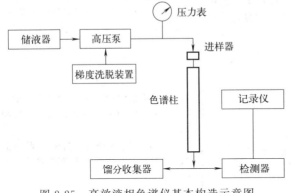

图 2-25 高效液相色谱仪基本构造示意图

平稳无脉动，耐腐蚀，对于流速要有一定的可调范围。根据操作原理的不同，高压泵可分为恒流泵和恒压泵。

为了提高分离效果、缩短分离时间，在分离过程中常常需要按一定的程序连续改变流动相中溶剂的配比和极性，从而提高分离效果，这种洗脱过程称为梯度洗脱。梯度洗脱对于复杂混合物，特别是保留性能相差较大的混合物的分离是极为重要的手段。梯度洗脱分为高压梯度（内梯度）和低压梯度（外梯度）两种方式，其装置也有区别。高压梯度是按预定程序分别用两台高压泵把两种溶剂输入混合器混合均匀后再输入色谱柱，低压梯度则是先将两种溶剂按预定程序混合，再用一台高压泵输入色谱柱。

#### 2.2.1.2 进样系统

进样系统是将试样送入色谱柱的装置。一般来说，高效液相色谱要求进样装置设计得耐高压、密封性好、死体积小、重复性好、保证中心进样、耐腐蚀、进样时对色谱系统的压力和流量影响小。进样装置有手动进样和自动进样两种，自动进样器是由计算机自动控制定量阀并按预定程序自动进样的装置，手动进样最常使用的是六通进样阀。

#### 2.2.1.3 分离系统

分离系统的核心部件是色谱柱，要求柱效高、选择性好、分析速度快、柱容量大和性能稳定。色谱柱由柱管、固定相、螺帽、密封刃环、过滤片、柱接头等部件组成。常用的标准柱型是内径为 4.6mm 或 3.9mm、长度为 15～30cm 的内部抛光的直型不锈钢柱，填料颗粒度为 5～10μm，柱效以理论塔板数计，为 7000～10000。

除了使用商品色谱柱外，也可购买填充剂自己填充或请厂家填充色谱柱。HPLC 色谱柱及填充剂的价格较高，应注意使用和保存以延长其寿命。初次使用时应该用厂家规定的溶剂冲洗一定时间，再改用分析用的流动相，至基线平稳时可进样。某些 HPLC 装有前置柱（或叫保护柱），其中的填充物与分析用色谱柱相同，但颗粒较大，可以防止流动相和试样中的不溶物堵塞色谱柱，起到保护和延长色谱柱寿命的作用。前置柱需要经常更换。

#### 2.2.1.4 检测系统

检测系统的核心是检测器，检测器是用来连续检测分离系统流出物的组成和含量变化的装置。高效液相色谱的检测器主要利用被测物质的某一种物理或化学性质与流动相不同，当被测物质从色谱柱流出时，检测器将试样组成和含量的变化转化为可测量的电信号，以色谱峰的形式表现出来，从而完成定性、定量分析。

高效液相色谱的检测器种类繁多，选择时要根据不同的分离目的进行取舍，选择合适的检测器，要求其具有高灵敏度、对所有组分都有响应或对某种组分具有特异性、死体积小、使用方面可靠、响应值与组分含量具有线性关系、响应时间短等。常用的检测器有紫外吸收检测器、荧光检测器、示差折光检测器、电化学检测器等。

**(1) 紫外吸收检测器（UVD）**

紫外吸收检测器是高效液相色谱法广泛使用的检测器，对有紫外吸收的物质均有影响，特点是既有较高的灵敏度和较好的选择性，又有很广的应用范围，对多数有机化合物有响应，而且对流速、温度变化和流动相组成的变化不敏感，易于操作，可用于梯度洗脱，线性范围宽。UVD 不适用于对紫外光完全不吸收的试样，并且溶剂的选用受限制，即溶剂必须能透过所选波长的光。

它的作用原理是基于被分析试样组分对特定波长的紫外光的选择性吸收，组分浓度与吸光度（$A$）的关系遵从朗伯-比尔定律。

**(2) 荧光检测器（FD）**

荧光检测器是一种灵敏度高（检出限可达 $10^{-13}$～$10^{-12}$g/mL）、选择性好的检测器。许多物质，特别是具有共轭结构的有机大环分子受到紫外光激发后，能辐射出荧光，荧光检测器就是基于在一定的实验条件下发射的荧光强度与浓度成正比进行检测的。对于一些不发射荧光的物质，可通过衍生化技术转变成能发出荧光的物质，从而得到检测。FD 适合用于多环芳烃、维生素、氨基酸、酶、甾族化合物、蛋白质等荧光物质的检测。

**(3) 示差折光检测器（RID）**

示差折光检测器是一种浓度敏感型检测器，借助于连续测定参比池与测量池中溶液折射率之差来测定试样的浓度。

光从一种介质进入另一种时，由于两种物质的折射率不同会发生折射。溶液的折射率是流动相和试样的折射率乘以各物质的浓度之和，因此，通过不同试样的流动相和纯流动相之间折射率之差，即推测出试样在流动相中的浓度。由于每种物质都有各自不同的折射率，因此都可以用示差折光检测器来检测，它是一种通用型的检测器，对于没有紫外吸收的物质，如一些高分子化合物、糖类、烷烃等都能够进行检测。

需要注意的是，示差折光检测器对温度变化很敏感，要求使用时温度变化保持在±0.001℃内。另外，RID对于流动相的组成要求完全恒定，因此一般不能用于梯度洗脱。

**(4) 电化学检测器**

电化学检测器利用物质的活性，通过电极上的氧化或还原反应进行检测。电化学检测器有很多种，如电导、安培、库仑、极谱、电位等，应用较多的是安培检测器（AD）和电导检测器（CD）。电化学检测器存在对流动相的限制较严格、电极污染造成重现性差等缺点，所以一般只适用于检测那些既没有紫外吸收又不产生荧光，但有电极活性的物质。

**(5) 二极管阵列检测器（DAD）**

DAD检测器是20世纪80年代出现的一种光学多通道检测器。在晶体硅上紧密排列一系列光电二极管，每一个二极管相当于一个单色器的出口狭缝，二极管越多分辨率越高，一般是一个二极管对应接受光谱上一个纳米谱带宽的单色光。此外，还有的商家称之为多通道快速紫外-可见光检测器、三维检测器等。光电二极管阵列检测器目前已在高效液相色谱分析中大量使用，一般认为是液相色谱最有发展前景、最好的检测器。

### 2.2.1.5 数据处理系统

高效液相色谱仪本身都带有数据处理软件或色谱工作站，能够自动对数据进行采集、处理和储存，并按设定程序（分析条件和参数等）自动计算并报告分析结果；能在分析过程实现仪器的自动控制；还可模拟显示整个分析过程。

## 2.2.2 高效液相色谱仪的安装与调试

高效液相色谱仪器安装要求主要包括对实验室环境、电源、通风、气体等方面的要求。一般来说，要求实验室内清洁无尘，周围不得有强磁场，无易燃、易爆和腐蚀性气体，排风良好。高效液相色谱仪使用大量的易燃有机溶剂，因而严禁在仪器附近吸烟、使用明火或其他火源。安装本仪器的房间内禁止再安装其他任何发射或可能发射火花的设备，因为火花可能引发火灾。另外，房间内应配备灭火装置或设备，以备紧急时防止火灾的发生。安装仪器的房间内应配备自来水龙头或其他的冲洗设备。如果溶剂进入眼睛或者有毒的溶剂溅到皮肤上，应立即用清洁的水冲洗，配备的冲洗设备离本仪器越近越好。室内温度要求维持在15~30℃间，湿度小于85%，最好能安装空调。电压一定要稳定，不得有大于2V以上的波动，并且仪器接地良好，需给其他附属设备预留足够的电源接口。一般来说，HPLC质量较轻，但是承重台必须能够承受50kg以上的质量，且支撑点稳定牢固无震感。

### 2.2.2.1 液路系统的连接

**(1) 管子的切割与安装**

① 管子的切割

a. 不锈钢管的切割使用仪器配套的专用刀锉,在管子四周锉出一个与管子轴线相垂直的环沟,见图 2-26。

b. 在环沟的两边用手握紧不锈钢管,轻轻折断,见图 2-27。

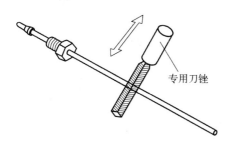

图 2-26 不锈钢管的切割

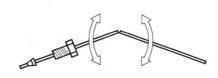

图 2-27 不锈钢管的折断

c. 用锉刀仔细修平切口,尽可能使切口断面与管子的轴线相垂直,并仔细检查毛细孔是否有铁屑堵塞。

d. 用甲醇清洗后方可安装使用。

注意:使用切纸刀或锋利的单面剃须刀片切割聚四氟乙烯管,如图 2-28 所示,切口应平整无毛刺并与管子轴线相垂直。

② 管子的连接

a. 高压的不锈钢管子安装:按图 2-29 的顺序分别将紧固螺钉和密封刃环套在管子上;将带有刃环和紧固螺钉的组件(管子应伸出刃环小头 2~3mm)按图 2-30 的方法插入管路需要安装的螺孔中(如进、出口单向阀、旁路放空阀、手动进样器和色谱柱等);用仪器配套的专用扳手用力拧紧紧固螺钉,如图 2-31 所示,则密封刃环在紧固螺钉的压力下会将管壁和螺孔锥面壁压合,达到密封效果。

图 2-28 聚四氟乙烯管的切割

b. 低压的聚四氟乙烯管子安装:将紧固螺钉和聚四氟乙烯刃环套在管子上,然后将管子组件按图 2-30 的方式插入待装管的螺孔中,先轻轻地紧固螺钉;按图 2-32 所示,将管子组件拔出,检查一下刃环是否已紧固在管子上,不会随意移动,然后重新将管子组件插入螺孔中,用专用扳手轻轻紧固(扳手用力太大会使聚四氟乙烯的密封刃环或管子损坏)。

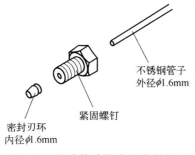

图 2-29 液路管路接头及密封刃环

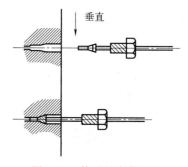

图 2-30 管子的安装方法

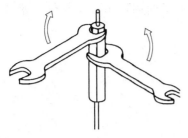

图 2-31 密封刃环的压紧

图 2-32 聚四氟乙烯管路的安装

**(2) 液相色谱仪系统液路的连接**

① 单泵等度系统液路的连接。可按图 2-33 的连接方式进行连接。

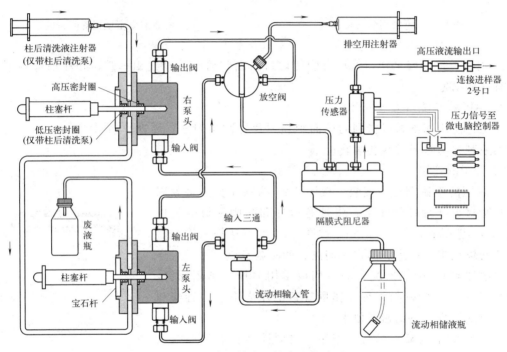

图 2-33 单泵等度系统液流管路图

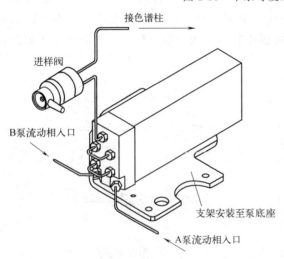

图 2-34 高压混合器的安装和管路连接

② 双泵对控梯度系统液路的连接。它与单泵等度系统管路连接的不同之处，仅是增加了一台泵、一个高压混合器和一个溶剂瓶。

高压混合器利用安装支架可以固定在第二台泵的底盘上，连接可参考图 2-34。每台泵的底盘底部的左前方的橡胶脚两旁设有专门的 M4 螺孔，用以安装高压混合器，其余的安装方式及要求与单泵等度系统一样。

无论是等度还是梯度系统液路，其旁废液出口都使用聚四氟乙烯软管连接至废液瓶。

#### 2.2.2.2 进样阀、色谱柱、检测器及色谱工作站等的安装和连接

**(1) 手动进样阀的安装和连接**

美国 Rheodyne 的手动进样阀是目前最常见的液相色谱手动进样装置，上面已装有 20μL 的定量管。手动进样阀安装在柱架圆柱体上，如图 2-34 所示，它与流动相的液路连接方式如图 2-35 所示。手动进样阀的后面有编号为 1～6 的 6 个安装管路紧固螺钉的螺孔。

1 号、4 号孔装定量管，2 号孔接高压泵出口，3 号孔接色谱柱入口，5 号、6 号是废液排放口，由于液相色谱进样量很小，通常废液排放口不再接管子至废液瓶。

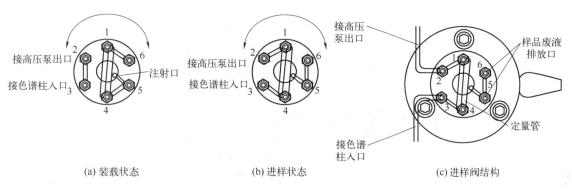

图 2-35　手动进样阀的连接方式和工作原理

**(2) 色谱柱的安装和连接**

液相色谱柱的构造如图 2-36 所示，安装连接的注意事项也与进样阀一样，应该特别指出的是，在安装色谱柱时，一定要注意流动相的流动方向应与色谱柱上标明的方向一致。

为了延长色谱柱的使用寿命，通常在色谱柱的入口端与进样阀出口端之间再接上一支保护柱。

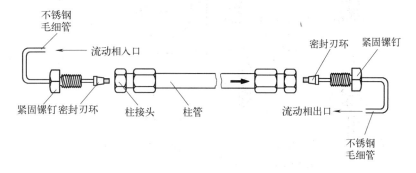

图 2-36　液相色谱柱的构造及连接

**(3) 检测器的安装和连接**

紫外检测器外形如图 2-37 所示，检测器流通池安装在检测器的左侧面，流通池的构造如图 2-38 所示。

注意：液相色谱仪注射样品使用的 25μL 注射器的针头必须是平头的液相色谱专用注射器，绝对不能使用气相色谱用的尖头针注射器，否则在进样时针头的尖端会刺伤进样阀的密封件，导致进样阀损坏。

第 2 章　色谱分析仪器的使用与维护　115

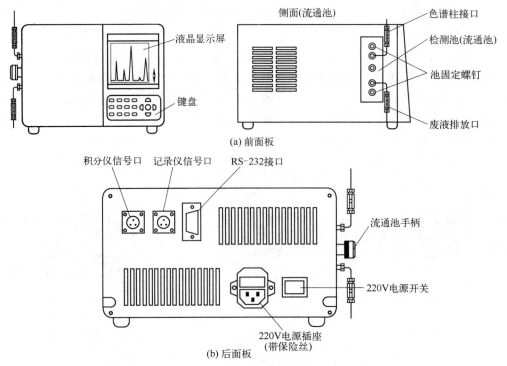

图 2-37 FL2200 型紫外检测器的外形

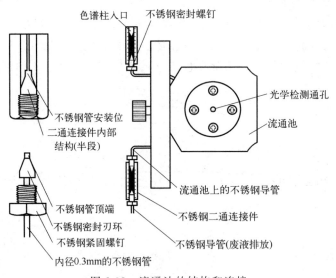

图 2-38 流通池的结构和连接

**（4）电路的连接**

液相色谱仪外部电路的连接十分简单，即将高压泵及检测器、色谱工作站的电源线分别插入电源插座中。

在连线时，首先要选定哪一台泵是主动泵，哪一台泵是从动泵。手动进样阀触点和色谱工作站触发端接口的遥控插头应连接到主动泵上（例如图 2-39 中 A 泵为主动泵），再将两台泵的 RS-132 通信接口用仪器配置的 RS-232 接口连线连接起来即可。

后面板上有两个 RS-232 接口，分别为阴座和阳座，RS-232 接口连线两头的插头分别为阴和阳，可随意插入面板的插座上，一台泵为阳插座，另一台泵就为阴插座。

(5) 色谱工作站的安装

① 硬件的安装

a. 关掉主机电源；

b. 把显示器从主机上搬下；

c. 打开机箱盖；

d. 选择一个空的 ISA 扩展槽并拧下该槽相应的挡条螺钉，取下该挡条，如图 2-40（a）所示；

e. 安装色谱工作站数据采集卡于扩展槽上，如图 2-40（b）所示，用螺钉扭紧数据采集卡于背板上；

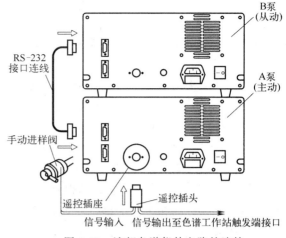

图 2-39 液相色谱仪外电路的连接

f. 将主机箱盖滑回主机上，重新拧上机箱背面的螺钉；

g. 用信号线将色谱仪的信号输出源连接到数据采集卡；

h. 用通信线将计算机的串行口与数据采集卡连接起来。

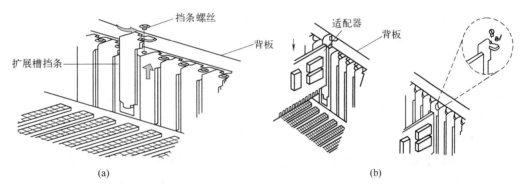

图 2-40 采集卡的安装

② 软件的安装。将 N2000 色谱工作站光盘放入光驱，从双击桌面上图标"我的电脑"开始，依照光驱（F:）、N2000 安装目录、DISK1 目录、SETUP.EXE 的安装顺序，执行光盘中"\N2000 安装\DISK1"目录下的 SETUP.EXE 命令，根据安装程序的提示进行相应确认即可（这里假设 F:为光驱，实际情况与用户计算机的硬盘分区有关）。

## 2.2.3 高效液相色谱仪常用仪器型号及操作方法

### 2.2.3.1 仪器的常用型号

国内生产 HPLC 仪器的厂家不多，常见的如大连依利特分析仪器有限公司、北京创新通恒科技有限公司等。我国进口的 HPLC 主要产自美国、日本等国，生产商主要有 Waters 公司（美国）、安捷伦（Agilent）公司（美国）、岛津（Shimadzu）公司（日本）等。

### 2.2.3.2 仪器的操作方法

这里以常见的高效液相色谱仪说明其一般使用方法。

① 开机前的准备工作：选择、纯化和过滤流动相；检查储液瓶中流动相是否足够、吸

液砂芯过滤器是否可靠地插入储液瓶底部、废液瓶是否已倒空、所有排液管道是否已插入废液瓶中。

② 开启HPLC时，首先开启仪器电源，再分别打开高压泵、真空脱气装置、柱箱、检测器的电源开关。

③ 开启色谱工作站，待其与仪器完成自动连接后，根据实验实际情况，设定仪器相关参数，主要包括设置泵选项、流动相流速、检测器检测波长等。

④ 在"运行控制"菜单中选择"样品信息"选项，输入操作者信息及样品信息，待基线运行达到稳定后，按"balance"键使基线回零，即可进样分析。

⑤ 进样：在六通阀"LOAD"状态下用注射器进样，再转回"INJECT"状态，工作站自动开始计时，如使用自动进样器，则根据自动进样器使用说明操作。

⑥ 由系统获取色谱相关数据信息后，打开数据处理软件系统，进行数据分析操作。

⑦ 分析结束后，使用合适的洗脱液对仪器进行清洗，按照关机程序，依次关闭工作站、色谱仪、高压泵。

#### 2.2.3.3 仪器操作的注意事项

**(1) 确定试样是否适用于高效液相色谱分析**

高效液相色谱的适用范围很广，一般的样品只要能够在溶剂中溶解，一般来说就可以使用高效液相色谱进行分析，但也要综合考虑检测器的适用性、溶液的pH值、黏度、盐度等多种因素来判断是否能够使用高效液相色谱进行分析。

**(2) 使用前的准备工作**

溶剂和试样在使用前一定要进行过滤，这会对色谱柱、仪器起到保护作用，消除污染对分析结果的影响。如果仪器不配备在线脱气装置，则需在使用前对溶剂和试样进行脱气操作。

**(3) 过流动相的要求**

流动相中所使用的各种有机溶剂要尽可能使用色谱纯，配流动相的水最好是超纯水或全玻璃器皿的双蒸水。如果将所配得的流动相再经过 $0.45\mu m$ 的滤膜过滤一次则更好，尤其是含盐的流动相。另外，装流动相的容器和色谱系统中的在线过滤器等装置应该定期清洗或更换。

在使用前，一定要注意液相色谱柱的储存液与要分析样品的流动相是否互溶。在反相色谱中，如用高浓度的盐或缓冲液作洗脱剂，应先用10%左右的低浓度有机相洗脱剂过渡一下，否则缓冲液中的盐在高浓度的有机相中很容易析出，堵塞色谱柱。图2-41为常见流动相溶剂的互溶性。

**(4) 色谱柱的平衡**

平衡开始时将流速缓慢地提高，用流动相平衡色谱柱直到获得稳定的基线（缓冲盐或离子对试剂流速如果较低，则需要较长的时间来平衡）。

如果使用的流动相中含有缓冲盐，应注意用纯水"过渡"，即每天分析开始前必须先用纯水冲洗30min以上再用缓冲盐流动相平衡；分析结束后必须先用纯水冲洗30min以上除去缓冲盐之后再用甲醇冲洗30min保护柱子。

**(5) 乙腈和甲醇的选择**

反相色谱中最常用的流动相就是乙腈和甲醇，两者都具有毒性，极性也相差不大，但很多实验室更喜欢用甲醇，这与价格有关。乙腈（尤其是HPLC级的）价格较高，考虑成本，

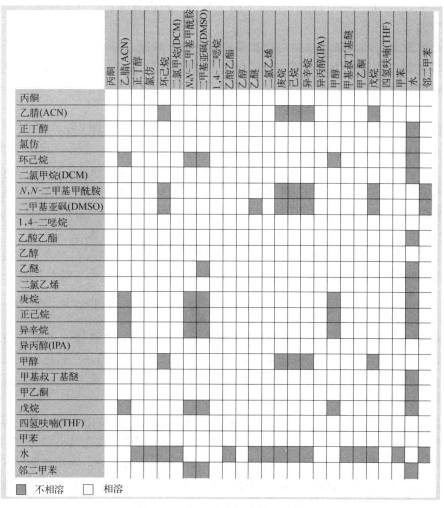

图 2-41 常见流动相溶剂互溶性

倾向于用甲醇，但是文献中所示多用乙腈。那么，两者作为流动相到底如何选？以下所示为两者的特点以及区别。

① 色谱乙腈。色谱乙腈是指用于色谱分析、色谱分离、色谱制备的乙腈试剂。

色谱乙腈区别于其他 HPLC 溶剂的独特性质：中等洗脱能力、强溶解能力、能够得到明确的色谱峰、低黏度、相对于醇类和酯类有较低的 UV 吸收。因此其成为最常用的有机流动相组分。其特点如下：

a. 低 UV 背景吸收和优异的 HPLC 梯度洗脱基线，避免了怪峰及错误结论。

b. 低固体颗粒及挥发残留，减少了色谱柱的污染并避免系统堵塞，使用前无需过滤。

c. 低含水量，避免了正相色谱柱的失活。

d. 优异的批次稳定性，更换批次时无需更改 HPLC 标准方法，高通量生产中降低了次品率。

② 色谱甲醇。色谱甲醇是指用于色谱分析、色谱分离、色谱制备的甲醇试剂。甲醇洗脱强度与乙腈相当，UV 吸收相对其他溶剂也较低，价格比乙腈便宜很多，毒性也相对小一些。其特点如下：

a. 甲醇/水混合液使密封件更快地进入溶胀状态,使设备更快进入工作状态。

b. 气味较轻,且毒性较小。

c. 对盐类有更好的溶解性(如流动相添加剂中的甲酸铵/乙酸铵等)。

d. 在较老批次的乙腈中,杂质(丙烯腈、甲基丙烯腈)会产生鬼峰,而对于甲醇来说,该问题出现甚少。

e. 在碱性 pH 下更有利于碱的分离。

f. 在液相方法检测时,甲醇/水混合液中 220~230nm 以上的基线噪声较低。

③ 乙腈与甲醇溶剂参数比较

a. 吸光度。色谱乙腈吸光度值低,在 UV 检测时,产生的噪声小,因此在进行 UV 短波长上的高灵敏度分析时,HPLC 级乙腈最适宜;在 UV 检测中的梯度基线上,也是 HPLC 级乙腈产生怪峰少。

b. 压力。乙腈在同样的流速下不在柱内增加多余的压力。在水/乙腈、水/甲醇混合液中比例与输液压力的关系:甲醇与水混合,压力增高;而乙腈同样与水混合,压力较低。

c. 流动相的脱气。乙腈在流动相瓶内进行时(等浓度系统),由于吸热冷却,随着慢慢回到室温,产生气泡,所以要考虑脱气(加温搅拌,过滤膜,He 脱气)等。而甲醇与水混合时发热,多余的溶解空气较易变为脱出气泡(脱气容易)。

d. 洗脱能力。同样比例与水混合时,一般情况下,乙腈的洗脱能力更强。特别是两者混合比例低时,从咖啡因和苯酚的洗脱来看,获得同样的保留时间,乙腈比例只需甲醇比例的一半以下即可。但当有机溶剂 100% 或接近 100% 时,从胡萝卜素和胆甾醇来看,甲醇的洗脱能力常常更强。

e. 峰形。像水杨酸化合物(在邻位上具有羧基或甲氧基的苯酚化合物)等,用乙腈类时拖尾大,用甲醇类可抑制。像聚合物类反向柱,其与硅胶柱相比,往往具有峰形宽的倾向,这在用聚苯乙烯分析柱测试芳香族化合物时很常见,用甲醇时非常显著,而用乙腈时不明显。

总结:通过以上两者的对比来看,粗略地讲,除去成本因素,乙腈的优势总体而言大于甲醇。

但由于乙腈的洗脱能力较强,在某些难分离的样本中,乙腈可能无法分开所有的分析物,因此在实际分析过程仍需要结合实际情况来选择。

值得注意的是,无论选择乙腈还是甲醇,都需要考虑试剂纯度问题,有时选用优级纯,但最好使用 HPLC 级,以便更好地除去杂质。溶剂中的各种痕量杂质不仅会造成较高的基线和怪峰,进而影响定性定量分析结果,还可能污染分离柱和堵塞系统,造成仪器故障。在设备维修案例中,就曾遇到过因实验使用的乙腈品质不好、杂质太多,液相色谱柱压力过高的情况。

#### 2.2.3.4 保护柱的选择

对于很多样品来说,直接进行分离容易造成色谱柱的污染和堵塞,一般需对样品进行前处理或者同时使用保护柱,下面介绍保护柱的选择方法。

通常,在选择保护柱之前首先要考虑的是样品是否清洁,对于大部分分析工作者来说,一支 1cm 长的保护柱便能提供充分的保护作用。但是,如果样品非常不清洁,或工作中发现经常要更换 1cm 的保护柱,那么就应该选用 2cm 或 3cm 的保护柱,保护柱越长,自然所装填的色谱填料就越多,则其保护性能越好。当然,随着保护柱长度的增加,样品的保留时间也相应增加,一般来说,保护柱的内径与分析色谱柱的内径相同或相当即可。

保护柱的填料装填方式也很重要，目前有用薄膜装填法的保护柱，使用过程简单方便，而且可以在实验室中进行干装。但是，其最大的缺点是不经济，特别是针对中国的具体情况，一次性使用相对费用较高。另外，薄膜装填法的保护柱所装填的色谱填料有限，只能提供很有限的保护作用；不过也因为所装填的色谱填料较少，保护柱的长度也较短，所以对分析样品的保留时间的影响也很小。

还有一种保护柱结构，其实质是缩短了色谱分析柱，设计方式上有直连式、手紧式或整体式。整体式保护柱是由色谱柱的生产厂商直接安装在色谱分析柱上的，必须与色谱分析柱一同订货，可以非常方便地使用，但不能被修改。直连式保护柱可以在任何时候由色谱工作者来安装连接，可以与任何品牌的色谱柱连接使用，而且可以根据不同的样品选择合适的保护柱长度。手紧式保护柱从结构上讲与直连式保护柱一样，只是在连接时不用借助扳手等工具，直接用手拧紧即可。

另外，保护柱结构又能根据是否可以更换保护柱柱芯进行分类，现在大多数的保护柱均可以更换柱芯，可以降低保护柱的使用成本。

大多数人根据色谱分析柱的填料来选择保护柱的填料，正常情况下可以选择与分析色谱柱一样的色谱填料。但是，根据实际的分析工作，也可不必与分析色谱柱的填料完全匹配。

选择保护柱的原则：在满足分离分析要求的前提条件下，尽可能地选择较短的保护柱，以及尽可能选择对分离样品保留性小一些的填料。

### 2.2.4　高效液相色谱仪的维护保养与常见故障排除

按适合的方法加强对仪器的日常保养与维护可适当延长仪器（包括泵体内与溶剂相接触的部件）的使用寿命，同时也可保证仪器的正常使用。

#### 2.2.4.1　高压泵的日常维护与保养

① 每次使用之前应放空排除气泡，并使新流动相从放空阀流出20mL左右。

② 更换流动相时一定要注意流动相之间的互溶性问题，如更换非互溶性流动相则应在更换前使用能与新旧流动相互溶的中介溶剂清洗高压泵。

③ 如用缓冲液作流动相或一段时间不使用泵，工作结束后应用含量较高的超纯水或去离子水洗去系统中的盐，然后用纯甲醇或乙腈冲洗。

④ 不要使用多日存放的蒸馏水及磷酸盐缓冲液，如果条件许可，可在溶剂中加入$0.0001\sim0.001\text{mol/L}$的叠氮化钠。

⑤ 溶剂的品质或污染以及藻类的生长会堵塞溶剂过滤头，从而影响泵的正常运行，清洗溶剂过滤头的具体方法：取下过滤头→用硝酸溶液（1∶4）超声清洗15min→用蒸馏水超声清洗10min→用吸耳球吹出过滤头中液体→用蒸馏水超声清洗10min→用吸耳球吹净过滤头中的水分，清洗后按原位装上。

⑥ 仪器使用一段时间后，应用扳手卸下在线过滤器的压帽，取出其中的密封刃环和烧结不锈钢过滤片一同清洗，具体方法同上，清洗后按原位装上。

⑦ 使用缓冲液时，由于脱水或蒸发盐在柱塞杆后部形成晶体，泵运动时这些晶体会损坏密封圈和柱塞杆，因此应该经常清洗柱塞杆后部的密封圈，具体方法：将合适大小的塑料管分别套入所要清洗泵头的上、下清洗管→用注射器吸取一定的清洗液（如去离子水）→将针头插入，连接上清洗管的塑料管另一端→打开高压泵→缓慢地将清洗液注入清洗管中，连续重复几次即可。

⑧ 如果泵长时间不用,必须用去离子水清洗泵头及单向阀,以防阀球被阀座粘住,泵头吸不进流动相。

⑨ 柱塞和柱塞密封圈长期使用会发生磨损,应定期更换密封圈,同时检查柱塞杆表面有无损坏。

⑩ 实验室应常备密封圈、各式接头、保险丝等易耗部件和拆装工具。

#### 2.2.4.2 高压泵常见故障及其排除方法

高压泵常见故障原因与排除方法见表2-8。

表2-8 高压泵常见故障原因与排除方法

| 故障现象 | 故障原因 | 排除方法 |
| --- | --- | --- |
| 输液不稳,并且压力波动较大 | 泵头内有气泡 | 通过放空阀排出气泡或用注射器通过放空阀抽出气泡 |
| | 原溶液仍留在泵腔内 | 加大流速并通过放空阀彻底更换旧溶剂 |
| | 气泡停留在溶液过滤头的管路中 | 振动过滤头以排除气泡;若过滤头有污物,用超声波清洗,若用超声波清洗无效,更换过滤头;流动相脱气 |
| | 单向阀不正常 | 清洗或更换单向阀 |
| | 柱塞杆或密封圈漏液 | 更换柱塞杆密封圈;更换损坏部件 |
| | 管路漏液 | 拧紧漏液处螺钉;更换失效部分 |
| | 管路阻塞 | 清洗或更换管路 |
| 泵运行,但无溶剂输出 | 泵腔内有气泡 | 通过放空阀冲出气泡,用注射器通过放空阀抽气泡 |
| | 气泡从输液入口进入泵头 | 拧紧泵头入口压帽 |
| | 泵头中有空气 | 在泵头中灌注流动相,打开放空阀并在最大流量下开泵,直到没有气泡出现 |
| | 单向阀方向颠倒 | 按正确方向安装单向阀 |
| | 单向阀阀球、阀座粘连或损坏 | 清洗或更换单向阀 |
| | 溶剂储液瓶已空 | 灌满储液瓶 |
| 定值实际流速低于设定值 | 单向阀不正常 | 清洗或更换单向阀 |
| | 过滤头有污物 | 清洗或更换过滤头 |
| 不输送溶剂(泵不运行) | 电源开关未开 | 打开电源开关 |
| 压力升不高 | 放空阀未关紧 | 旋紧放空阀 |
| | 管路漏液 | 拧紧漏液处;更换失效部分 |
| | 密封圈处漏液 | 清洗或更换密封圈 |
| 压力上升过高 | 管路阻塞 | 找出阻塞部分并处理 |
| | 管路内径太小 | 换上合适内径管路 |
| | 在线过滤器阻塞 | 清洗或更换在线过滤器的不锈钢筛板 |
| | 色谱柱阻塞 | 更换色谱柱 |
| 运行中停泵 | 压力越过高压限定 | 重新设定最高限压,或更换色谱柱,或更换合适内径管路 |
| | 停电 | 供电 |

续表

| 故障现象 | 故障原因 | 排除方法 |
| --- | --- | --- |
| 泵流速变小 | 泵内气泡聚集 | 打开放空阀,让泵在高流速下运行,排除气泡 |
| | 溶剂过滤器阻塞 | 打开泵头入口压帽,如溶剂不能很快流出输液管,说明过滤器堵塞,更换过滤器 |
| | 泵中两溶液不互溶 | 用一介于两溶液之间的过渡溶剂来溶解两互不溶解的溶剂 |
| | 柱塞密封泄漏 | 更换柱塞密封 |
| | 压缩补偿调节失灵 | 检查或更换(参见说明书) |
| 流速过高 | 流速补偿失灵 | 检查或更换(参见说明书) |
| | PC 板失灵 | 更换 PC 板 |
| | 压缩补偿调节失灵 | 检查或更换 |
| 流量不稳 | 泵头内聚集气泡 | 打开放空阀,让泵在高流速下运行,排除气泡 |
| | 泵内溶剂分层 | 使用过渡溶剂使两者互溶 |
| | 泵头松动 | 拧紧泵头固定螺钉 |
| | 输液管路漏液或部分堵塞 | 逐段检查管路进行排除 |
| 没有压力 | 两泵头均有气泡 | 打开放空阀,让泵在高流速下运行,排除气泡 |
| | 进样阀泄漏 | 检查排除 |
| | 泵连接管路泄漏 | 用扳手拧紧接头或换上新的密封刃环 |
| 压力波动 | 其中一个泵头内聚集了气泡 | 打开泵出口,在最大流量下开泵,直到气泡消失 |
| | 泵中两溶剂不能互溶 | 如果需要的话,向泵中灌注流动相,用一介乎两溶液之间的过渡溶剂来溶解两互不溶解的溶剂 |
| | 高压系统中有泄漏(入口隔膜、进样阀、入口紧固件) | 检查排除 |
| | 泵的单向阀已脏 | 拆去泵的进出口连接管,用 25～50mL 的 1mol/L 硝酸溶液清洗单向阀,随后用蒸馏水清洗;更换单向阀 |
| 泵有嗡声,不能正常启动 | 电机失灵 | 停泵检查 |
| | 线电压过低 | 增加线电压 |
| 柱压太高 | 柱头被杂质堵塞 | 拆开柱头,清洗柱头过滤片,若杂质颗粒已进入柱床堆积,应小心翼翼地挖去沉积物和已被污染的填料,然后用相同的填料填平,切忌使柱头留下空隙;另一种方法是在柱前加过滤器 |
| | 柱前过滤器堵塞 | 清洗柱前过滤器,清洗后若压力还高,可更换上新的滤片,对溶剂和样品溶液过滤 |
| | 在线过滤器堵塞 | 清洗或更换在线过滤器 |
| 泵不吸液 | 泵头内有气泡聚集 | 排除气泡 |
| | 入口单向阀堵塞 | 检查更换 |
| | 出口单向阀堵塞 | 检查更换 |
| | 单向阀方向颠倒 | 按正确方向安装单向阀 |

| 故障现象 | 故障原因 | 排除方法 |
|---|---|---|
| 开泵后有柱压,但没有流动相从检测器中流出 | 系统中严重漏液 | 修理进样阀或泵与检测器之间的管路和紧固件 |
| | 流路堵塞 | 清除进样器口、进样阀或柱与检测器之间的连接毛细管或检测池的微粒 |
| | 柱入口端被微粒堵塞 | 清洗或更换柱入口过滤片;需要的话另换一根柱子;过滤所有样品和溶剂 |
| 柱压升高,流量减少 | 色谱柱,保护柱堵塞 | 清洗或更换柱入口过滤片,需要的话更换色谱柱 |
| | 检测池或检测器的入口管部分堵塞 | 拆卸并清洗检测池和管路 |

#### 2.2.4.3 高压输液系统的日常维护与保养

**(1) 储液器**

① 完全由色谱纯溶剂组成的流动相不必过滤,其他溶剂在使用前必须用 $0.45\mu m$ 的滤膜过滤,以保持储液器的清洁。

② 用普通溶剂瓶作流动相储液器时,应不定期(每月一次)废弃瓶子,买来的专用储液器也应定期用酸、水和溶剂清洗(最后一次清洗应选用色谱纯的水或有机溶剂)。

**(2) 流动相**

① 必须使用 HPLC 级或相当于该级别的流动相,并要先经 $0.45\mu m$ 薄膜过滤。

② 过滤后的流动相必须经过充分脱气,以除去其中溶解的气体(如 $CO_2$),如不脱气易产生气泡,增加基线噪声,造成灵敏度下降,甚至无法分析。

几种脱气方法的比较如下:

a. 氮气脱气法。利用液体中氮气的溶解度比空气低,连续吹氮脱气,效果较好但成本高。

b. 加热回流法。效果较好,但操作复杂,且有毒性挥发污染。

c. 抽真空脱气法。易抽走有机相。

d. 超声脱气法。一种较为常见的脱气法。流动相放在超声波容器中,用超声波振荡 $10\sim15min$,此法效果并不太好,但操作简单。

如果管路中使用 peek 树脂部件,则不可使用下列流动相:浓硫酸、浓硝酸、二氯乙酸、丙酮、四氢呋喃、二氯甲烷、氯仿和二甲基亚砜。

在分析过程中,有时需要更换流动相进行分析。一定要注意使用的前一种流动相和所更换的流动相是否能够互溶。如果使用的前一种流动相和所更换的流动相不能够互溶,就要特别注意,应当采用一种与这两种需更换的流动相都能相溶的流动相进行过滤、清洗。

较为常用的过滤流动相为异丙醇,但实际操作中要视具体情况而定,原则就是采用与这两种需更换的流动相都能相溶的流动相。一般清洗时间为 $30\sim40min$,直至系统完全稳定,否则将会导致系统管路阻塞,严重时将引起流通池污染堵塞,此时不得不更换流通池,承担不必要的损失。

#### 2.2.4.4 进样系统的日常维护与保养

① 样品瓶应清洁干净,无可溶解的污染物。

② 自动进样器的针头应有钝化斜面，侧面开孔针头一旦弯曲应该换上新针头，不能弄直后继续使用；吸液时针头应没入样品溶液中，但不能碰到样品瓶底。

③ 为了防止缓冲盐和其他残留物留在进样系统中，每次工作结束后应冲洗整个系统。

④ 在每次使用后，尤其是对于进样浓度差异比较大的样品，要用专用工具（不带针头的注射器）冲洗进样阀，冲洗时必须冲洗进样阀两头数次，每次数毫升，以防止无机盐沉积和样品微粒造成阀内部磨损或阻塞以及样品的交叉污染。

⑤ 安装进样阀的出口要与注射器在同一水平线上，以防止虹吸现象的发生，导致进样量的重复性变差。

#### 2.2.4.5 色谱柱的日常维护与保养

液相色谱的柱子通常分为正相柱和反相柱。正相柱以硅胶为主，或是在硅胶表面键合—CN、—NH$_3$ 等官能团的键合相硅胶柱；反相柱填料主要以硅胶为基质，在其表面键合非极性的十八烷基官能团（ODS）称为 C18 柱，其他常用的反相柱还有 C8、C4、C2 和苯基柱等。另外还有离子交换柱、GPC 柱、聚合物填料柱等。

① 在进样阀后加流路过滤器（0.5μm 烧结不锈钢片），挡住来源于样品和进样阀垫圈的微粒。

② 在流路过滤器和分析柱之间加上保护柱，收集阻塞柱进口的来自样品的降低柱效能的化学"垃圾"。

③ 流动相流速不可一次改变过大，应避免色谱柱受突然变化的高压冲击，使柱床受到冲击，引起紊乱，产生空隙。

④ 色谱柱应在要求的 pH 值范围和柱温范围内使用，不要把柱子放在有气流的地方或直接放到阳光下，气流和阳光都会使柱子产生温度梯度造成基线漂移。如果怀疑基线漂移是由温度梯度引起的，可以设法使柱子恒温。

⑤ 样品量不应过载，进样前应对样品进行必要的净化，以免对色谱柱造成损伤。

⑥ 应使用不损坏柱的流动相，在使用缓冲溶液时，盐的浓度不应过高，并且在工作结束后要及时用纯水冲洗柱子，不可过夜。

⑦ 每次工作结束后，应用强溶剂（乙腈或甲醇）冲洗色谱柱，柱子不用或储藏时，应封闭储存在惰性溶剂（反相柱为甲醇）中。

⑧ 柱子应定期进行清洗，以防止有太多的杂质在柱上堆积（反相柱的常规洗涤办法：分别取 20 倍柱体积的甲醇、三氯甲烷、甲醇/水冲洗柱子）。

⑨ 色谱柱使用一段时间后，柱效将会下降，必须进行再生处理〔如反相色谱柱再生时，用 25mL 纯甲醇及 25mL 甲醇/氯仿混合液（1∶1）依次冲洗柱子〕。

⑩ 对于阻塞或损伤严重的柱子，必要时可卸下不锈钢滤板，超声洗去滤板阻塞物，对塌陷污染的柱床进行清除、填充、修补工作，此举可使柱效恢复到一定程度（80%）而有继续使用的价值。

⑪ 色谱柱的活化：新的液相色谱柱都是保存在一定的保存液中的，所谓的活化就是替换掉其中的保存液，冲洗掉柱中可能残留的其他杂质，以免影响后续分析工作。液相色谱柱的活化方法因柱子而异。

反相色谱柱：使用新的 C18 柱时，先用 20～30 倍柱体积的甲醇或乙腈冲洗，然后用 10 倍柱体积的甲醇/乙腈：水（50∶50）冲洗，再用 10～30 倍柱体积的流动相平衡。

正相色谱柱：新柱用 20～30 倍柱体积的流动相平衡。

离子色谱柱（SAX，SCX）：新柱先用20倍柱体积的100％甲醇或乙腈冲洗，然后转换到用流动相平衡。

不同的色谱柱活化的方法不尽相同，要根据柱子的种类来选择活化方法。另外，柱子活化时不要接检测器，避免不必要的污染。

⑫ 如色谱柱要长时间保存，必须存于合适的溶剂中。对于反相柱可以储存于纯甲醇或乙腈中，正相柱可以储存于严格脱水后的纯正己烷中，离子交换柱可以储存于水（含防腐剂叠氮化钠或硫柳汞）中，并将购买新色谱柱时附送的堵头堵上，储存的温度最好是室温。

### 2.2.4.6 检测器的日常维护与保养

**(1) 检测池的清洗**

将检测池中的零件（压环、密封垫、池玻璃、池板）拆出，并对它们进行清洗，一般先用硝酸溶液（1∶4）超声清洗，再分别用纯水和甲醇溶液清洗，然后重新组装（注意：密封垫、池玻璃一定要放正，以免压碎池玻璃，造成检测池泄漏），并将检测池池体推入池腔内，拧紧固定螺杆。

**(2) 氘灯的更换**

① 关机，拔掉电源线（注意：不可带电操作），打开机壳，待氘灯冷却后，用十字螺丝刀将氘灯的3条连线从固定架上取下（记住红线的位置），将固定灯的两个螺钉从灯座上取下，轻轻将旧灯拉出。

② 戴上手套，用酒精擦去新灯上灰尘及油渍，将新灯轻轻放入灯座（红线位置与旧灯一致），将固定灯的两个螺钉拧紧，将3条连线拧紧在固定架上。

③ 检查灯线是否连接正确、是否与固定架上引线连接（红-红相接），合上机壳。

### 2.2.4.7 检测器常见故障及其排除方法

**(1) 检测器常见故障原因与排除方法**（表2-9）

表2-9 检测器常见故障原因与排除方法

| 故障现象 | 故障原因 | 排除方法 |
| --- | --- | --- |
| 基线噪声 | 检测池窗口污染 | 用1mol/L的$HNO_3$、水和新溶剂冲洗检测池；卸下检测池，拆开清洗或更换窗口石英片 |
| | 样品池中有气泡 | 突然加大流量赶出气泡；在检测池出口端管加背压(0.2~0.3MPa)或连0.3mm(1~2m)的不锈钢管，以增大池内压 |
| | 检测器或数据采集系统接地不良 | 拆去原来的接地线，重新连接 |
| | 检测器光源故障 | 检查氘灯或钨灯设定状态；检查灯使用时间、灯能量、开启次数；更换氘灯或钨灯 |
| | 液体泄漏 | 拧紧或更换连接件 |
| | 很小的气泡通过检测池 | 流动相仔细脱气；加大检测池的背压；系统测漏 |
| | 有微粒通过检测池 | 清洗检测池；检查色谱柱出口筛板 |
| 基线漂移 | 检测池窗口污染 | 用1mol/L的$HNO_3$、水和新溶剂冲洗检测池；卸下检测池，拆开清洗或更换窗口石英片 |
| | 色谱柱污染或固定相流失 | 再生或更换色谱柱；使用保护柱 |

续表

| 故障现象 | 故障原因 | 排除方法 |
|---|---|---|
| 基线漂移 | 检测器温度变化 | 系统恒温 |
| | 检测器光源故障 | 更换氘灯或钨灯 |
| | 原先的流动相没有完全除去 | 用新流动相彻底冲洗系统置换溶剂,采用兼容溶剂置换 |
| | 溶剂储存瓶污染 | 清洗储液器,用新流动相平衡系统 |
| | 强吸附组分未从色谱柱中洗脱 | 在下一次分离之前用强洗脱能力的溶剂冲洗色谱柱,使用溶剂梯度 |
| 记录仪或工作站上出现大的尖峰 | 检测池内有气泡通过 | 溶剂脱气并彻底冲洗系统;检查连接系统是否漏液 |
| | 记录仪或检测器接地不良 | 消除噪声来源,确保良好接地 |
| 负峰 | 检测器输出信号的极性不对 | 颠倒检测器输出信号接线 |
| | 进样故障 | 使用进样阀,确认在进样期间样品环中没有气泡 |
| | 使用的流动相不纯 | 使用色谱纯的流动相或对溶剂进行提纯 |
| 记录仪或工作站信号阶梯式上升;平头峰;基线不能回零 | 记录仪的增益和阻尼控制不当 | 调节增益和阻尼;修理记录仪 |
| | 检测器的输出范围设定不当 | 重新设定检测器的输出范围 |
| | 记录仪或检测器接地不良 | 确保良好接地 |
| 记录仪、积分仪或工作站在零点不平衡 | 记录仪、积分仪或工作站故障 | 修理 |
| | 样品池中有空气 | 增大流量冲洗色谱系统除去气泡;在检测器出口加背压;流动相脱气 |
| | 从样品池出来的光能量严重减弱 | 检查光路,清除堵塞物;清洗检测器或更换池窗 |
| | 光源等故障 | 更换氘灯或钨灯 |
| | 检测器与记录仪、积分仪或工作站之间的电路接触不良 | 检查和紧固连接线 |
| | 色谱柱固定相流失严重 | 更换色谱柱,改变流动相条件 |
| | 原先的流动相污染 | 彻底冲洗系统 |
| | 流动相吸收太强 | 改用紫外吸收弱的溶剂,改变检测波长 |
| 基线随着泵的往复出现噪声 | 仪器处于强空气中或流动相脉动 | 改变仪器放置,放在合适的环境中;用一调节阀或阻尼器以减少泵的脉动 |
| 随着泵的往复出现尖刺 | 检测池中有气泡 | 卸下检测池入口管与色谱柱的接头,用注射器将甲醇从出口管端推进,以除去气泡 |

**(2) 紫外吸收检测器的常见故障与排除方法**（表 2-10）

表 2-10 紫外吸收检测器常见故障与排除方法

| 故障现象 | 故障原因 | 排除方法 |
|---|---|---|
| 紫外灯不亮 | ①电源线内部折断<br>②灯启动器有故障<br>③UV 灯泡有故障<br>④保险丝断开 | ①更换电源线<br>②更换灯启动器<br>③更换紫外灯泡<br>④找出保险丝断开的原因,故障排除后更换保险丝 |

续表

| 故障现象 | 故障原因 | 排除方法 |
|---|---|---|
| 记录笔不能指到零点 | ①样品池或参考池有气泡<br>②检测池的垫圈阻挡了样品池或参考池的光路<br>③样品池或参考池被污染<br>④柱子被污染<br>⑤检测池有泄漏<br>⑥柱填料中有空气<br>⑦固定相流失过多<br>⑧流动相过分吸收紫外光 | ①提高流动相流量,以驱逐气泡,或用注射器将25mL溶剂注入检测池中,排出气泡<br>②更换新垫圈,并重新装配检测池<br>③用注射器将25mL溶剂注入检测池中进行清洗,若无效,则需拆开清洗,然后重新装配<br>④用合适的溶剂清洗,再生柱子或更换柱子<br>⑤更换垫圈,并重新装配检测池<br>⑥用大的流动相流速排除<br>⑦使用不同的色谱体系,更换柱子<br>⑧改用吸光度低的合适溶剂 |
| 记录仪基线噪声大 | ①记录仪或仪器接地不良<br>②样品池或参考池被污染<br>③紫外灯输出能量低<br>④检测器的洗脱液输入和输出端接反<br>⑤泵系统性能不良,溶剂流量脉动大<br>⑥进样器隔膜垫发生泄漏<br>⑦小颗粒物质进入检测池<br>⑧隔膜垫溶解于流动相中 | ①改善接地状况<br>②用注射器将25mL溶剂注入检测池进行清洗,若无效,则需拆开清洗<br>③更换新灯<br>④恢复正确接法<br>⑤对泵检修<br>⑥更换隔膜垫或使用进样阀<br>⑦清洗检测池,检查柱子下端的多孔过滤片处是否存在填料颗粒泄漏<br>⑧使用对流动相合适的隔膜垫,最好用阀进样 |
| 记录仪基线漂移 | ①样品池或参考池被污染<br>②色谱柱子被污染<br>③样品池与参考池之间有泄漏<br>④室温有变化<br>⑤样品池或参考池中有气泡<br>⑥溶剂的分层<br>⑦流动相流速的缓慢变化 | ①用注射器将25mL溶剂注入检测池进行清洗,若无效,则需拆开清洗<br>②将柱子再生或更换新的柱子<br>③更换垫圈,重新安装检测池<br>④排除引起室温快速波动的原因<br>⑤突然加大流量去除气泡,亦可用注射器注入溶剂或在检测器出口加一反压,然后突然取消以驱逐气泡<br>⑥使用合适的混合溶剂<br>⑦检查泵冲程调节器(柱塞泵)是否缓慢地变化 |
| 出现反峰 | ①记录仪输入信号的极性接反<br>②光电池在检测池上装反<br>③使用纯度不好的流动相 | ①改变信号输入极性或变换极性开关<br>②反接光电池或记录仪,或者变换极性开关<br>③改用纯度足够高的流动相 |
| 有规则地出现一系列相似的峰 | 检测池中有气泡 | 加大流动相流速,赶出气泡,或暂时堵住检测池出口,使池中有一定压力,然后突然降低压力,即可驱除难以排除的气泡。溶剂应良好脱气 |
| 基线突然起变化 | ①样品池中有气泡<br>②流动相脱气不好,在池中产生气泡<br>③保留性强的溶质,缓慢地从柱中流出 | ①同"检测池中有气泡"项<br>②将流动相重新脱气<br>③提高流动相流速,冲洗柱子或改用强度高的溶剂冲洗 |

| 故障现象 | 故障原因 | 排除方法 |
|---|---|---|
| 出现有规则的基线阶梯 | 紫外灯的弧光不稳定 | 将紫外灯快速开关数次,或将灯关闭,待稍冷后再点燃,若无效,则需更换新灯 |

(3) 示差折光检测器的常见故障与排除（表 2-11）

表 2-11 示差折光检测器常见故障与排除方法

| 故障现象 | 故障原因 | 排除方法 |
|---|---|---|
| 记录仪基线出现棒状信号 | 气泡在检测池中逸出 | 对溶剂很好脱气,溶剂系统使用不锈钢管道连接 |
| 基线出现短周期的漂移和杂乱的噪声 | ①室内通风的影响<br>②检测池有气泡<br>③检测池内有杂质 | ①将仪器与排风口隔离<br>②提高流动相流量赶走气泡<br>③用脱气的溶剂清洗检测池,必要时拆开池子清洗 |
| 基线的噪声大 | ①样品池或参考池被污染<br>②样品池或参考池中有气泡<br>③记录仪或仪器接地不良 | ①用 25mL 干净溶剂清洗池子,若无效,则拆开清洗<br>②提高流动相流速以排除气泡,或者用注射器注射干净溶剂以清除气泡<br>③检查记录仪或仪器的接地线,使其安全可靠 |
| 长时间的基线漂移 | ①室温起变化<br>②检测池被污染<br>③棱镜和光学元件被污染<br>④给定的参考值起变化 | ①对室内或仪器装设恒温调节器<br>②用干净溶剂清洗池子,或依次用 6mol/L $HNO_3$ 和水洗池子,必要时拆开池子清洗<br>③用无棉花毛的擦镜纸擦拭棱镜和光学元件,用无碱皂液和热水洗擦<br>④用新鲜的溶剂冲洗参考池 |

## 2.3 气相色谱-质谱联用仪

对于一个多组分的复杂物质,往往需要用两种或两种以上分析方法才能有效地解决问题。两种或两种以上仪器的联用是现代分析仪器发展的趋势之一,其中色谱和质谱的联用（色-质联用）最有效。色谱法对于混合物分离是非常有效的手段,但由于检测器的限制,它们对于分离出来的化合物却很难进行明确鉴定。质谱法与之相反,通常对被测物的纯度要求较高,不适用于混合物的分析,但却可以给出纯化合物的分子结构信息。采用色谱法和质谱技术的联用,不仅能充分发挥各自的优点,而且可以弥补各自的不足。

比较常见的色-质联用技术包括气相色谱-质谱联用法（GC-MS）、高效液相色谱-质谱联用法（HPLC-MS）和气相色谱-傅里叶变换红外光谱-质谱联用法（GC-IR-MS）等。目前,色-质联用技术的应用范围不断扩大,已广泛用于生命科学、环境保护、石油、化工和医药卫生等许多领域,尤其在药学研究中,该技术几乎应用于药学研究的各领域。本节主要介绍气相色谱-质谱联用仪（简称气-质联用仪）。

## 2.3.1 气相色谱-质谱联用仪的结构、原理和分类

气-质联用仪（图 2-42）主要由四部分组成：色谱部分、接口部分、质谱部分以及数据处理系统。气-质联用技术的难点主要有两大方面：一是如何实现色谱柱的出口与质谱的进样系统连接；二是如何除去色谱中大量的流动相分子。因此接口部分是气-质联用仪的关键部件。

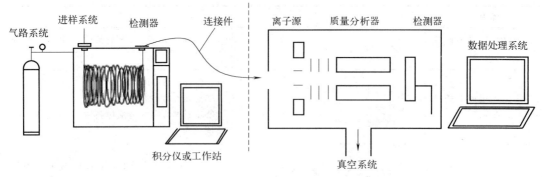

图 2-42　气-质联用仪的基本结构

气相色谱-质谱联用仪（GC-MS）在 20 世纪 60 年代就已经成熟并加以应用，是目前最常用的气-质联用技术。气相色谱的流出物是气态，可直接导入质谱，并且气相色谱和质谱在很多操作条件方面都较匹配，因此实现接口技术较其他仪器的联用更为容易。两种仪器之间最大的差异在于工作气压，气相色谱仪在常压下工作，而质谱仪需要高真空。如果色谱仪使用填充柱，载气量太高，必须经过一种接口装置——分子分离器，将色谱载气除去。因此 GC-MS 中最常见的还是采用毛细管柱，因为毛细管柱载气流量比填充柱小得多，不会破坏质谱仪真空，可以将毛细管经由一个真空密封的法兰直接插入质谱仪离子源。工作时，载气和被测组分一起流入离子源，因载气常为氦气等惰性气体，不会被电离，当用真空泵抽气时，载气可被抽走而与被测物分离，此时也满足了离子源对真空的要求。这种接口组件简单，费用低，维护容易。

GC-MS 的质谱部分可以选用多种质量分析器，常见的有机质谱仪如磁质谱、飞行时间质谱仪、四极杆质谱仪、离子阱质谱仪、傅里叶离子回旋共振质谱仪等均能与气相色谱联用，但目前使用最多的是四极杆质谱仪。GC-MS 常用的离子源主要是电子轰击电离（EI）源和化学电离（CI）源。

#### 2.3.1.1 色谱部分

色谱部分就是一台单独的气相色谱仪，大部分厂商的气-质联用仪仍然可以作为一台普通的传统气相色谱使用，配置 FID 或者 TCD 检测器完成相应的工作。

#### 2.3.1.2 接口部分

早先的 GC-MS 曾使用过各种连接器，现在多数 GC-MS 仪器已经不需要使用这些复杂的连接器作接口（interface）。因为 GC 普遍使用毛细管色谱柱，流量大为降低，GC-MS 仪多采取将色谱柱直接插入质谱的离子源的直接连接方式，接口仅仅是一段传输线（transfer line），属于仪器的标准配置。如果所配的真空泵功率有限，不能满足 GC 使用大孔径或填充柱大流量进样或其他特殊进样需要，也有用来分流的各种接口配件供选择，如毛细管限流

器、喷嘴分离器及各种膜分离方式接口等。下面仅对直接插入式接口作简单介绍。

直接插入式接口（传输线）结构非常简单，见图 2-43。除了一根金属导管和加热套，以及温度控制和测温元件，无需其他流量设置等额外的部件。可加热的金属导管在色谱柱和离子源入口之间，长度取决于色谱柱出口和离子源入口的距离，内径大小应以能使不同柱径的色谱柱穿过为宜。金属导管有一个带加热器的保温套，独立调节和控制所需的温度，金属管的最高加热温度和色谱的最高使用温度应相匹配，以保持色谱柱流出物不发生冷凝。若接口只有保温套而没有加热器，结构上是不合理的，它不能独立加热和控温，因此传输线的温度仅靠色谱柱箱和离子源温度的传导，不仅达不到较高的使用温度还将导致传输线温度随着色谱柱箱和离子源温度变化而变化。

色谱柱通过加热金属导管直接插入离子源，其位于距离离子源入口约 2mm 处，使 GC 流出物直接进入离子源。金属管的出口端和离子源入口的距离，以及色谱柱伸出金属管的长度和在离子源入口的位置，关系到死体积和样品的最大利用率。

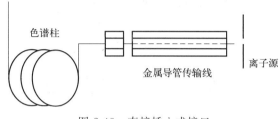

图 2-43 直接插入式接口

**(1) 直接插入式接口的优点**

① 死体积小；

② 无催化分解效应；

③ 无吸附，不存在与化合物的分子量、溶解度、蒸气压等有关的歧视效应；

④ 结构简单，只有一个连接件，减少了漏气的部位；

⑤ 色谱柱易安装，操作方便；

⑥ 与各种分流式接口比较，最大的好处是样品几乎没有损失，可增加检测的灵敏度。

**(2) 直接插入式接口的缺点**

① GC 最大载气流量受到真空泵抽速的限制，如果配置的真空泵抽速不够，不适用于大流量进样；

② 这种连接方式在更换色谱柱时，系统必须放空，不能在抽真空状态下换柱子；

③ 色谱柱固定液流失也随样品全部进入离子源，若色谱柱流失大，将会严重污染离子源，影响灵敏度；

④ 载气和样品同时进入离子源，虽然氦气质量小，容易被真空泵抽走，其电离电位（24.6eV）高于多数有机化合物（10eV 左右），但在 70eV 下仍然会被电离，对基线仍会有一定影响，激发态的中性粒子也会引起噪声，基线和噪声对灵敏度都有影响。

**(3) 其他分流式接口的优点**

其他分流式接口因分流而减少或限制了进入离子源的流量，允许使用口径较大的色谱柱和较大的载气流速，柱容量增大。

**(4) 其他分流式接口的缺点**

其他分流式接口会因分流而使样品损失掉一部分，灵敏度受到影响；而且增加的分流部件，增加了可能漏气的部位；还涉及许多操作参数（分离、浓缩系数和收率）的优化。现在因真空泵抽速大，已经不常使用分流式接口。

#### 2.3.1.3 质谱部分

气-质联用仪可以认为是用质谱仪来作为气相色谱仪的检测器，取代传统的 FID 或者

TCD 等。有人认为质谱定性能力虽强,但 GC-MS 定量不如 GC,因此把需要定量分析作为选择配置其他气相色谱检测器的理由,这样理解并不全面。众所周知,定性是定量的前提,质谱作为检测器,不仅具有广泛适用性和选择性,从灵敏度上来看,小型 GC-MS 的检测器灵敏度并不比 GC 的各种检测器灵敏度差,某些仪器灵敏度更高(图 2-44)。此外,质谱定性具有专属性,且质谱检测器采用选择离子检测、多反应检测和高分辨技术,这使得它们在定量分析中具备排除杂质干扰的独特能力,应该说是定量分析最理想的选择。因此,一般情况下,如果不是特殊需要,在 GC-MS 联用系统上配置其他色谱检测器,不仅增加经费支出,而且使用上也会有许多不便,常被闲置。同样地,GC 系统也有成本相对低廉、使用方便、可使用填充柱、对于高含量组分适用程度好(高含量组分进入质谱检测器容易造成污染和损坏灯丝)等优点。所以,应根据实验室分析需求合理选择仪器配置。

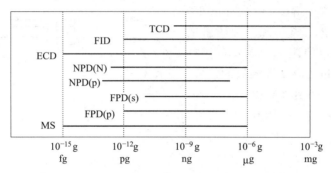

图 2-44　质谱和各种气相色谱检测器灵敏度的比较

质谱法是在真空系统中将样品分子通过导入系统进入离子源,使其解离成离子和碎片离子,它们由质量分析器分离并按质荷比($m/z$)大小依次抵达检测器,信号经放大、记录得到质谱(图 2-45)。

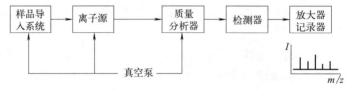

图 2-45　质谱仪原理图

**(1) 真空系统**

质谱分析仪器的离子源、质量分析器、检测器等都必须在高真空状态下运行,因此质谱分析仪都必须采用真空系统,一般来说常用机械真空泵和涡轮分子泵串联而成。机械真空泵作为前级泵,然后由涡轮分子泵抽到所需的高真空。

**(2) 样品导入系统**

为适合于不同样品在不破坏真空的情况下进入离子源,目前质谱仪的样品导入系统大致可分为三类:储罐进样、直接进样和色谱联用导入样品。进样方法的选择取决于样品的性质及采取的离子化方式。

储罐进样适用于气体样品或挥发性强的液体样品。直接进样适用于单组分、挥发性较低的固体或液体样品,一般来说,液体样品通过一个可调喷口装置以中性流的方式导入离子源,而固体样品则通过进样杆直接导入。色谱联用导入样品的方式则需要根据样品不同的特性，选择合适的色-质联用仪的接口装置，样品经色谱分离后通过接口装置导入离子源进行电离，该进样方式主要适用于成分复杂的多组分分析。

（3）离子源

离子源的作用是使被分析物质电离为正离子或负离子，并使离子聚焦成有一定几何形状和能量的离子束，它的性能对质谱分析仪有很大影响。近年来，质谱法的迅速发展与仪器的进步和新的离子化方法的出现密切相关。目前，质谱仪的离子源种类很多，其原理和用途各不相同，常用的离子化方法包括电子轰击电离（EI）、化学电离（CI）、快速原子轰击电离（FAB）、基质辅助激光解吸电离（MALDI）、场致电离（FI）、场解吸（FD）、大气压电离（API）、电喷雾电离（ESI）、大气压化学电离（APCI）等。最常见的是电子轰击离子（EI）源和化学离子（CI）源。大多数方法是先蒸发后电离，但也有例外，如电喷雾电离。

每种离子化技术都有其自身的特点和适用的范围，应根据分析的需要选择合适的离子源。常见的有机物分析离子源及其适用性如表 2-12 和图 2-46 所示。

表 2-12　质谱常见的离子源表

| 离子源 | 离子化试剂 | 适用样品 |
| --- | --- | --- |
| 电子轰击离子(EI)源 | 电子 | 气态样品 |
| 化学离子(CI)源 | 气体离子 | 气态样品 |
| 场解吸(FD)源 | 光子、高能粒子 | 固态样品 |
| 电喷雾离子(ESI)源 | 高能电场 | 热溶液 |

① 电子轰击离子（EI）源。电子轰击离子（EI）源的工作原理是首先将样品在真空中加热至气相，然后用电子流轰击样品分子，使样品电离。样品分子被轰击后失去了一个电子产生阳离子自由基，最容易丢失的电子是分子中最不稳定的化学键中的电子。一般来说，分子失去电子难易次序如下：孤对电子＞π电子＞σ电子。由于轰击电子的能量较大，会导致分子离子继续碎裂成碎片离子，有些情况下会使得分子离子缺欠。

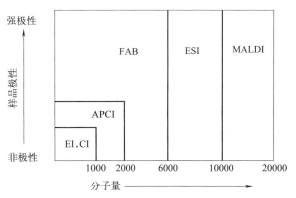

图 2-46　一般离子化技术的适用性

② 化学离子（CI）源。化学离子（CI）源一种比较温和的离子化方式，在离子化室中，低压的气态试样分子和高压的反应气体之间发生反应而使试样分子发生离子化，常用的反应气体有 $CH_4$、$N_2$、He、$NH_3$ 等。化学离子源离子化产生的分子离子较稳定，碎片离子较少，得到的结构信息较 EI 源要少。用 EI 和 CI 离子化方法的前提是样品必须处于气态，因此主要用于气相色谱-质谱联用仪，适用于易气化的、分子量较小的有机物样品分析。

③ 快速原子轰击电离（FAB）。快速原子轰击（FAB）是将惰性气体原子（例如氙）经强电场加速后，轰击被分析溶液中的基质（最通常的是丙三醇、硫代甘油、硝基苄醇或三乙醇胺）。轰击后，能量从惰性气体原子转移到基质，导致分子间键的断裂、样品解吸附到气相中。快速原子轰击电离可以产生带负电荷的离子，广泛用于强极性分子的电离，一般产生 $[M+1]^+$ 离子峰及小碎片离子。

④ 场解吸（FD）法。场解吸法适宜于既不挥发且热稳定性差的样品，将样品在阳极表面沉积成膜，然后将之放入场离子化源中，电子将从样品分子移向阳极，同时又由于同性相斥，分子离子从阳极解吸下来而进入加速室。这种方法所得到的分子离子很稳定。

⑤ 大气压电离（API）。大气压电离（API）主要是应用于高效液相色谱-质谱联用时的电离方法，在处于大气压下的离子化室中进行试样的离子化。它包括电喷雾电离（ESI）和大气压化学电离（APCI），具体原理在液-质联用中再作介绍。

（4）质量分析器

质量分析器是指质谱仪中将不同质荷比的离子分离的装置，是质谱仪的主体。质量分析器种类较多，分离原理也不相同。目前常见的质量分析器主要是磁分析器、飞行时间质量分析器、四极杆质量分析器、离子阱质量分析器、傅里叶变换离子回旋共振质量分析器等。

① 磁分析器。当分子在离子源作用下生成各种碎片离子后，将带正电荷的分子离子和碎片离子引入一个强电场中，由于电势能 $zV$ 与离子的动能 $\frac{1}{2}mv^2$ 相等，因此离子的速度 $v=\sqrt{2zV/m}$，不同质荷比（$m/z$）的离子具有不同的速度，方便质量分析器分离。

在垂直于运动方向的磁场 $H$ 作用下，正离子受磁场引力作用而作圆周运动，设圆周运动的曲率半径为 $R$，由于磁场力与平衡离心力相等，因此有：

$$\frac{mv^2}{R}=HzV$$

式中，$H$ 为磁场强度；$R$ 为半径；$V$ 为加速电压；$v$ 为离子速度；$z$ 为离子电荷数；$m$ 为离子质量。整理后，其质谱方程式为：

$$\frac{m}{z}=\frac{H^2R^2}{2V}$$

可见，离子在磁场中运动的半径是由 $V$、$H$、$m/z$ 三者决定的。假如仪器所用的加速电压和磁场强度是固定的，离子的轨道半径就仅仅与离子的质荷比有关，也就是说，不同质荷比的离子通过磁场后，由于偏转半径不同而彼此分离。如果质谱仪中离子检测器是固定的，即 $R$ 是固定的，则可采取固定磁场强度 $H$、改变加速电压 $V$，或者固定加速电压 $V$、改变磁场强度 $H$ 的方式，使不同 $m/z$ 的离子顺序通过狭缝到达检测器。

普通的磁分析器只有磁场分离这一种方式，常被称为单聚焦质谱仪，因此其结构简单、操作方便，但是灵敏度和分辨率都不理想。为了提高仪器的灵敏度和分辨率，可以采用双聚焦分析器，如图 2-47 所示。它在扇形磁场之前加上一个扇形电场，先进行一次电场分离聚焦，再进行磁场分离聚焦，因此具有很高的分辨率，缺点是扫描速度慢，且仪器价格昂贵。

② 飞行时间质量分析器。飞行时间质量分析器的原理如图 2-48 所示，P 为离子化区域，$G_1$ 到 $G_2$ 是加速区域，$M_1$、$M_2$、$M_3$ 为 3 个不同质荷比的离子。离子经脉冲电压引出离子源，再经加速电压 $V$ 加速后具有相同的动能，不同质荷比的离子运动速度不同，其经过相同长度 $L$ 的漂移管到达检测器所用时间不同，从而把不同质荷比的离子分离开。

飞行时间质量分析器的优点是质量范围宽，特别是分子量很大的生物大分子也能够适用；扫描速度快，适合与色谱联用；灵敏度高并且结构简单，维护方便。但是其存在分辨率较低的缺点，当前的仪器主要采用离子反射技术等手段来提升其分辨率。

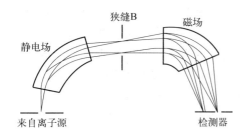 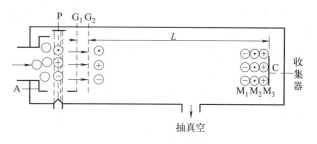

图 2-47 双聚焦磁分析器示意图　　　　图 2-48 飞行时间质量分析器示意图

③ 四极杆质量分析器。四极杆质量分析器由四根平行的棒状电极组成，如图 2-49 所示。在两对电极上分别加上大小相等、方向相反的电压，且每个电压均由直流电压和射频电压两种电压组成。这样四个棒状电极之间就形成了一个四极电场，在直流电压和射频电压一定的情况下，只有一定质荷比的离子能够沿四极杆轴线运动并最终到达检测器，而其他质荷比的离子则会碰到电极并随真空系统排出。改变直流电压和射频电压并保持比例不变，就可以将不同质荷比的离子分离并检测。四极杆质量分析器结构简单、体积小、价格较便宜，并且扫描速度较快，常与色谱联用。四极杆质量分析器的主要缺点也是分辨率较低。

④ 离子阱质量分析器。离子阱质量分析器由环形电极和端盖电极两部分组成，环形电极上施加射频电压，而端盖电极上常常施加直流电压或者接地。通过施加合适的电压就可以在电极之间形成一个势能阱（离子阱），一定的电压值可以将一定范围质荷比的离子束缚在离子阱中，随着射频电压的不断提升，

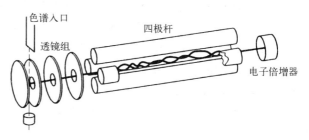

图 2-49 四极杆质量分析器示意图

被束缚的离子按照一定次序依次离开离子阱而被检测器检测。离子阱质量分析器灵敏度高、检测范围大，且单个离子阱按时间序列设定就可以实现多级质谱的功能。

⑤ 傅里叶变换离子回旋共振质量分析器。傅里叶变换离子回旋共振质量分析器置于强磁场中，离子在分析器中受外磁场的作用作圆周运动，其回旋频率与磁场强度和离子质荷比有关。分析器中的射频电极向离子施加一可变电场，当电场频率与离子的回旋频率相同时，离子将共振吸收能量稳定加速，运动半径及动能逐渐变大，电场消失时，离子在电极上产生交变电流，对信号频率进行分析可得出离子质量。对时间与相应的频率谱利用计算机经过傅里叶变换即形成相应质谱。傅里叶变换离子回旋共振质量分析器分辨率很高，远超其他质谱，且性能稳定可靠，误差很小，可采用任何电离方式，便于与色谱联用。

**(5) 串联质谱**

在实际工作中，为了研究化合物的结构、离子的组成和离子间的相互关系，只依靠一级质谱往往比较困难，因此市场上应用较多的是带有两级或多级质谱功能的联用仪器，即仪器中具有多个质量分析器，并将其按一定次序连接起来使用，也就是所谓的串联质谱技术。

串联质谱是将多个质量分析器依次相连，在实际应用中多为 2～3 级的串联。在离子源中产生的离子由第一级质谱分离检测，并从中选出感兴趣的离子作为"母离子"引入碰撞室，诱导碰撞活化使之进一步碎裂后产生的"子离子"由后面串联的质量分析器分离检测。

由于质量分析器有多种类型，其特点各不相同，为了满足不同的分析需求，串联质谱的种类也有很多，常见的串联质谱根据其原理可以分为空间序列串联质谱和时间序列串联质谱。多重串联四极杆质谱、磁质谱与四极杆质谱串联、双聚焦扇形磁质谱、四极杆质谱与飞行时间质谱串联，这些属于空间序列串联质谱。离子阱和傅里叶离子回旋共振质谱可以先选择储存某个质荷比的离子，再观察其反应，被称为时间序列串联质谱。一般实验室中比较常见的是三重四极杆串联质谱（Q-Q-Q）、离子阱质谱、四极杆-飞行时间串联质谱（Q-TOF）等。

#### 2.3.1.4 数据处理系统

GCMS 的数据系统包括硬件和软件 2 个部分，应具备以下功能：控制仪器运行，包括设置气相色谱、质谱的运行参数，实时显示运行状态，如真空、压力、温度、电压参数及所运行的方法等；采集、处理、简化、储存数据，并实时监测数据采集过程；数据再现和处理、谱图处理、定性分析、定量分析、结果输出、数据传输等。数据系统的结构和功能对仪器性能的发挥及仪器操作的灵活性至关重要。

目前，多数仪器数据处理系统的硬件包括计算机和数据接口。计算机和仪器连接，不同生产厂家、不同类型仪器的接口结构、性能都不相同。

数据系统的软件包括运行仪器的操作系统和各种应用程序，还有各种用途的质谱数据库。不同生产厂家、不同类型仪器的操作系统也不相同。

值得注意的是，计算机辅助质谱解析通用软件的发展迅速。过去质谱数据库虽然是通用的，但是各个厂家数据系统采集的质谱数据格式不同，谱库检索的系统也不相同。近年来质谱数据有了多种转换格式，一些厂家的应用软件还提供了不同质谱数据格式的转换功能，谱库检索系统已被普遍采用，最新版的软件增加了许多应用程序，除分子量、同位素分布、元素组成计算等基本功能外，还有谱图解析、自动鉴别质谱数据、分离总离子色谱峰等应用软件。

#### 2.3.1.5 气-质联用仪分类

气相色谱仪或质谱仪类型很多，不同的气相色谱仪和质谱仪进行组合，或者不同类型的质谱仪进行串联，都可以组成气-质联用系统。如今已有许多配置不同、性能各异的专用型气相色谱-质谱联用仪器，供不同用途选择。不同厂家各种型号的气-质联用仪多达几十种，有小型台式的气相色谱单四级质谱或三重四极质谱联用仪、气相色谱-离子阱质谱联用仪及中高档的气相色谱-三重四极质谱联用仪、气相色谱-飞行时间质谱联用仪以及气相色谱-扇形磁场质谱联用仪等。

目前在国内市场占有较大份额的气-质联用仪中，相同类型的仪器的性能指标差别不是很大，但在结构功能和配置上有所区别，各有特色。在选择气质联用仪时，应根据使用需要综合考虑性能指标，选择合适的设备。

#### 2.3.1.6 气-质联用仪的整体性能指标

质谱仪器的整体性能同样依赖各个组成部件的性能，和气相色谱不同的是，一般质谱仪除了给出各个部件的技术规格参数外，作为仪器整体性能常给出以下几个主要指标：①质量范围，包括质量测量准确度和质量标尺稳定性；②分辨率；③扫描速度；④灵敏度。前三项指标主要取决于质量分析器的类型，其中扫描速度还和计算机接口板的 A/D、D/A 转换和数据传输速率密切相关；质谱灵敏度不只是质谱检测器的灵敏度，而是和离子源、质量分析器、离子透镜系统的设计以及真空系统的配置都有关系。

(1) 质量范围

质量范围通常定义为质谱仪器能检测的最低和最高质量范围,取决于质量分析器的类型。这是针对不同样品分析需求选择仪器类型的重要指标之一。质量下限高,可能得不到低质量端的特征离子;质量上限低,则不能检测分子量高于质量上限的化合物分子离子。质量范围是仪器档次的标志之一,比如质量范围为10~400u和1~1000u应是2个档次的仪器。

质量测量准确度是指离子质量测定的准确度,注意质量测量准确度和分辨率的关系。表2-13给出不同类型质量分析器的质量测量准确度的典型值。

表2-13 不同类型仪器质量测量准确度的典型值

| 质量分析器 | 质量测量准确度 | 用途 | 类型 |
| --- | --- | --- | --- |
| 四级杆质量分析器 | 0.1u | 给出整数质量 | 低分辨 |
| 离子阱质量分析器 | 0.1u | 给出整数质量 | 低分辨 |
| 飞行时间质量分析器 | 0.0001u | 给出精确质量和元素组成 | 高分辨 |
| 扇形磁场质量分析器 | 0.0001u | 给出精确质量和元素组成 | 高分辨 |

(2) 分辨率

分辨率是指质谱分辨相邻两个离子质量的能力。若2个相邻质量分别为 $M_1$ 和 $M_2$ 的峰能被分辨,则分辨率可用公式 $R=M/\Delta M$ 计算。式中,$\Delta M=M_2-M_1$,$M$ 可以是 $M_1$ 或 $M_2$ 中的任一个,也可用平均值。

不同质量分析器能达到的分辨率不一样,见表2-14。四级质谱和离子阱质谱均属低分辨仪器,早期飞行时间质谱也是低分辨仪器,由于一系列技术突破,目前飞行时间质谱的分辨率已接近10000,进入高分辨仪器行列。

表2-14 GC-MS的质谱分辨率

| 质谱分析器 | 分辨率 | 类型 | 质量分析器 | 分辨率 | 类型 |
| --- | --- | --- | --- | --- | --- |
| 四级杆质量分析器 | 1000~2000 | 低分辨 | 飞行时间质量分析器 | 500~1000,2000~10000 | 低、高分辨 |
| 离子阱质量分析器 | 1000~2000 | 低分辨 | 扇形磁场质量分析器 | 5000~80000 | 高分辨 |

气-质联用仪中,低分辨质谱应用更为广泛,在定性分析中,低分辨EI谱有庞大的谱库检索,能快速对未知物定性鉴定。在定量分析中,低分辨质谱EI、CI结合选择离子监测、多反应离子监测,检测限可达到皮克或飞克级。高分辨质谱的主要应用是准确质量测定,可获得元素组成进行未知化合物的结构鉴定;高分辨也具有高的选择性,可消除复杂基质重叠峰的干扰,用于定量分析能获得更好的信噪比。在二噁英检测中,需要在共存干扰组分含量高出几个数量级的情况下,从两百多种异构体混合物中分析含量在ng/L级别的特定组分,这就需要高分辨、高灵敏、高选择性的设备才能够实现。

(3) 扫描速度

扫描速度指质谱进行质量扫描的速度,定义为每秒扫描的最大质量数,扫描速度主要取决于质量分析器的类型和结构参数。扫描速度是质谱数据采集的一个基本参数,影响质谱的数据采集质量,对获得合理的质谱图和好的色谱峰形有显著影响。扫描速度慢,质谱图中的离子丰度比将受GC组分浓度变化的影响,色谱峰形也会因为采样点数不够而变坏。

(4) 灵敏度

气-质联用仪的灵敏度习惯上直接用信号与噪声比(S/N)来检验。采用一定浓度的标样,在一定操作条件下采集质谱图,选择某一质量离子信号峰值和某一段基线的噪声峰值,计算它们的比值。信号峰值取所选择的是质量离子的峰高,而基线的噪声峰值有三种定义(图 2-50)。

① 峰/峰信噪比,用某一段基线噪声的平均高度;
② 峰/半峰信噪比,用某一段基线噪声平均高度的 1/2;
③ 均方根信噪比,用某一段基线噪声的均方根计算。

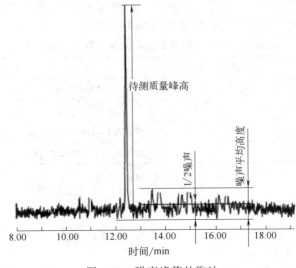

图 2-50 噪声峰值的取法

### 2.3.2 气相色谱-质谱联用仪常用仪器及使用方法

目前市场上的气相色谱-质谱联用仪主要是进口品牌,常见的国外生产商包括:赛默飞世尔(Thermo Fisher)公司(美国)、perkinelmer 公司(美国)、安捷伦(Aligent)公司(美国)、岛津(Shimadzu)公司(日本)等。表 2-15 是常见气-质联用仪的性能指标,可供参考。

表 2-15 常见气-质联用仪的性能指标

| 仪器类型 | 主要性能指标 | 厂商型号 |
| --- | --- | --- |
| 气相色谱-<br>单四极质谱 | 质量范围:1～1200u<br>分辨率:$1M$～$2.5M$<br>扫描速度:6000～10000u/s<br>灵敏度:EI,1pg 八氟萘 $S/N>50:1$<br>　　　　$CI^+$,1pg 二苯酮 $S/N>20:1$<br>　　　　$CI^-$,1pg 八氟萘 $S/N>100:1$ | 美国 Agilent GC/MSD 5973<br>日本岛津 QP 2010 GC/MS<br>美国 Thermo Trace DSQ<br>美国 PE Clarus 500 GC/MS |
| 气相色谱-<br>串联四极质谱 | 质量范围:2～4000u<br>分辨率:$1M$～$2.5M$<br>扫描速度:6000～10000u/s<br>灵敏度:EI,1pg 八氟萘 $S/N>50:1$<br>　　　　$CI^+$,1pg 二苯酮 $S/N>20:1$<br>　　　　$CI^-$,1pg 八氟萘 $S/N>100:1$ | 美国 Waters Micro GC/MS/MS<br>美国 Prima GC/MS/MS<br>美国 Thermo DSQ Quantum<br>美国 Varian 1200L |
| 气相色谱-<br>离子阱质谱 | 质量范围:10～1000u<br>分辨率:$>1M$<br>扫描速度:$>6000u/s$<br>灵敏度:EI,1pg 八氟萘 $S/N>50:1$<br>　　　　$CI^+$,1pg 二苯酮 $S/N>20:1$<br>　　　　$CI^-$,1pg 八氟萘 $S/N>100:1$ | 美国 Varian Saturn 2200/2100 GC/MS<br><br><br>美国 Thermo Polaris GC/MS |

续表

| 仪器类型 | 主要性能指标 | 厂商型号 |
| --- | --- | --- |
| 气相色谱-飞行时间质谱 | 质量范围：1～1024u<br>分辨率：10000<br>扫描速度：>6000u/s<br>灵敏度：EI,1pg 八氟萘 $S/N>50:1$<br>　　　　$CI^+$,1pg 二苯酮 $S/N>20:1$<br>　　　　$CI^-$,1pg 八氟萘 $S/N>100:1$ | 美国 Waters GCT |
| 气相色谱-磁场质谱 | 质量范围：1～10000u<br>分辨率：>10000<br>扫描速度：>6000u/s<br>灵敏度：EI,1pg 八氟萘 $S/N>50:1$<br>　　　　$CI^+$,1pg 二苯酮 $S/N>20:1$<br>　　　　$CI^-$,1pg 八氟萘 $S/N>100:1$ | 美国 Waters Auto Spec GC/MS<br>美国 Thermo MAT 900 GC/MS<br>日本电子 JMS-800 DGC/MS |

注：表中的数据是多数仪器都能达到的基本指标，不同厂商给出的指标会有差别。

下面介绍安捷伦（Agilent）7890/5977A 气相色谱-质谱联用仪，如图 2-51 所示。

#### 2.3.2.1 仪器的安装要求与调试

仪器的安装条件可以参照气相色谱和质谱的安装条件，必须同时满足两者的安装要求。

GC-MS 正常工作需要一系列的调试工作，以确保仪器能够正常运行。首先需按照气相色谱的操作方法设置合适的色谱工作条件，其次质谱的运行也需要进行一些调试工作，包括：抽真空到真空度满足要求；对质谱仪进行校准，四极杆质谱仪一般使用全氟三丁胺（FC43）作为校准气；设定质谱操作条件后对其灵敏度、分辨率进行调试；等等。

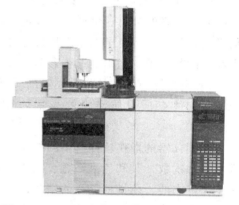

图 2-51　Agilent 7890/5977A GC-MS 示意图

#### 2.3.2.2 仪器的操作与使用

**(1) 开机**

打开载气后再依次打开色谱仪器电源、真空泵电源、质谱仪电源、工作站电源。在真空泵工作 3～4h 后，打开 MSD 化学工作站。

**(2) 设定参数**

打开菜单中的"Instrument，MS Temperature"窗口，设定四极杆及离子源的温度；打开"Instrument，GC Edit Pararmeters"窗口，对 GC 的载气模式、流量、分流比、进样口温度、柱温、程序升温等参数进行设定；打开"Instrument，SIM/Scan Pararmeters"窗口，分别设定溶剂延长时间、EM 电压、扫描方式等参数。这里主要讲 MS 参数的设置。

① 溶剂延迟时间。为保护质谱仪，避免大量溶剂蒸气进入质谱仪（否则容易造成灯丝积碳影响灯丝寿命，严重的甚至会烧断灯丝），需要设置溶剂延迟时间，即在溶剂出峰的时间内关闭质谱仪，例如某样品采用低沸点溶剂，溶剂出峰在待测组分之前，进样 2min 后溶剂流出完毕，待测组分出峰时间在 2min 后，可以设置溶剂延迟时间为 2min。

② 扫描方式。各种质量分析器有多种扫描模式：四极质量分析器有全扫描和选择离子监测模式；三重四极质量分析器除全扫描和选择离子监测外，还有子离子扫描、母离子扫描、中性丢失扫描和多反应选择监测扫描；离子阱质量分析器除了有全扫描和选择离子扫

描，还有多级子离子扫描；飞行时间质谱虽然只有全扫描没有选择离子监测，但是有提取离子后高分辨功能，也有很好的选择性；磁场质谱既有全扫描和选择离子扫描，也有子离子扫描、母离子扫描、中性丢失扫描等功能，以及高分辨功能。

a. 全扫描模式。全扫描方式是最常用的一种扫描方式，扫描的质量范围覆盖被测化合物的分子离子和碎片离子的质量，得到的是化合物的全谱，可以用来进行谱库检索。一般在未知化合物的定性分析时，多采用全扫描方式。全扫描方式需要设置的参数有扫描质量起点和终点、扫描时间、信号阈值、倍增器工作电压等。为了检验色谱的分离效果和有利于未知化合物的鉴定，扫描参数的选择既能获得好的质谱图，又能有好的总离子色谱图，因此要考虑影响谱图质量的各种因素。

（ⅰ）扫描质量起点和终点的选择。取决于待测化合物的分子量和低质量的特征碎片，起点质量高有利于提高信噪比，但是低于起点质量的特征碎片离子有可能丢失，不利于谱图检索；终点质量太低，分子量大于终点质量的化合物分子离子峰会丢失，但终点质量过高整个扫描范围太宽，增加了扫描时间，要根据实际需要设置合理的扫描质量范围。

（ⅱ）阈值和倍增器工作电压设置。阈值的设置不仅影响质谱峰数的多少，也影响色谱图的基线和峰的分离。倍增器工作电压影响全质量范围离子丰度，特别要注意丰度大的离子信号过饱和，使得离子的丰度比发生变化而影响谱库检索的匹配度，要根据仪器调谐结果或本底谱图的离子丰度确定这些参数设置

（ⅲ）扫描时间。是指在设置的质量范围内完成一次扫描所需要的循环时间，包括从起始质量到终点质量质谱峰的采集处理时间、从终点返回起点的时间和程序处理的时间（图2-52）。

不同仪器的操作软件有不同的设置方式，不管如何设置最终都会显示为每秒钟的扫描次数或循环次数，其和色谱峰宽、扫描质量范围、仪器的扫描速度有关。因为GC-MS分析过程不是静态的，色谱柱分离的组分连续进入离子源，样品浓度在变化，要得到好的质谱图，必须考虑扫描时间长度和这段时间内离子源中样品浓度的变化。每一次扫描质量从低到高，浓度变化不一样，高、低质量离子相对丰度受浓度变化影响，如图2-53，扫描质量范围为50～500，若扫描速度较慢，3次扫描质谱图的离子相对丰度会有差别，第一次扫描浓度上升，高质量离子相对丰度大，最后一次扫描浓度降低，高质量离子相对丰度小。

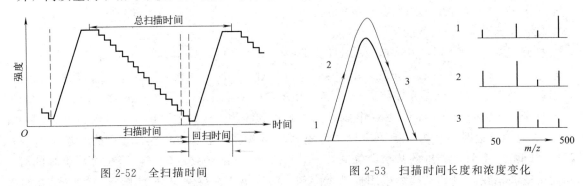

图2-52 全扫描时间　　　　　　图2-53 扫描时间长度和浓度变化

每个色谱峰的扫描次数，除了和扫描速度有关，还受色谱峰宽限制，每峰的扫描次数可以根据峰宽、扫描质量范围，参照仪器的扫描速度确定，若仪器的最大扫描速度是5000u/s，当扫描质量范围为500u时，以最快扫描速度每秒钟可以有10次扫描，如色谱峰宽为2s，则每峰可以有20次扫描。

每个色谱峰的扫描次数越多,峰形越好,对建立总离子色谱图越有利,基本上每个峰扫描 10 次以上峰形已经较好,20 次以上基本可以得到稳定标准峰。而且,扫描速度过大会导致采样频率变小,一次全扫描的时间变短,灵敏度降低,分辨率也降低。因为扫描速度增大后,相邻质量数的离子被扫描的时间肯定间隔很短,如质量数为 90 和 90.1 的离子可能几乎在同时到达检测器,这样相邻质量的离子分辨率肯定降低。既然分辨率降低了,那灵敏度是否增大?正常情况下应该是这样的,但是在快扫描条件下,每个离子采集的次数太少,也就是说有 100 个质量数为 90 的离子碎片,可能只采集一次时只有 50 个能进入四极杆,所以此时灵敏度降低。

b. 选择离子监测模式(SIM)。选择离子监测模式不是连续扫描某一质量范围,而是跳跃式地扫描某几个选定的质量,得到的不是化合物的全谱。主要用于目标化合物检测和复杂混合物中杂质的定量分析。定性分析一般不采用此扫描方式,因离子数目少,谱库检索没有意义,但在特殊需要的情况下,如某一类型化合物的跟踪,选择的离子数目达到 8 个以上时,得到的谱图也能进行谱库检索。SIM 的参数设置,主要是特征离子质量的选择和每个离子扫描停留时间(又称驻留时间)以及扫描质量的窗口,其他和全扫描一样。

(ⅰ)化合物的特征离子。是指质谱图中能够反映化合物结构特征的一些离子,包括分子离子、重要的碎片离子或重排离子。究竟选择几个离子做扫描,要根据不同分析要求决定。通常在定量分析中除了选一个定量离子外,同时还要求选择 1~2 个离子作为该化合物的定性确认。作为定量的离子尽可能选丰度大的,可以是基峰(最高丰度的峰,定义为 100),也可以不是,要考虑到和其他化合物特征峰尽量不重叠,如 $m/z$ 43 是许多化合物的基峰,一般不选择它。

(ⅱ)离子组数目。在整个色谱流出过程中可以根据总时间段流出的化合物质谱特征,分段选择多达 30~50 组特征离子,每组特征离子数目最多可以达到 30~50 个。实际应用中尽量使用最小的离子组数目,以获得最大灵敏度和测量准确度。

(ⅲ)离子扫描停留时间(驻留时间)。即监测每个离子所用的时间,如图 2-54。同样要兼顾质谱数据采集和色谱峰形的好坏,每个离子停留时间越长,一次扫描时间越长,若色谱峰较窄,色谱峰的点数就不够,同样还需要考虑峰处理和回扫的时间。

由于 SIM 模式一般是用来定量的,定量需要一个稳定的标准对称色谱峰,这就要求对应的采样点要在 20 个以上,一般 GC-MS 出峰在 6s 左右,具体应根据实验结果来看,也就是每秒扫描次数或循环次数需要大于 3。这就是选择离子组和离子驻留时间的原则,如果离子数较少,可以设置较大的驻留时间,反之,只能减小驻留时间,但不要小于 10ms。在编 SIM 表的时候,有 Cycle/s 这一栏,如果该数字大于 3,就说明每秒的采样点大于 3,就是合理的。

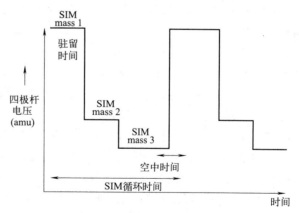

图 2-54 SIM 模式扫描停留时间

可以看出,驻留时间越短,循环次数越多,采样点越多,对色谱是有利的,但是对质谱来说,驻留时间短,测量重复性会变差,对定量是不利的。因此需要综合考虑离子组数目和驻留时间，在保证循环次数足够的前提下，采用较长的驻留时间（大于100ms）。

（ⅳ）质量窗口。是指某一质量的扫描宽度，因为仪器的质量准确度和轴稳定性都有一定的误差，质量采集结果不一定能得到最大的离子丰度，所以需要考虑扫描质量的偏差范围。不同的数据系统软件的具体做法不同，一般设定选择离子质量为整数值，此时扫描的质量窗口可以在（±0.1~1）u之间选择，比如选择离子的质荷比是 $m/z$ 91，扫描窗口设为±0.1，意味着只采集 $m/z$ 90.9~91.1；有的软件则可直接设定选择离子质荷比 $m/z$ 91 的扫描质量窗口为90.5~91.5。扫描质量窗口太窄会影响灵敏度，窗口太宽会有干扰。可以通过调谐寻找最佳的扫描质量窗口值。

SIM模式的优点是比全扫描方式有更高的灵敏度，峰形较好，排除干扰，提高信噪比，适用于定量分析需求。缺点是不利于未知物鉴定，需要事先知道化合物的特征离子质量，这和未知物定性分析是互相矛盾的。所以通常先用全扫描模式确定目标化合物的出峰时间和特征离子质量，再通过SIM模式进行定量。

SIM模式灵敏度为何比全扫描灵敏度高？可以从扫描时间来看，如果在scan方式中扫描300个质量离子，一次扫描循环时间为0.05s，用于每个质量的采集时间约0.167ms，用SIM方式若只选择3个离子，一次扫描循环时间同样用0.05s，则每个质量离子的采集时间为16.7ms，时间增加100倍。检测时间越长，检测的离子数多，离子强度越大，但由于信噪比和检测时间的平方根成正比，所以SIM灵敏度只高约40倍，实际上可提高20~100倍，取决于仪器状态、背景干扰、样品复杂程度等。

c. 其他扫描方式。三重四极杆质谱（Q-Q-Q）可以采用更多的扫描方式，如子离子扫描、母离子扫描、中性丢失扫描和多反应选择离子检测（SRM、MRM）等；离子阱质谱可以采用多级质谱扫描（$MS^n$）等。这些扫描方式可以查阅相关资料自行学习。

**(3) 仪器调谐**

待仪器运行达到各项设定的参数后（通常开机需要24h以上，开得越久仪器越稳定），需要进行仪器调谐。仪器调谐就是进行仪器的校准。通过调节离子源、质量分析器、检测器各个参数，获得需要的分辨率、灵敏度、准确的质量测量以及正确的离子丰度比。仪器调谐的目的：一是为了了解仪器状态，如在验收仪器进行性能测试时、仪器故障维修或仪器维护清洗后，检查仪器是否正常，能否达到规定的性能指标；二是为了满足不同分析方法要求，获得最佳定性定量分析条件。除了适当的分辨率和质量测定准确外，定量分析要求有足够的灵敏度和重现性，定性分析要求有正确的离子丰度比，否则定量结果的可靠性以及定性依据的谱图解释和谱库检索都会有问题。

仪器状态是否满足要求，需要用规定标准样品的测试结果来检验。仪器调节所需的标准化合物因质量范围不同，采用的标准样品也不同。通常质量范围小于1000u的低分辨多采用全氟三丁胺（FC-43）进行调节。调谐必须在仪器稳定条件下进行，若仪器不稳定，调节结果将不可靠。无论使用何种调节方式和何种标样，调谐的步骤大致相同。不同仪器的操作系统软件都会提供几种调节方式，有人工输入参数的手动调节，也有完全由计算机控制的自动调节。导入标准样品后根据设定的特征离子质量和丰度比，手动或自动按一定程序反复调节仪器各个参数直至获得满意的分辨率、灵敏度，并进行定量校正得到应有的质量准确度。

一般采用仪器自动调谐程序，离子源、分析器的温度一般不低于150℃，离子源的温度一般高于分析器，还要注意真空状态，存在漏气或系统严重污染时，调谐不能进行。

调谐程序运行中调节的仪器操作参数包括离子源的发射电流、电子能量（EI源固定

70eV，CI源可改变）、透镜电压、分析器的工作电压、电子倍增器或光电倍增器工作电压。调谐程序运行时，在调谐窗口可观察到设定质量离子的峰形，以及各参数的变化情况，如图2-55。调谐结束后可以储存或打印出调谐结果报告。

(4) 样品检测

仪器自动调谐完成后就可以进入样品分析检测的阶段。通过"Sequence, Edit"进入编辑样品信息，输入完成后再由"Sequence, Run"进入样品自动运行并检测阶段。如需手动进样，则在进样对话框中选择"Manual"。

(5) 数据处理

待仪器分析完成后，点击"View, Data-Analysis (offline)"进入离线色谱工作站。在菜单中使用"Load"命令打开色谱文件后，在"Chromatogram"菜单中选择积分器，得到积分色谱图，即总离子色谱图。右键双击色谱中

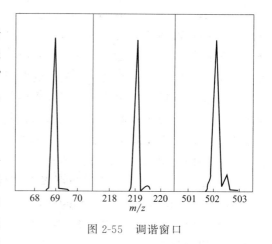

图 2-55 调谐窗口

感兴趣的时间点，即可显示其质谱图，在质谱窗口中右键双击即可进行谱库检索。

(6) 关机

点击"View, Tuneand Vacuum Control, EI mode"进入真空度控制界面，点击"Vacuum, Went, OK"，仪器在一定时间内开始降低真空度，四极杆和离子源温度同时也会降低，色谱仪的柱温、进样口温度也降至室温。依次关闭工作站、计算机电源、色谱仪电源、质谱仪电源，最后关闭稳压器，关闭气体（如果条件允许，载气不关更好）。

#### 2.3.2.3 气相色谱-质谱联用技术的定性定量分析

(1) 分析条件的选择

① 色谱条件的选择。色谱条件的选择方法与普通气相色谱分析条件的选择方法相同，需根据样品的具体情况进行设置。首先了解样品组分的多少、沸点的范围、分子量的范围、化合物的类型等基本情况，然后根据样品的情况选择合适的色谱柱、载气流量、气化温度、柱温等色谱工作条件。

一般来说，样品组成简单可使用填充柱，组成复杂需使用毛细管柱。根据样品的极性大小选择相对应的固定相，如极性样品选择极性固定相等。载气流量直接影响分离效率，一般有最佳值，但也要注意载气流量过大会影响质谱的真空度。气化温度一般比样品中沸点最高的组分高 20~30℃。柱温需根据样品的情况进行设定，要兼顾分离度和分析效率，灵活选用恒温或程序升温的方法。

② 质谱条件的选择。质谱的分析条件包括扫描范围、扫描速度、灯丝电流、电子能量、倍增器电压等。扫描范围是指通过分析器的离子质荷比范围，该值取决于待测物质的分子量，一般来说化合物所有的离子都要出现在扫描范围内。扫描速度视色谱峰宽而定。灯丝电流与电子能量一般在仪器自动调整时设定好。倍增器电压与仪器灵敏度有关，在满足灵敏度要求的前提下，可尽量降低倍增器电压，延长其使用寿命。在进行质谱分析时，一般来说不希望出现大的溶剂峰，因此还需设定一个去溶剂时间，在该时间段内灯丝电流与倍增器电压保持为 0，这样总离子色谱图上不会出现溶剂峰，也保护了灯丝、质量分析器和倍增器。

### (2) GC-MS 定性分析技术

GC-MS 分析技术的关键是设置合适的分析条件，使得样品中各组分得到很好的分离并得到很好的质谱图，并在此基础上进行定性分析。

① 总离子色谱图。在 GC-MS 分析中，样品连续进入离子源并被电离。分析器每扫描一次，检测器就得到一个完整的质谱并送入计算机存储。由于样品浓度随时间变化，得到的质谱图也随时间变化。同时，计算机还可以把每个质谱的所有离子相加得到总离子流强度。这些随时间变化的总离子流强度所描绘的曲线就是样品总离子色谱图或由质谱重建而成的重建离子色谱图。其横坐标为保留时间或质谱扫描次数，纵坐标为离子强度。总离子色谱图中每个峰表示一个组分，外形与一般色谱图相同，并且只要所用色谱柱相同，样品出峰顺序就相同。简单来讲，即总离子色谱图是使用质谱仪为检测器所得到的气相色谱图。由总离子色谱图可以得到任一组分的质谱图。

② 质谱图。由总离子色谱图可以得到任何一个组分的质谱图。对同一个色谱峰，在不同扫描次数得到的质谱几乎是相同的，但为了提高信噪比，通常由色谱峰峰顶处得到相应质谱图。如果两个色谱峰有相互干扰，应尽量选择不发生干扰的位置得到质谱，或通过扣除本底消除其他组分的影响。

③ 谱库检索。目前，GC-MS 的定性分析主要依靠数据库检索来进行，即得到总离子色谱后，逐一分析每个组分的质谱图，通过计算机检索对其进行定性。目前的 GC-MS 的数据库中存有几十万种化合物的标准质谱图，由计算机自动进行检索，给出几个可能的化合物，并以匹配度大小顺序排列出这些化合物的名称、分子式、分子量、结构式等。如果匹配度比较好，比如 90 以上（最好为 100），则基本可以确定该未知化合物的结构。

在检索过程中要注意以下问题：一是如果检索的化合物在谱库中不存在，此时计算机也会给出一些匹配度不好的检索结果，但不能简单地选择其中之一作为样品的结构；二是如果计算机给出多个检索结果，匹配都很好，说明这几个化合物可能结构相近，这时应该利用其他辅助鉴定方法，如色谱保留指数等进行进一步的判断；三是本底或其他组分的影响造成质谱质量不高，此时检索结果可能匹配度也不高，也不容易准确定性，遇到这种情况，则需要尽量设法扣除本底，减少干扰。

数据库中的标准化合物毕竟是有限的，因此有些化合物无法直接检索得到，这时需要利用其他分析方法进行辅助定性。

### (3) GC-MS 定量分析技术

用 GC-MS 法进行有机物定量分析，其基本原理与 GC 法相同，即样品量与总离子色谱峰面积成正比。定量方法有归一化法、内标法、外标法。

除了总离子色谱图外，质谱仪还可以给出任何一个质荷比的离子的色谱图，即质量色谱图。由于质量色谱图是由一种质荷比的离子得到的，因此，如质谱中不存在这种离子的化合物，也就不会出现色谱峰，一个样品只有几个甚至一个化合物出峰。利用这一特点可以识别具有某种特征的化合物，也可以通过选择不同质量的离子绘制离子质量色谱图，使正常色谱不能分开的两个峰实现分离，以便进行定量分析。需要注意的是，在进行定量分析时，也要使用同一离子得到的质量色谱图进行标定或测定校正因子。

在色谱-质谱联用的定量分析中，通常会选择采用选择离子监测技术（SIM）或者多反应监测技术（MRM）进行检测。选择离子监测技术（SIM）是指对选定的离子进行跳跃式扫描，从而提高检测的灵敏度。由于这种方式灵敏度高，因此适用于少量且不易得到的样品分析。同时，通过适当选择离子，可以排除其他组分对待测组分的干扰，是进行微量成分定量分析最常用的扫描方式。多反应监测技术（MRM）是指先在一级质谱中选定一个特定的离子，该离子经二级质谱碰撞活化后，再选定一个特定的离子，只记录经过两级质谱选择后的离子，把其他不相关的离子一律排除在外。MRM 技术非常适合与大量混合存在下的小组分的定量分析，因此在 GC-MS，尤其是 LC-MS 中应用十分广泛。

### 2.3.3 气相色谱-质谱联用仪的维护保养

气-质联用仪可以看作是毛细管气相色谱仪和质谱仪的组合。气-质联用仪的维护保养其实就是对气相色谱仪和质谱仪的保养，气相色谱仪的部分前面已经介绍过，这里主要介绍质谱仪的部分。

质谱仪工作时需要高真空环境，平时气-质联用仪在使用时经常需要更换色谱柱，容易导致漏气而造成抽真空不正常。另外，色谱柱、进样垫流失和样品残留等会造成本底污染，质谱图背景干扰严重，需要进行离子源的清洗。所以在质谱仪的维护上，主要介绍两个方面：真空系统的维护和离子源的维护。

#### 2.3.3.1 真空系统的维护

质谱检测的是气相离子，离子从离子源到达检测器不能偏离正常轨道，为了精确控制离子的运动轨迹，保证离子束有良好的聚焦，得到应有的分辨率和灵敏度，需要限制影响离子运动的各种因素。例如只有在较低的压强下，离子才会有足够的平均自由路程，相互之间不会发生碰撞。除此之外，还有诸多质谱需要真空的理由，这里不一一阐述。质谱仪的真空要求一般在 $10^{-10} \sim 10^{-5}$ Torr（1Torr=1mmHg=133.325Pa），在质谱分析中习惯用托（Torr）作为真空测量单位。

**(1) 真空泵**

GC-MS 工作压强一般低于 $10^{-4}$ Torr。质谱的真空系统需要由两级真空泵组成，首先由前级真空泵获得预真空（低于 $10^{-2}$ Torr），再由高真空泵抽至所需要的真空（图 2-56）。

前级真空泵多采用同轴旋转式机械泵（图 5-57），对于多数色谱-质谱联用系统，抽速在 150L/min 的泵可满足要求。

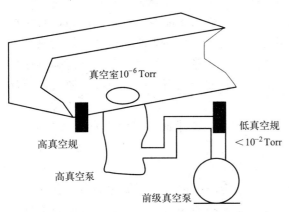

图 2-56 质谱真空系统的两级真空泵

图 2-57 前级真空泵

使用机械泵应注意以下几点：
① 应保持泵油清洁，不能混入水和溶剂；

② 经常开启气镇阀，以除去水和溶剂蒸气；
③ 如果进气口没有隔断阀，停泵时要有措施来防止返油；
④ 排气口一定要连接排气管，由通气管道将废气排出，最好安装过滤分子筛并定期更换；
⑤ 定期更换泵油，注意油面标记，按要求注入适量泵油。

高真空泵也有不同类型，目前气-质联用仪的高真空泵多数采用涡轮分子泵，考虑价格因素也有仍然使用油扩散泵的。涡轮分子泵类似于一个小的蒸汽涡轮机或喷气式涡轮发动机，结构如图 2-58。

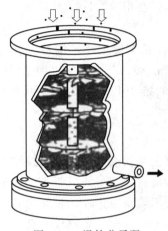

图 2-58　涡轮分子泵

涡轮分子泵的抽速从每秒几十升到每秒几千升，一般质谱仪常用的有 50L/s、60L/s、150L/s、250L/s，真空可达到 $10^{-6} \sim 10^{-5}$ Torr。其优点是对所有气体有近似的抽速；启动时间短（几分钟），比扩散泵更快达到其极限真空；比同样泵速的油扩散泵放出的热量少；因为不用泵液，没有泵油的污染，能获得清洁的真空；被泵抽出的气体不会反扩散到真空室；由于分子泵对分子量较大的气体分子有较大的压缩比，可以阻止泵油蒸气反流。

涡轮分子泵一般是免维护的，偶尔暴露大气也不会造成严重损害，但突然的停、通电对其损伤很大，所以强烈建议配置不间断电源（UPS）。

涡轮分子泵的缺点：
① 价格比近似性能的油扩散泵贵得多；
② 如果旋转轴失去平衡或任何碎屑掉落（通常有一个保护网置于进气口处，用来阻挡异物进入泵内，但不能阻挡比网眼小的碎屑），泵就彻底损坏；
③ 泵内的部件损坏也将使泵完全报废。

**(2) 真空测量**

从大气压到极高真空的压强范围是 $10^{-12} \sim 760$ Torr，即使宽量程的真空计（也称真空规）也不能测量那么宽的范围，所以不同的压强范围需要不同的真空规。

质谱真空系统的两级真空使用不同的真空规。低真空规测量前级真空泵的压强，安装在前级真空泵和高真空泵之间的真空管路上。常用的低真空规有热导规或热偶规，根据热丝电阻或温度的变化测定压强，而高真空时只有很少的分子传导热量，所以在高真空范围热导规不能正常工作。质谱的真空室需使用高真空规来测量，它安装在高真空规与离子源或质量分析器腔体的真空旁路中，一般采用离子规。

所有质谱仪器都有真空保护措施，当真空度达不到规定要求时，系统将自动切断电源，仪器停止运行。

**(3) 真空度不好的原因及措施**

平时操作质谱时，要对通气和不通气的情况下，一定时间内真空度能达到多少有一个大致的数值概念标准。如果换柱或清洗离子源后，抽真空速率与平时差距太大，就要先考虑是否存在安装不当而漏气的问题，及时降温关机处理。经常出问题的位置在于毛细管柱进入质谱腔的接口和质谱腔体开门时的密封圈。

① 造成毛细管柱进入质谱腔的接口密封不严的原因包括：毛细管柱伸入质谱腔中的长

度不适当，太长或太短都不行；垫圈松紧不合适，太松会有漏气的隐患，太紧则会压碎垫圈；清洗离子源时打开腔体后密封不严。

② 造成质谱腔体密封不严的原因：密封圈上只要沾了一点点肉眼无法察觉的毛发或绒线就会引起漏气。一般操作书上都是要求戴上尼龙手套清洁离子源，这对于处理离子源是很重要的，但是对于处理密封圈来说，不戴手套的效果更好。原因是手上多少会有一些油脂，只要沿着密封圈抹上一圈，可以有效地消除绒线的影响。而这些油脂离加热源远，离离子源也远，基本属大分子有机物，对于检测没有影响。

#### 2.3.3.2 离子源的维护

在实际使用中，需要时刻关注调谐的结果，例如电压过高可能就要考虑是否清洗离子源（若清洗离子源无效再考虑是否为四极杆问题，不建议自行处理四极杆问题）；或者是背景干扰过大，怀疑污染问题，进样口和柱污染的处理和普通气相色谱仪一致，至于质谱检测器，一般来说，80%以上的污染在离子源部分。

**(1) 调谐结果的评价**

调谐可以得到离子源、分析器和倍增器的工作参数，每次调谐的结果都应好好保存，用以观察仪器的状态，如在正常情况下，其他条件都不变，调谐结果中倍增器电压增高，最大可能是离子源污染和倍增器老化了。注意是其他条件不变，若仪器真空状态、温度条件跟上次调谐时有变化，调谐结果可能不重复。

若仪器自动调谐程序能够通过，表明仪器可以工作，但不等于仪器状态完全正常和能够满足样品分析要求。不同仪器的调谐结果报告形式不同，但都会给出标准化合物的质谱图和所有仪器参数，有的还会提示存在的问题。调谐结果是否符合要求，要从质谱图和仪器参数进行判断：

① 由峰形是否平滑对称及半峰宽大小判断是否达到需要的分辨率；
② 由给出的各离子质量测定值判断质量的准确性；
③ 由谱图中基峰的绝对强度（如 FC-43 的 $m/z$ 69 丰度）确定灵敏度是否满足要求；
④ 离子丰度比是否正确，同位素峰比例是否正确，当灵敏度和分辨率很差时，同位素峰可能会不出现；
⑤ 各操作参数是否偏离正常值，如果参数偏离正常值范围，说明仪器可能存在问题，如推斥极电压和倍增器电压增高，说明离子源被污染；
⑥ 检查本底峰，观察 $m/z$ 18、$m/z$ 28、$m/z$ 32、$m/z$ 44 及其他杂质峰的强度，判断系统是否漏气或受污染，如观察氮峰 $m/z$ 28 和 FC-43 $m/z$ 69 的强度，$m/z$ 28 峰强度小于 $m/z$ 69 的 5%～10%以下，为不漏气。

以上判断最有力的依据是仪器验收时测试各项指标的调谐报告，只要是正常验收，此时调谐报告应是仪器最佳状态的操作参数和结果。FC-43 质谱数据见表 2-16。

**(2) 离子源的清洗**

清洗前先准备好相关的工具及试剂，然后打开机箱，小心地拔开与离子源连接的电缆，拧松螺丝，取下离子源。注意：整个操作过程一要小心谨慎，二要避免灰尘进入腔体。

将离子源各组件分离，在离子源的所有组件中，灯丝、线路板和黑色陶瓷圈是不能清洗的。而离子盒及其支架、三个透镜、不锈钢加热块需要用氧化铝擦洗，即将 600 目的氧化铝粉用甘油或去离子水调成糊状，用棉签蘸着擦洗，重点擦洗上述组件的内表面（离子的通道）。氧化铝擦洗完毕后，用水冲净，然后分别用去离子水、甲醇、丙酮浸泡，超声清洗，

表 2-16 全氟三丁胺 (FC-43) 质谱数据

| $m/z$ | 相对强度/% | $m/z$ | 相对强度/% |
|---|---|---|---|
| 49.99379 | 0.73 | 218.98560 | 38.07 |
| 68.99518 | 100.00 | 225.99030 | 0.56 |
| 92.99518 | 0.56 | 230.98560 | 0.47 |
| 99.99358 | 6.31 | 263.98705 | 8.38 |
| 113.99669 | 2.34 | 313.98386 | 0.32 |
| 118.99199 | 7.80 | 325.98386 | 0.16 |
| 130.99199 | 36.31 | 375.98067 | 0.38 |
| 149.99039 | 1.29 | 413.97748 | 1.64 |
| 163.99350 | 0.56 | 425.97748 | 0.85 |
| 168.98877 | 3.24 | 463.97429 | 1.02 |
| 175.99350 | 0.91 | 501.97110 | 1.95 |
| 180.98877 | 1.31 | 575.96796 | 0.32 |
| 213.99030 | 0.76 | 613.96471 | 0.64 |

待干后组合好离子源，先安装好预杆、四极杆，最后小心装回离子源，盖好机箱，清洗完毕。

注意一个可能造成严重后果的行为：没有等温度降到室温就急着拆机、拆离子源。曾经发生过在热的时候拆机，冷了以后装不回去的案例。

### 2.3.3.3 通过质谱图本底判断真空系统和离子源状态

通常把不进样品时测得的质谱图称为普通的本底，通常希望质谱图的本底越简单、峰强度越低越好，这样干扰最小。GC-MS 分析中，质谱图的背景来源是多方面的。一种是仪器系统本身的残余气体，如"反流"的机械泵油蒸气、扩散泵液蒸气；另一种是外来的，如不纯的载气中的杂质、色谱柱固定相、进样隔垫硅橡胶的流失、清洗仪器用的溶剂残余以及样品基质和样品处理不当夹带的杂质、残留等。谱图的本底是判断真空质量和离子源污染情况的重要依据，因此必须熟悉系统中残气和一些常见污染物的本底质谱图。下面是 GC-MS 中最常见的质谱图的本底。

**(1) 空气本底**

空气的主要成分是氮气、氧气还有水蒸气、二氧化碳和少量的稀有气体等，图 2-59 是空气的 EI 质谱图。

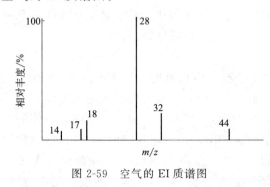

图 2-59 空气的 EI 质谱图

正常情况下，氮和氧峰的比例应保持不变，水含量和环境湿度有关，二氧化碳和污染有关。空气成分质谱图的这些特征是判断系统真空状态的依据。

质谱系统中的主要残余气体应该是仪器所处环境中的空气成分。若系统不受污染，在不连接色谱柱、不进样的情况下，从 2~50u 质量范围扫描应该能得到如图 2-59 的空气质谱图。如果接上色谱柱，不进样只通入载气，从

2～49u 做质谱扫描，得到质谱图如图 2-60 所示。图中氦气的分子离子峰应为基峰，因为氦气连续不断进入离子源，空气被稀释了，但仍能见到空气的本底，注意氮和氧的比例保持不变。

同样，当样品进入离子源，若系统不漏，空气峰强度也会相应减少，如果进样后空气峰仍然很强，就必须确认是否漏气了。漏气不仅增强空气成分的本底，还会严重影响灵敏度，由于空气的质量范围较低，若被测化合物的特征离子不在此质量范围，人们往往提高扫描起点，从 $m/z$ 35 或者 $m/z$ 45 开始扫描，质谱图中就不会有空气成分的背景干扰。但是要注意，特别是存在微小漏气情况下，不采集空气峰不等于不存在干扰，尤其是会损失灵敏度。

### （2）色谱柱和进样隔垫流失的本底

色谱柱固定相、进样口硅胶隔垫、残留在衬管的硅胶碎渣的主要成分都是硅氧烷的聚合物，在高温下分解通常称作"流失"，这种流失通过传输线不断地进入离子源，是质谱图背景的重要来源。硅氧烷聚合物分子量较大，其碎片离子的质量范围很宽，质谱图很有特征（图 2-61）。

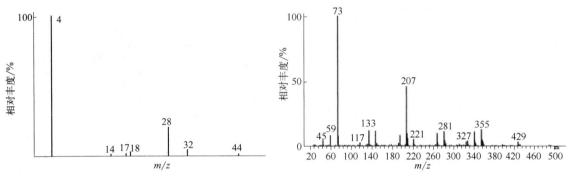

图 2-60 通氦气后的空气质谱图　　　图 2-61 硅氧烷的聚合物质谱图

由于质谱灵敏度高，只要接上色谱柱，无论进样或不进样，质谱扫描都能得到这种流失的质谱图本底。表 2-17 给出各种固定液流失的特征离子质量，可以看到，它们都落在常用的扫描质量范围内，如果流失严重，对样品测试将带来很大的干扰，不仅谱图失真，灵敏度也会下降。选择耐高温的交联键合色谱柱和耐高温密封隔垫，在使用前进行合理的老化，以及分析样品后不急于降温或停机，适当地烘烤和抽真空，可以降低这类流失本底造成的严重干扰。一般来说，不进样和进样的流失本底图谱是一样的，只是强度不同，正常情况通过数据处理进行本底扣除，仍可得到好的样品图谱。为了判断流失情况和进行背景扣除，应熟悉各种固定项流失的质谱特征。从质谱图的背景很容易判别流失的情况。正确的操作和维护是降低这类背景的重要保障。

表 2-17　不同固定液流失的特征离子质量

| 固定液 | 特征离子质荷比（$m/z$） |
| --- | --- |
| SE-30 | 73、147、167、207、221、267、281、327、355、415、429 |
| SE-54 | 73、147、156、207、221、253、281、327、355、405、429 |
| DB-5 | 73、147、156、191、207、253、281、327、331、405、443 |
| OV-1 | 73、147、191、207、221、253、281、341、355、415、429 |
| OV-101 | 73、147、163、191、207、221、281、325、355、415、429 |
| OV-17 | 73、147、197、221、253、281、327、355 |

续表

| 固定液 | 特征离子质荷比($m/z$) |
|---|---|
| OV-225 | 73、135、156、197、253、269、313、327、343、403、405 |
| FFAP | 57、69、97、123、173、191、207、219、240、264、289 |
| PEG | 131、133、147、161、163、191、195、205、207、221、281 |

**(3) 其他污染物本底**

除了色谱柱和进样口隔垫的流失外，真空系统残气污染的其他来源还有：质量差的载气、脏的注射器、脏的样品、不合格的溶剂杂质、清洗用的溶剂残余、泵液的蒸气等。表2-18中除了空气和硅氧烷外，还给出一些常见污染物的特征离子质量及可能的来源。

表 2-18　污染物的特征离子

| $m/z$ | 化合物类型 | 可能的来源 |
|---|---|---|
| 18、28、32、44、14、12 | 空气（水、氮气、氧气、二氧化碳） | 残气或漏气 |
| 17、18 | 水 | 残留或漏气 |
| 31 | 甲醇 | 使用的溶剂 |
| 43、58 | 丙酮 | 使用的溶剂 |
| 77、78 | 苯 | 使用的溶剂 |
| 91、92 | 甲苯 | 使用的溶剂 |
| 105、106 | 二甲苯 | 使用的溶剂 |
| 151、153 | 三氯乙烷 | 使用的溶剂 |
| 40 | 氩气 | 检漏用气体 |
| 85 | 氟利昂 | 检漏用气体 |
| 69、219 | 全氟三丁胺（调谐用标样） | 标样瓶的阀漏 |
| 149、167、225、279 | 邻苯二甲酸酯类 | 塑料增塑剂 |
| 41、55、69、…+14n<br>43、57、71、…+14n | 烃类（烷基链） | 油脂、溶剂杂质、不纯载气 |
| 77、94、115、141、168、170、262 | 扩散泵油 | 返油蒸气 |
| 43、57、69、88、97、109、111 | 前级真空泵油 | 返油蒸气 |
| 73、147、207、221、281、295、355 | 甲基硅氧烷 | 色谱柱固定液、进样口隔垫流失 |

综上所述，质谱真空系统残余气体的来源，有些是不可避免的，但操作不当和不及时维护是造成严重污染的主要原因。为了获得干净的谱图就必须保持真空系统的洁净，可根据本底谱图判断系统的污染源和污染程度，采取维护措施。正确的操作规程、适当的进样量、相应的温度设置以及适时的仪器维护（如清洗易污染的部件、老化色谱柱、更换进样隔垫、更换泵油、清洗离子源等）是维持良好仪器状态的重要保障。

# 2.4 实验项目

## 项目1 气相色谱仪的维护与检出限和精密度检定

### 1. 说明

本项目是对于新制造、使用中和修理后的以热导池（TCD）、氢火焰（FID）、电子捕获（ECD）、火焰光度（FPD）为检测器的实验室通用气相色谱仪的检定，其中，新制造仪器的检定应符合其说明书的要求，使用中和修理后仪器的检定结果应符合表2-19要求。

表2-19 气相色谱仪的检定结果

| 检定项目 | TCD | FID | ECD | FPD |
|---|---|---|---|---|
| 定量重复性 | 3% | 3% | 3% | 3% |
| 灵敏度 | ≥800mV·mL/mg(苯) | — | — | — |
| 检测限 | — | ≤$5\times10^{-10}$g/s | ≤$5\times10^{-12}$g/mL | ≤$5\times10^{-10}$g/s(硫) |
| | | | | ≤$5\times10^{-10}$g/s(磷) |

仪器的检定周期为两年。

### 2. 岛津 GC-2014 气相色谱仪的维护与调试

① 进样隔垫的更换；
② 衬管的清洗与更换；
③ 色谱柱的更换与老化；
④ FID 的清洗维护；
⑤ 色谱条件的设置与优化。

### 3. 实验设计

请参照附录2中气相色谱仪检定规程（JJG 700—2016），针对气相色谱仪定性重复性、定量重复性和FID检测器检测限的检定设计实验方案。

### 4. 数据处理

请对实验相关数据进行处理。

#### 附1 微量注射器的校准

微量注射器应有良好的气密性，校准前应清洗、干燥。校准用的水银应洁净。

校准方法：室温下，抽取一定容量的水银，用硅橡胶垫堵住针头；在感量为0.0001g的分析天平上称量，然后打出水银，再称量一次，用差减法可得水银的质量；按下式计算体积。

$$V=\frac{m_1-m_2}{\rho_{水银}}$$

式中，$V$ 为实际体积，mL；$m_1$ 为第一次称量的质量，g；$m_2$ 为第二次称量的质量，g；$\rho_{水银}$ 为该室温下水银的密度，g/mL。每个体积点校正6次，取算术平均值，其相对标准偏差应在1%以内。

### 附2 移液器的使用

移液是实验室中最常见的操作。但不论是从事科学研究的学术实验室,还是测试实验室,数据的生成很大程度上受到移液器性能以及使用者操作技术的影响。当移液数据出现问题时,总会怀疑移液器的性能,但是科学文献表明,移液技术对实验的成败也起到关键作用,忽视技术指导可能会造成时间和金钱上的巨大损失。常见移液器移液的步骤以及如何准确地实施这些步骤如下所述。

**(1) 使用合适的吸头**

为确保更好的准确性和精度,建议移液量在吸头的35%~100%量程范围内。对于大多数品牌的移液器,特别是多道移液器,安装吸头并非易事:为追求良好的密封性,需要将移液套柄插入吸头后,左右转动或前后摇动用力拧紧。也有人会用移液器反复撞击吸头来上紧,但这样操作会导致吸头变形而影响精度,严重的则会损坏移液器,所以应当避免出现这样的操作。

**(2) 最佳量程选择与量程设定**

① 移液范围选择在满量程的35%~100%时,可以保证最佳的准确性和重复性。选择合适的量程可以提高1%移液精度。尽量避免将移液器量程设置为最大值的10%以下。

② 设定齿轮控制的移液器量程时,始终保持下调到所需量程,当由小量程调节到大量程时,旋转调节旋钮到达超过所需量程1/3圈处,然后回调到所需量程准确位置,这样能够减少机械回冲或者齿轮滑动带来的影响。

**(3) 浸入的深度和角度**

① 将吸头浸入合适的深度可以提高5%的准确性。吸头浸入太深会导致吸液偏多,相反,浸入太浅,会吸入空气。各种型号规格的移液器推荐的吸头浸入深度如表2-20所示。

表2-20 移液器吸头浸入深度

| 规格 | 浸入深度 | 规格 | 浸入深度 |
| --- | --- | --- | --- |
| 2~10μL | 1~2mm | 200~2000μL | 3~6mm |
| 20~200μL | 2~3mm | 2000μL以上 | 6~10mm |

② 手持移液器的角度也会影响准确性。保证吸液或排液时偏离垂直不超过20°,如图2-62,可以提高2.5%的准确性。

③ 移液时保持正确的姿势;不要时刻紧握移液器,使用带指钩的移液器帮助缓解手部疲劳;有可能的话经常换手操作。

**(4) 润洗**

润洗是一种快速、简单的提升移液准确性高达0.2%的方法。液体可能会在吸头内壁上残留形成液体薄膜,这样所得的错误值将小于理论值。想要获得更好的移液精度,可以在安装新吸头后,用待移取的样品对吸头进行2~3次润洗,这样薄膜会保持相当的恒定,从而提高移液的准确性和重复性。但是对于高温

图2-62 手持移液器的角度

或低温样品，吸头润洗反而降低操作准确性，应特别注意。

(5) **吸液**

保证吸液的一致性可以提高5%的准确性。移取不同样品时，使用一致的移液节奏，按压或释放按钮的速度平稳一致，到达第一停止点的用力应保持一致（图2-63）。快速或不平稳的吸液会使液体喷溅、产生气雾、套柄污染以及样品量损失。

(6) **分液**

良好的分液技巧也能提高1%的准确性。分液时用吸头接触容器壁时可以获得更好的一致性，将吸头的孔口端沿着容器壁向上滑动可以去除孔口端残留的液体[图2-64（a）]。如图2-64所示的另外两种技巧同样非常适用于水溶（非黏性）液。

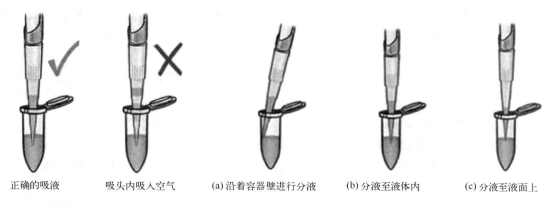

正确的吸液　　吸头内吸入空气　　(a)沿着容器壁进行分液　　(b)分液至液体内　　(c)分液至液面上

图 2-63　吸液　　　　　　　　　　　图 2-64　分液的技巧

(7) **不同样品的移液技巧**

① 移取挥发性样品。移取挥发性样品要注意两点：在移液前务必润洗两次；在吸液完成后要尽快排液。

② 移取高黏度样品。移取高黏度样品采用反向移液的模式：在吸液时把吸/排液按钮按到第二挡（第二停止点），而在排液时把按钮按到第一挡（第一停止点）。另外，在吸液和排液时均需要 3~5s 的停留时间。

③ 移取高密度/低密度样品。移液器的精度数值都是基于转移纯水，如果样品的密度与水的密度相差很大，那么精度也会相应的差很多。因此，在移液前需要先搞清楚样品的密度，然后把量程调节成待转移样品体积与密度的乘积。举例而言，如果一个样品的密度是 $1.2g/cm^3$，若需要转移 $300\mu L$，那应该把量程设置为 $360\mu L$。这只是粗略的调整方法，严格的调整方法还需要借助量器或天平作为辅助工具进行准确的计算。

④ 移取高温/低温样品。在移取高温/低温样品时需要注意三点：在移液前绝对不可以润洗吸头；每次移液都要换一个新吸头；吸液和排液都要尽快完成。

(8) **移液器的维护**

① 定期检查移液器的密封状况，一旦发现密封老化或出现漏液，须及时更换密封圈。

② 每年对移液器进行 1~2 次校正（视使用频率而定）。

③ 有些移液器，在使用前和使用一段时间后，要给活塞涂上一层润滑油以保持密封性；而对于常规量程的移液器，不涂润滑油也同样拥有理想的密封性。

(9) **移液器的消毒灭菌处理**

对于移液器而言，移液器的消毒和灭菌这两个概念经常被混为一谈。而事实上，两者是有一定区别的：消毒只是要求使移液器上的活菌控制在一定范围内，达到无害化水平即可；而灭菌则更严格些，要求消灭所有活菌。因此，灭菌的处理要求要高于消毒。

移液器消毒有两种方法：

① 化学消毒。简单说来，就是用酒精等擦拭移液器的外表面，然后晾干即可。

② 紫外线消毒。就是用紫外线照射移液器的表面，通过破坏细胞的 DNA 结构来达到消毒的目的。紫外线消毒的时间取决于辐射强度和细菌对紫外线抵抗力的强弱。大多数品牌的移液器是可以用紫外线消毒的，但仍需要事先与供应商进行确认，并非所有的移液器都能进行紫外线消毒。

移液器灭菌也有两种方法：

① 如果是不可整支灭菌的移液器，先用灭菌袋、锡纸或者牛皮纸等材料包装需要灭菌的部件，使用高压灭菌锅在 121℃、1bar 大气压下灭菌 20min；灭菌完毕后，在室温下完全晾干后，给活塞上油，再进行组装。

② 如果是可整支消毒的移液器，则可以将整支移液器放置于 121℃、1bar 大气压下进行 20min 的整支高温高压消毒。

**（10）移液器的故障处理方法**

移液器常见故障及其原因和处理的方法如下：

① 移液器吸头内有残液：出现这种情况是由于吸头不合适，应立即更换移液器原配吸头。

② 吸液超出限定的范围：出现这种情况是由于移液器被损坏了，应送维修点修理。

③ 移液器吸头推出器卡死或工作不正常：出现这种情况是由于吸头连件污染，应卸下推出器套管，用 75％乙醇清洁。

④ 移液器渗漏或者移液量太少，可能有以下原因：

a. 活塞和 O 形环润滑不充分，可涂抹适量硅油；

b. 移液器被污染，应清洁并润滑活塞和吸头连件；

c. 移液器吸头和连件间有异物，应清洁吸头连件，装上新吸头；

d. 移液器吸头不合适，应使用原配吸头；

e. 移液器吸头安装不当，应重新装紧；

f. 移液器吸头塑料湿润不均匀，应更换新吸头。

**（11）移液器的校准**

验证移液器是否准确，最简单的方式就是用纯水作样品，先在天平上称重，再换算成体积，以此换算出容量误差。水在不同的温度下，密度是不相同，所以在校准移液器时，水的温度和环境温度是影响结果的因素之一。

还有一点需要注意的是，校准不同的移液器必须选择相应的天平。移液器校准装置（主要包含天平和温度计）的不确定度必须满足移液器最大允许误差的 1/3。举例说明：检定分度值为 0.1mg 的天平不能作为校准 1μL 移液器的标准器。在天平上称出质量后，按照以下公式可以算出移液器在 20℃时的容量。

$$V_{20} = mK(t)$$

不同温度下的 $K(t)$ 见表 2-21。

表 2-21　不同温度下水的 $K(t)$　　　　　($\beta=0.00045 \cdot {}^\circ\text{C}^{-1}$)

| 水温/℃ | $K(t)/(\text{cm}^3/\text{g})$ | 水温/℃ | $K(t)/(\text{cm}^3/\text{g})$ | 水温/℃ | $K(t)/(\text{cm}^3/\text{g})$ |
|---|---|---|---|---|---|
| 15.0 | 1.004213 | 18.4 | 1.003261 | 21.8 | 1.002436 |
| 15.1 | 1.004183 | 18.5 | 1.003235 | 21.9 | 1.002414 |
| 15.2 | 1.004153 | 18.6 | 1.003209 | 22.0 | 1.002391 |
| 15.3 | 1.004123 | 18.7 | 1.003184 | 22.1 | 1.002369 |
| 15.4 | 1.004094 | 18.8 | 1.003158 | 22.2 | 1.002347 |
| 15.5 | 1.004064 | 18.9 | 1.003132 | 22.3 | 1.002325 |
| 15.6 | 1.004035 | 19.0 | 1.003107 | 22.4 | 1.002303 |
| 15.7 | 1.004006 | 19.1 | 1.003082 | 22.5 | 1.002281 |
| 15.8 | 1.003977 | 19.2 | 1.003056 | 22.6 | 1.002259 |
| 15.9 | 1.003948 | 19.3 | 1.003031 | 22.7 | 1.002238 |
| 16.0 | 1.003919 | 19.4 | 1.003006 | 22.8 | 1.002216 |
| 16.1 | 1.003890 | 19.5 | 1.002981 | 22.9 | 1.002195 |
| 16.2 | 1.003862 | 19.6 | 1.002956 | 23.0 | 1.002173 |
| 16.3 | 1.003833 | 19.7 | 1.002931 | 23.1 | 1.002152 |
| 16.4 | 1.003805 | 19.8 | 1.002907 | 23.2 | 1.002131 |
| 16.5 | 1.003777 | 19.5 | 1.002882 | 23.3 | 1.002110 |
| 16.6 | 1.003749 | 20.0 | 1.002858 | 23.4 | 1.002089 |
| 16.7 | 1.003721 | 20.1 | 1.002834 | 23.5 | 1.002068 |
| 16.8 | 1.003693 | 20.2 | 1.002809 | 23.6 | 1.002047 |
| 16.9 | 1.003665 | 20.3 | 1.002785 | 23.7 | 1.002026 |
| 17.0 | 1.003637 | 20.4 | 1.002761 | 23.8 | 1.002006 |
| 17.1 | 1.003610 | 20.5 | 1.002737 | 23.9 | 1.001985 |
| 17.2 | 1.003582 | 20.6 | 1.002714 | 24.0 | 1.001965 |
| 17.3 | 1.003555 | 20.7 | 1.002690 | 24.1 | 1.001945 |
| 17.4 | 1.003528 | 20.8 | 1.002666 | 24.2 | 1.001924 |
| 17.5 | 1.003501 | 20.9 | 1.002643 | 24.3 | 1.001904 |
| 17.6 | 1.003474 | 21.0 | 1.002619 | 24.4 | 1.001884 |
| 17.7 | 1.003447 | 21.1 | 1.002596 | 24.5 | 1.001864 |
| 17.8 | 1.003420 | 21.2 | 1.002573 | 24.6 | 1.001845 |
| 17.9 | 1.003393 | 21.3 | 1.002550 | 24.7 | 1.001825 |
| 18.0 | 1.003367 | 21.4 | 1.002527 | 24.8 | 1.001805 |
| 18.1 | 1.003340 | 21.5 | 1.002504 | 24.9 | 1.001786 |
| 18.2 | 1.003314 | 21.6 | 1.002481 | 25.0 | 1.001766 |
| 18.3 | 1.003288 | 21.7 | 1.002459 | | |

如果移液器误差比较大，该如何调节呢？不同型号的移液器调节方式也不相同，一般在移液器顶端，用专用扳手可以调节，具体需参照说明书。

**思考题**

1. 检定气相色谱仪定量重复性、检测器灵敏度（检测限）等技术指标的条件及方法是怎样的？
2. 为什么要对微量注射器进行校准？如何校准？
3. 载气流速为什么要校正？如何进行校正？

### 项目2 液相色谱仪的维护与检出限和精密度检定

**1. 说明**

本项目是对于新制造、使用中和修理后的以紫外可见光、二极管阵列、荧光、示差折光和蒸发光散射为检测器的实验室通用液相色谱仪的检定，适用于首次检定、后续检定和使用中的检定。

**2. 安捷伦HPLC 1260液相色谱仪的维护与调试**

① 溶剂瓶过滤头的清洗与更换；
② 流动相的准备；
③ 色谱柱的更换与维护；
④ 六通阀的使用与维护；
⑤ 色谱条件的设置与优化。

**3. 实验设计**

请参照附录2中液相色谱仪检定规程（JJG 705—2014），针对液相色谱仪泵流量稳定性、检出限和定性定量重复性以及色谱柱性能测试的检定设计实验方案。

**4. 数据处理**

请对本实验相关数据进行处理。

**思考题**

1. 如何检定液相色谱仪高压泵的流量设定值误差及流量稳定性误差？
2. 如何检定液相色谱仪中紫外-可见光检测器的线性范围？

## 2.5 色谱分析仪器产教融合案例

**案例1：**

内标法测定单唾液酸四己糖神经节苷脂钠，已知分流比为5:1，其他实验条件未知，如气化温度、柱室温度、检测器温度、气体成分和流量、进样量等，峰形图谱如图2-65所示。

如图2-66所示，保留时间为1.128min、1.136min的峰是非对称平头峰，保留时间为1.553min的峰是非对称圆顶峰，保留时间为6.742min的峰是前延峰，推测可能的原因。

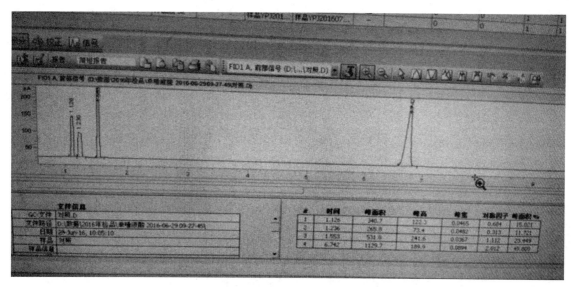

图 2-65　内标法测定单唾液酸四己糖神经节苷脂钠色谱图

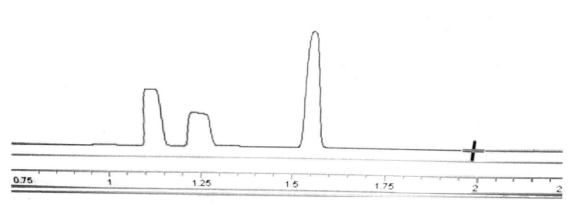

图 2-66　单唾液酸四己糖神经节苷脂钠色谱图局部放大图

**案例 2：**

企业送检样品，测定麝香壮骨膏中樟脑、薄荷脑、异龙脑、龙脑和水杨酸甲酯的含量。采用气相色谱法，测试条件：安捷伦 DB-WAX 毛细管色谱柱（30m，0.250mm，0.25μm）；柱温为 120℃；分流比为 1∶10；FID 检测器。配制 5 种对照品的混合标准溶液（乙酸乙酯溶剂），得到色谱图如图 2-67，而 1 个月前同样的条件得到色谱图如图 2-68 所示。进行色谱柱老化 3h，问题依旧。询问仪器管理员得知，最近 1 个月一直开展白酒中甲醇测定的实验。请推测可能故障原因并提出解决方案。

**案例 3：**

采用高效液相色谱进行测试，色谱柱是 KromasilC18（150mm×5μm），流动相为 10% 乙腈和 90% 三氟乙酸水，走空白时在整个保留时间的中间位置出现较大的色谱峰，走了好几针空白，每针的响应都不同，有的很高，有的又很低，但杂峰一直存在，用流动相冲洗后

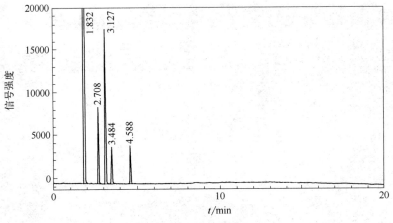

图 2-67　混标色谱图 1

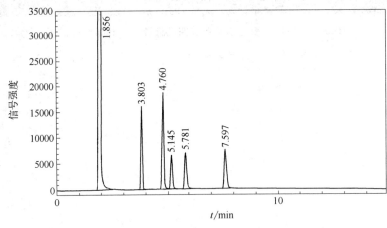

图 2-68　混标色谱图 2

依然出现此问题。这是什么原因？如何排查？

**案例 4：**

分析茶叶中的咖啡因时，用甲醇提取茶叶，提取液转移至塑料离心试管中离心分离，取上清液，甲醇定容。上机测试发现，每次进样时都有一个固定保留时间的杂质干扰峰，是何原因？

**案例 5：**

学生分析可乐中的咖啡因时，在几组实验之后发现标准曲线线性极差，即使进纯甲醇，也会出现咖啡因的峰，怀疑色谱柱污染，但冲洗 24h，问题依旧。请问是什么原因？

**案例 6：**

企业因药物开发需求，使用液相色谱法分析样品中的药物含量，检测条件：流动相，甲醇与水（碳酸盐缓冲 pH=10.0）的体积比为 80：20；流速为 1.0mL/min；色谱柱为 ODS-C18 国产，4.6mm×250mm，5μm；检测波长为 254nm。

分析发现色谱柱损耗惊人，100 针左右柱效急剧下降，峰形开始严重拖尾，于是每个星期都要更换色谱柱。请问是什么原因？

**案例 7：**

企业因药物分析需求分析膏药中的有效成分，用甲醇提取，甲醇定容，发现样品溶液浑浊。然后使用 0.45μm 滤膜过滤后进样，色谱柱为安捷伦 ODS-C18，流动相为甲醇＋水，发现 100 针左右柱效下降，柱压上升，峰形变宽，拖尾严重。请问是什么原因？如何解决？

**案例 8：**

盐酸电解制备的次氯酸消毒液可能含有氯离子、次氯酸根、亚氯酸根、氯酸根和高氯酸根，配制 5mg/L 的 5 种离子混标，采用强碱性阴离子交换柱，淋洗液为 20mmol/L NaOH 溶液，流速为 1mL/min，色谱图如图 2-69 所示。

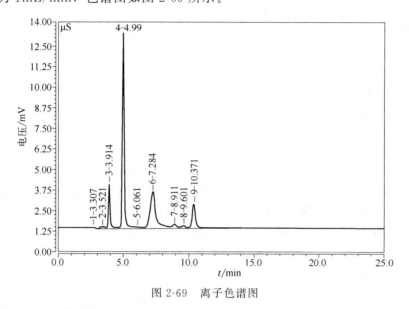

图 2-69　离子色谱图

① 图中只有 4 个主峰，请推测原因。

② 请推测这 4 个峰的归属。

# 第3章 电化学分析仪器的使用与维护

电化学分析是企、事业单位及科研机构常用的一类分析方法,它是利用被测试样溶液的电化学性质及其变化来进行分析的方法,其测定的依据是电位、电导、电量、电流等电化学参量与被测物含量之间的定量关系,这些电化学参量的测量是通过电化学分析仪器来完成的。因此,每一种电化学分析方法都是和相应的电化学分析仪器紧密联系的。根据所测量电化学参量的不同,常见的电化学分析仪器有酸度计、离子计、电位滴定仪、电导率仪、库仑仪、极谱仪等,如表3-1所示。

表 3-1 常见的电化学分析仪器

| 分析方法 | | 分析仪器 | 电化学参量 |
| --- | --- | --- | --- |
| 电位分析 | 直接电位法(离子选择电极) | 酸度计、离子计 | 电极电位(电动式) |
| | 电位滴定法 | 电位滴定仪 | 电导(电阻) |
| 电导分析 | | 电导率仪 | 电量 |
| 库仑分析 | | 库仑仪 | 电流 |
| 极谱分析(伏安法) | | 极谱仪 | — |

这些电化学分析仪器在国民经济的许多领域担负着各种各样的分析任务,特别是电位分析中的酸度计、离子计及电位滴定仪有着十分广泛的应用。本章着重从仪器的结构原理、调试校正、维护保养及常见故障的排除等方面对酸度计、离子计和电位滴定仪进行介绍。通过本章的学习,能够:
① 熟练、正确地维护仪器;
② 对日常使用中或维修后的仪器进行必要的性能测试和校正;
③ 对仪器使用过程中出现的常见故障进行排除;
④ 掌握必备的安全知识,培养严谨的分析问题、解决问题的能力。

## 3.1 酸度计与离子计

电化学分析法是现代仪器分析的一个分支。将化学变化和电的现象紧密联系起来的学科便是电化学。应用电化学的基本原理和实验技术研究物质的组成，分析测试物质的成分和含量，这就形成了各种电化学分析方法，称为电化学分析，又称为电分析化学。它通常是使待测对象组成一个化学电池，通过测量电池的电位、电流、电导等物理量，从而实现对待测物质的分析。电化学分析法主要有以下三类。

第一类电分析化学法是通过试液的浓度在某一特定实验条件下与化学电池中某些物理量的关系来进行分析的。属于这类分析方法的有：电位分析法（电位）、电导分析法（电阻）、库仑分析法（电量）、伏安分析法（$i$-$E$ 关系曲线）等。

第二类电分析化学法以电物理量的突变作为滴定分析中终点的指示，所以又称为电容量分析法。属于这类分析方法的有：电位滴定、电导滴定、电流滴定等。

第三类电分析化学法是将试液中某一个待测组分通过电极反应转化为固相，然后由工作电极上析出物的质量来确定该组分的量的方法，称为电重量分析法，因电子作"沉淀剂"，又称电解分析法。

直接电位法采用酸度计或离子计对由电极与被测溶液组成的电池的电动势（电极电位）进行测量，再根据电动势（电极电位）与溶液浓度之间的定量关系求出物质的含量。因此，酸度计、离子计都是由电计和电极两部分组成的。

## 3.1.1 酸度计

### 3.1.1.1 酸度计的电计部分

酸度计亦称 pH 计或电位差计，是目前最常用的测量溶液 pH 值的仪器。它测量电极对 $H^+$ 响应而产生的电位信号并使之直接转换为酸度（pH 值）。目前常见的酸度计主要是 PHS 系列酸度计。

**(1) 酸度计的结构**

酸度计一般设有以下几个调节器。

① 零点调节器。当指示电极和参比电极之间的极间电势为零时，溶液的 pH 值称为"零位 pH"（也称测量元件的"零点"）。但由于仪器零点是可变的且任意两个测量元件的零点也不相同，因此，仪器的"电气零点"设计为可调形式。

② 定位调节器。在用标准缓冲溶液对仪器进行校准时，需用定位调节器（定位旋钮），它的作用在于抵消外参比电极电位、不对称电位、内参比电极电位以及液体接界电位等因素的影响。由于被补偿电位中的液体接界电位随溶液性质而变，为了使对标准缓冲溶液（定位）和未知溶液（测定）的两次测量中的液体接界电位能相互抵消，所以定位所用标准缓冲溶液的 pH 值应尽量与被测液的 pH 值相近。

③ 温度补偿器。根据能斯特方程式可知，溶液的 pH 值与电动势的关系随温度而变化，其转换系数 $k = \dfrac{nF}{RT}$，它是温度的函数。不同温度下的理论 $k$ 值见表 3-2。

表 3-2 不同温度下的理论 $k$ 值

| 温度/℃ | 0 | 5 | 10 | 15 | 20 | 25 | 30 | 35 | 40 | 45 |
| --- | --- | --- | --- | --- | --- | --- | --- | --- | --- | --- |
| $k$/(mV/pH) | 54.19 | 55.10 | 56.18 | 57.17 | 58.16 | 59.15 | 60.15 | 61.14 | 62.13 | 63.12 |

由上表可知，在不同温度下，pH 值每改变一个单位所引起的电动势的改变是不同的。为了适应各种温度下 pH 值的测量，在仪器中设置了温度补偿器（温度补偿旋钮）。

温度补偿器只能补偿转换系数随温度的变化，其他如内参比电极电位、外参比电极电位、不对称电位等随温度的变化仍无法补偿。因此，测量时必须注意被测液与标准缓冲溶液的温度应尽量接近。如果温度变化较大，需用标准溶液重新校准仪器。

④ 斜率补偿调节器（即 mV/pH 调节器）。温度补偿器一般是按理论转换系数设计的。实际上玻璃电极的 $k$ 值往往低于理论值，另外，玻璃电极的长期使用也会使 $k$ 下降。因此，在 pH 的精密测量中，需采用两点定位法。这种定位方法是选用两种 pH 值不同的标准缓冲溶液，使被测液的 pH 值能介于选用的两标准缓冲溶液 pH 值之间。先用一种标准缓冲溶液将定位旋钮调至"0"，然后用斜率补偿调节器（斜率补偿旋钮）调节表示值为两份标准缓冲溶液 pH 值的差值，即 $\Delta$pH 值的位置，固定斜率补偿旋钮，再用第二份标准缓冲溶液将定位旋钮调至该缓冲液 pH 值，这时定位调节器不变，即可对被测液进行测量。

(2) 酸度计的工作原理

常用的调制放大式酸度计工作原理如下。

首先将被测直流电压信号预先调制为交流电压信号，经过交流放大，然后通过解调器将其还原为与输入信号的幅度和极性相对应的直流信号，从而推动电表指示出读数。采用调制放大器易避免交流电源干扰，直流干扰明显降低，可得到低噪声放大，零点漂移对读数的影响可减小到很低，从而使仪器的稳定性和灵敏度有很大提高。

(3) 常见的酸度计

PHS-2 型酸度计是目前应用较为广泛的酸度计之一，其外形如图 3-1 所示。

该仪器性能稳定，读数重现性较好；测量范围宽，线性度高。其工作原理、电路图如图 3-2 所示。

图 3-1　PHS-2 酸度计外观图

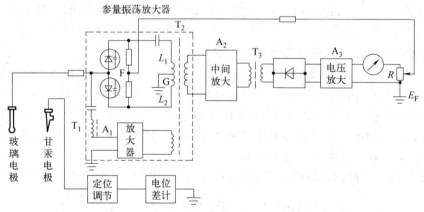

图 3-2　PHS-2 型酸度计原理方框图

(4) 酸度计的使用

① 安装好仪器、电极，打开仪器后部的电源开关，预热 30min。

② 在测量之前，首先对 pH 计进行校准，采用两点定位法，具体的步骤如下：

a. 调节选择旋钮至 pH 档。

b. 用温度计测量被测溶液的温度读数，例如 25℃。调节温度补偿旋钮至测量值 25℃。

调节斜率补偿旋钮至最大值。

c. 打开电极套管，用蒸馏水洗涤电极头部，用吸水纸仔细将电极头部吸干，将复合电极放入混合磷酸盐的标准缓冲溶液，使溶液淹没电极头部的玻璃球，轻轻摇匀，待读数稳定后，调定位旋钮，使显示值为该溶液在25℃时的标准pH值6.86。

d. 将电极取出，洗净、吸干。根据被测溶液的酸碱性选择合适的标准缓冲溶液，若被测溶液为酸性，一般使用pH为4.00的邻苯二甲酸氢钾标准缓冲溶液；若被测溶液为碱性，一般选择使用pH为9.18的硼砂标准缓冲溶液。将电极放入正确的标准缓冲溶液中，摇匀，待读数稳定后，调节斜率补偿旋钮，使显示值为该溶液在25℃时的标准pH值。

e. 取出电极，洗净、吸干，重复校正定位和斜率，直到两标准溶液的测量值与标准值基本相符为止。

f. 校正过程结束后，进入测量状态。

③ 测量pH值

a. 用蒸馏水清洗电极头部，再用待测溶液清洗1次。

b. 将复合电极放入盛有待测溶液的烧杯中，轻轻摇匀，待读数稳定后，记录读数。

c. 完成测试后，移走溶液，用蒸馏水冲洗电极，吸干，套上套管；关闭电源，结束实验。

(5) 酸度计的维护及注意事项

① 仪器的输入端（包括玻璃电极插座与插头）必须保持干燥清洁。

② 新玻璃pH电极或长期干储存的电极，在使用前应在pH浸泡液中浸泡24h后才能使用。pH电极在停用时，应将电极的敏感部分浸泡在pH浸泡液中，这对改善电极响应迟钝和延长电极寿命是非常有利的。

③ pH浸泡液的正确配制方法：取pH为4.00的缓冲剂250mL，溶于250mL纯水中，再加入56g分析纯KCl，适当加热，搅拌至完全溶解即成。

④ 在使用复合电极时，溶液一定要超过电极头部的陶瓷孔。电极头部若沾污可用医用棉花轻擦。

⑤ 玻璃pH电极和甘汞电极在使用时，必须注意内电极与球泡之间及参比电极内陶瓷芯附近是否有气泡存在，如有必须除去。

⑥ 用标准溶液标定时，首先要保证标准缓冲溶液的精度，否则将引起严重的测量误差。标准溶液可自行配制，但最好用国家规定的标准缓冲溶液。

⑦ 忌用浓硫酸或铬酸洗液洗涤电极的敏感部分。不可在无水或脱水的液体（如四氯化碳、浓硫酸）中浸泡电极。电极不可在碱性或氟化物的体系、黏土及其他胶体溶液中放置时间过长，以致响应迟钝。酸度计一般使用高输入阻抗集成运算放大器组成的同相直流放大电路，对电极系统的电势进行pH值转换，以达到精确测量溶液中氢离子浓度的目的。

#### 3.1.1.2 酸度计的电极部分

在使用酸度计测定溶液pH值的操作中，常用玻璃电极与甘汞电极构成测量电极对。

(1) 玻璃电极

① 构造及原理。玻璃电极是应用最早的离子选择电极。其构造如图3-3所示。

玻璃电极对$H^+$的响应源于玻璃膜，而玻璃膜之所以能反映溶液中$H^+$浓度的变化，是和水化作用分不开的。作为玻璃主要成分的$SiO_2$具有与水结合的倾向。当玻璃电极的玻璃

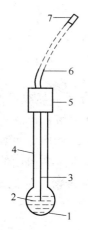

图 3-3　玻璃电极的构造
1—玻璃膜；2—内参比溶液（0.1mol/L HCl）；
3—内参比电极（Ag-AgCl 电极）；4—电极套管；
5—电极帽；6—屏蔽导线；7—电极接头

膜浸入水溶液中时，玻璃膜表面即形成水化胶层（$SiO_2 + H_2O \rightleftharpoons H_2SiO_3$），这样就形成了干玻璃层夹在两个极薄（约 $10^{-5} \sim 10^{-4}$ mm）的水化胶层之间的结构，如图 3-4 所示。

水化胶层中的一价阳离子（如 $Na^+$）体积小，活动能力较强，因而能从水化胶层扩散到溶液中，同时溶液中的 $H^+$ 也能进入水化胶层占据 $Na^+$ 的位置，也就是说，当玻璃膜和水溶液接触时，水化胶层中的 $Na^+$ 就和溶液中的 $H^+$ 在水化胶层表面发生了离子交换作用。

$Na^+$（玻璃）+ $H^+$（溶液）$\rightleftharpoons$ $H^+$（玻璃）+ $Na^+$（溶液）

经过一段时间，上述两个相反的过程即达到平衡状态，在玻璃膜内外两个表面性质相同的水化胶层完全对称（玻璃膜两侧水化胶层中因离子扩散而形成的扩散电位大小相等而符号相反，即总的扩散电位为 0）。此时玻璃膜的膜电位仅取决于玻璃膜两侧所接触的溶液中 $H^+$ 的浓度（活度），即

$$\varphi_M = \frac{RT}{F} \ln \frac{[H^+]_{外}}{[H^+]_{内}}$$

式中，$[H^+]_{内}$ 是内参比溶液中 $H^+$ 的浓度，为一定值。因此膜电位随着待测溶液中 $H^+$ 浓度的变化而变化。这就是玻璃电极对 $H^+$ 的响应机理。

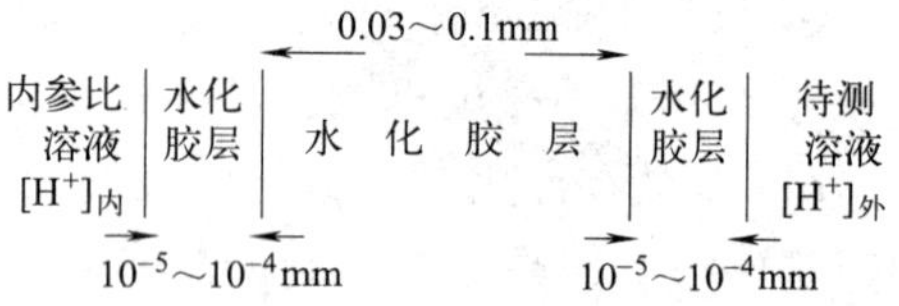

图 3-4　玻璃膜水化胶层示意图

② 维护及使用注意点

a. 玻璃膜的保护。玻璃电极在使用过程中，要注意避免玻璃膜与坚硬物体的擦碰；玻璃电极在与参比电极插入溶液构成电池时，玻璃电极的最下端（即玻璃膜底部）应高于参比电极的最下端（也可对玻璃电极加装防护罩），以免因电极未夹牢固落下而损伤玻璃膜。

b. 电极清洗。玻璃电极的玻璃膜沾污将影响对 $H^+$ 的正常响应，此时应对其进行清洗。玻璃电极上若有油污，可用 5%～10%的氨水或丙酮清洗；无机盐类污物可用 0.1mol/L 盐酸溶液清洗；钙、镁等不溶物积垢可用乙二胺四乙酸二钠盐溶液溶解予以清洗；在含胶质溶液或含蛋白质溶液（如血液、牛奶等）中测定后，可用 1mol/L 盐酸溶液清洗。

玻璃电极的清洗要注意避免使用脱水性溶剂（如无水乙醇、浓硫酸等），以防止破坏水化胶层使电极失效。玻璃电极清洗后，应用纯水重新清洗，浸泡一昼夜后使用。

c. 使用环境。玻璃电极一般在空气温度为 0～40℃、试液温度为 5～60℃（231C 型玻璃电极）、相对湿度≤85%的环境中使用。玻璃电极不宜置于温度剧烈变化的地方，更不能烘烤，以免玻璃膜胀裂和内部溶液蒸发。

电极的插头和导线应保持清洁干燥，要避免与污物接触，防止漏电现象发生。

碱性溶液、有机溶剂及含硅溶液能使玻璃电极"衰老"，故测试上述溶液后，应立即将电极取出洗净，或在 0.1mol/L 盐酸溶液中浸泡一下。一般的玻璃电极不用来测定强碱溶液（$c_{OH^-} > 2$mol/L），测量一般碱性溶液时速度要快。

电极不能在非水溶液中使用；也不能在含氢氟酸的溶液中使用。

d. 使用寿命。玻璃电极的内阻随着电极使用时间的增长而加大，使用数年可增加数倍。内阻增大会使测定 pH 的灵敏度降低，所以玻璃电极"老化"到一定程度便不宜再用，而应更换新的电极。

e. 其他注意事项。玻璃电极使用时，玻璃膜应全部浸没在被测溶液中，并轻轻摇动溶液，以促使电极反应达到平衡；测量另一溶液时，应先用蒸馏水冲洗干净，并用吸水纸小心吸去黏附液，以免杂质带进溶液和被测溶液被稀释。

暂时不用的玻璃电极，可将玻璃膜部分浸在蒸馏水中，以便下次使用时容易达到平衡；长期不用的玻璃电极应放入盒内，存放于干燥之处。

**(2) 甘汞电极**

甘汞电极由于具有电位稳定（即使在测量过程中有电流通过时，电位也几乎无变化）、使用寿命长等特点，在许多场合作为比较的标准，即作为参比电极。

① 甘汞电极在使用时，电极上端小孔的橡胶塞及下端的橡胶套必须拔去，以防止产生扩散电位变化和阻断盐桥溶液与待测液的联系而影响测试。

② 甘汞电极的电位与温度有关，并具有温度滞后性（即电位变化滞后于温度的变化），所以使用甘汞电极工作时要严防温度急剧变化，并随时用标准溶液校准。甘汞（$Hg_2Cl_2$）高于 78℃ 即能分解，所以甘汞电极一般只能在 0~70℃ 间使用和保存。

③ 电极内 KCl 溶液中不能有气泡，以防止隔断溶液，室温时溶液内应保留少许 KCl 晶体，以保证 KCl 溶液的饱和。

④ KCl 溶液要浸没甘汞糊体，如不能浸没，则从电极的侧口及时补入饱和 KCl 溶液；KCl 液面要高于试液的液面，以防止电极被试液渗入而沾污，特别是测定高密度和重浑浊溶液的 pH 值，宁可使 KCl 溶液流出稍快也不能让其发生"倒灌"。每隔一段时间，可将饱和 KCl 溶液换装一次，以确保纯净。

⑤ 当电极外表附有 KCl 晶体时，应随时除去，特别是甘汞电极的上部应始终保持干净，注意防止 KCl 等电解质沾污电极导线而影响甘汞电极的电位稳定。

⑥ 暂时不用的饱和甘汞电极，可将其 KCl 溶液渗出端插入饱和 KCl 溶液中保存，这样能避免毛细孔堵塞或多孔物质出现裂纹。

⑦ 长时间不用的甘汞电极，应将其侧口以橡胶塞塞紧，下端用橡胶套套好，储存于盒内。

## 3.1.2 离子计

玻璃电极作为应用最早的离子选择电极，由于能够对溶液中 $H^+$ 产生响应，因此可以用玻璃电极直接测量溶液中 $H^+$ 的浓度（活度）。那么，能否采用相同的方法去测定其他各种离子呢？20 世纪 60 年代后期开始迅速发展起来的各种离子选择电极使之成为可能。现在分析工作者只要带上几支电极，便可以在野外或实验室中方便、迅速地完成分析任务。

离子选择电极是一种新型的电化学传感器，它能够将溶液中特定离子的含量转换成相应的电位，用离子计与之配套进行测定，就可以指示出相应的离子含量。

### 3.1.2.1 离子计的电计部分

因为离子选择电极一般都具有较高的内阻，所以离子计必须是量程扩大的高输入阻抗的电子式电位计。离子计有多种不同的分类方法：根据电路原理可分为直接放大式和调制放大式；根据用途可分为专用离子计和通用离子计；根据仪器的结构可分为电表读数式和补偿式；根据结果显示方式可分为模拟式和数字式。

(1) 离子计使用教程

① 使用前的准备。将活化后的测量电极、参比电极装入升降架固定夹。通电源，仪器预热。

② mV 值的测量。当需要直接测定电池电动势的值，或测量 $-1999\sim1999$ mV 范围的电压值，可在"mV"挡进行。

a. "功能选择"拨至 mV 待测状态下，"定位""斜率""温度补偿"均无作用。

b. 旋下短路插头，将测量电极旋上输入插座并旋紧，同时将参比电极接入"参比接线柱"（若使用复合电极无须接入参比电极），并将它们移入被测溶液中，待仪器响应稳定后，显示值即为所测溶液的电位值。

(2) 离子计的维护保养与使用注意点

① 由于仪器的输入阻抗很高，为了防止感应信号损坏仪器，与其配合使用的交流仪器应有良好的接地线。

② 仪器的输入端（测量电极插座）必须保持干燥清洁。仪器不用时，将短路插头插入插座，防止灰尘及水汽浸入。测量时，电极的引入导线应保持静止，否则会引起测量不稳定。

③ 在使用电极测量，尤其是使用高内阻电极时，必须十分注意以下几点。

a. 仪器及与其配用的交流仪器（如磁力搅拌器）等，机壳必须有良好的接地线。

b. 使用高阻电极时，必须严格避免：电极引线无屏蔽层；电极引线的屏蔽层不与仪器机壳相连；电极引线用普通胶质线且互相绞在一起或拖在测试台面上；电极引线的屏蔽或内引线绝缘不好、受潮等；测试杯与台面绝缘不好（最好用清洁、干燥的塑料杯，下垫为一块绝缘好的塑料板）。

c. 电极的插头、插座应清洁、干燥，切勿受潮、沾污。如发现阻抗降低，可用蘸过乙醚的脱脂棉将这些部位洗擦干净。

d. 高阻电极的测量，除注意电极输入引线屏蔽外，最好离干扰源远一点，否则将引起较大的测量误差，或指针抖动，甚至使测量不能进行。

④ 仪器应存放在干燥、清洁、无腐蚀的场所。

⑤ 仪器使用完毕，应切断电源。如长期不用应定期通电，以防电气元件受潮损坏。

### 3.1.2.2 离子计的电极部分

(1) 离子选择电极

离子选择电极由于具有结构简单、测量范围宽、响应速度快、适用范围广，而且不要求复杂的仪器设备、操作简便、能进行快速连续的测定等特点而得到了广泛的应用。采用离子选择电极可测量溶液中的离子和气体的浓度，离子选择电极分析方法几乎成为直接电位法的最主要形式。

离子选择电极最基本的组成部分包括敏感膜、内参比液、内参比电极、电极套管等。

(2) 常见离子选择电极及维护

目前已制成的商品离子选择电极已达数十种。一些较为常用的离子选择电极的概况如表 3-3 所示。

**表 3-3 常用的离子选择电极**

| 电极名称 | 线性范围 /(mol/L) | pH 值范围 | 响应时间 /min | 电极内阻 (25℃)/MΩ | 干扰离子 |
| --- | --- | --- | --- | --- | --- |
| 氟离子选择电极(201 型) | $1\times10^{-7}\sim 5\times10^{-7}$ | 5.0~6.0 | $<2$ ($c_{F^-}=10^{-6}\sim 10^{-3}$ 时) <br> $<5$ ($c_{F^-}=5\times10^{-7}\sim 1\times10^{-6}$ 时) | $<2$ | $Al^{3+}$、$Fe^{3+}$、$OH^-$ 等 |
| 氯离子选择电极(301 型) | $5\times10^{-5}\sim 1\times10^{-2}$ (纯 NaCl 标准溶液中含 0.1mol/L $KNO_3$) | 2.0~12.0 | $<2$ | $<0.15$ | $Br^-$、$I^-$、$CN^-$、$S^{2-}$ 等 |
| 溴离子选择电极(302 型) | $1\times10^{-6}\sim 5\times10^{-6}$ (纯 NaBr 标准溶液中含 $10^{-3}$mol/L $Na_2SO_4$) | 2.0~11.0 | $<2$ | $<0.15$ | $PO_4^{3-}$、$NO_3^-$、$CO_3^-$、$SCN^-$、$CN^-$、$Cl^-$、$SO_4^{2-}$、$S_2O_3^{2-}$、$I^-$、$S^{2-}$ 等 |
| 碘离子选择电极(303 型) | $5\times10^{-7}\sim 1\times10^{-2}$ (纯 KI 标准溶液中含 0.1mol/L $KNO_3$) | 2.0~12.0 | $<2$ | $<0.15$ | $NO_3^-$、$HPO_4^{2-}$、$Br^-$、$SO_4^{2-}$、$Cl^-$ 等 |
| 硫离子选择电极(314 型) | $0.1\times10^{-7}\sim 5\times10^{-7}$ | 2.0~12.0 | $<2$ | $<0.15$ | $Ag^+$ 等 |
| 氰离子选择电极(313 型) | $5\times10^{-7}\sim 1\times10^{-2}$ | 中性或碱性 | $<2$ | $<0.15$ | $S^{2-}$、$I^-$、$Hg^{2+}$ 等 |
| 硝酸离子选择电极(403 型) | $1\times10^{-5}\sim 5\times10^{-5}$ | 2.5~10.0 ($NO_3^-$ 活度为 0.1mol/L 时) <br> 3.8~8.5 ($NO_3^-$ 活度为 $1\times10^{-3}$mol/L 时) | $<2$ ($5\times10^{-5}$mol/L) <br> $<1$ ($1\times10^{-4}$mol/L) | $<1$ | $Cl^-$、$SO_4^{2-}$、$H_2PO_4^-$、$HPO_4^{2-}$、$HCO_3^-$、EDTA、$ClO_4^-$、$Br^-$、$I^-$、柠檬酸根、酒石酸根 等 |
| 钠离子选择电极(102 型) | $10^{-7}\sim 1$ | $>10$ | $<3$ | $<150$ | $K^+$ 等 |
| 钾离子选择电极(401 型) | $1\times10^{-6}\sim 5\times10^{-6}$ | 4~10 | 约为 1 | $<12$ | $Li^+$、$Na^+$、$NH_4^+$、$Ca^{2+}$、$Mg^{2+}$、$Ba^{2+}$ 等 |
| 钙离子选择电极(402 型) | $10^{-5}\sim 0.1$ (标准液中含 0.1mol/L KCl) | 5.0~10.0 | $<1$ | $<1$ | $K^+$、$Na^+$、$Mg^{2+}$、$Mn^{2+}$、$Zn^{2+}$、$Pb^{2+}$、$Ba^{2+}$、$Cu^{2+}$、$Fe^{2+}$、$Fe^{3+}$ 等 |
| 铅离子选择电极(305 型) | $5\times10^{-7}\sim 10^{-3}$ (标准液中含 0.1mol/L $NaNO_3$) | 3.0~6.0 | $<2$ | $<4.5\times10^{-5}$ | $Mg^{2+}$、$Sr^{2+}$、$Ba^{2+}$、$Co^{2+}$、$Zn^{2+}$、$Cd^{2+}$、$Ni^{2+}$、$Mn^{2+}$、$Cu^{2+}$、$Fe^{2+}$、$Fe^{3+}$ 等 |

续表

| 电极名称 | 线性范围 /(mol/L) | pH 值范围 | 响应时间 /min | 电极内阻 (25℃)/MΩ | 干扰离子 |
|---|---|---|---|---|---|
| 镉离子选择电极（307 型） | $5\times10^{-7}\sim10^{-3}$（标准液中含 0.1mol/L $NaNO_3$） | 3.0~10.0 | <2 | 约 0.45 | $Hg^{2+}$、$Pb^{2+}$、$Ag^+$、$S^{2-}$ 等 |
| 铜离子选择电极（306 型） | $5\times10^{-7}\sim10^{-3}$（标准液中含 0.1mol/L $KNO_3$） | 3.0~5.0 | <2 | <0.15 | $NH_4^+$、$Ag^+$、$Cl^-$、$Hg^{2+}$、$Bi^{3+}$、$Fe^{3+}$、$Cd^{2+}$、$Pb^{2+}$ 等 |
| 汞离子选择电极（323 型） | $5\times10^{-7}\sim10^{-2}$ | 2~7 | <2 | <0.15 | $S^{2-}$、$CN^-$、$Cl^-$、$Br^-$、$I^-$ 等 |
| 银离子选择电极（304 型） | $1\times10^{-7}\sim5\times10^{-7}$（纯 $AgNO_3$ 标准液中含 0.1mol/L $KNO_3$） | 2.0~11.0 | <2 | <0.0015 | $S^{2-}$ 等 |
| 氨气敏电极（501 型） | $1\times10^{-6}\sim1\times10^{-5}$ | ≥11 | 0.5~10 | 与玻璃电极相当 | — |
| 二氧化碳气敏电极（502 型） | $5\times10^{-5}\sim10^{-2}$ | <0.74 | <4($10^{-2}\sim10^{-4}$mol/L)<br><7($10^{-4}\sim5\times10^{-5}$mol/L) | 约为 300 | — |

各种离子选择电极由于其结构、原理的差异，因此在使用中需注意的方面也不尽相同，这里仅将共同注意点列举如下。

① 电极使用前，应在一定浓度含有所测离子的溶液（或纯水）中浸泡一段时间活化，以使电极平衡，然后用去离子水反复清洗，直至达到所要求的空白电位值为止。

② 与双盐桥饱和甘汞电极（部分电极仅需单盐桥甘汞电极）配合使用，外盐桥充入不含所测离子且不与其反应、液接电位很小的合适电解质溶液。

③ 应防止电极敏感膜被碰擦和沾污。如已沾污、磨损，可先用酒精棉球轻擦，再用去离子水洗净；若效果不好，应在抛光机上抛光处理，以更新敏感膜。

④ 电极使用完毕后，应清洗至空白电位值。电极若暂时不用，可浸泡在一定浓度的所测离子溶液中保存；若较长时间不用，则适宜用滤纸吸干后存放于电极盒中。

⑤ 电极引线与插头应保持干燥。

## 3.2 电位滴定仪

将指示电极与参比电极插入被滴定溶液中组成原电池，不断搅拌下，由滴定管滴入滴定液，根据滴定过程中电池电动势的变化来确定滴定终点的方法称为电位滴定法。电位滴定装置如图 3-5 所示。

电位滴定法是在滴定过程中通过测量电位变化以确定滴定终点的方法，和直接电位法相比，电位滴定法不需要准确地测量电极电位值，因此，温度、液体接界电势的影响并不重要，其准确度优于直接电位法。普通滴定法依靠指示剂颜色变化来指示滴定终点，如果待测溶液有颜色或浑浊时，终点的指示就比较困难，或者根本找不到合适的指示剂。电位滴定法靠电极电位的突跃来指示滴定终点，在滴定到达终点前后，滴液中的待测离子浓度往往连续变化 $n$ 个数量级，引起电位的突跃，被测成分的含量仍然通过消耗滴定剂的量来计算。使用不同的指示电极，电位滴定法可以进行酸碱滴定、氧化还

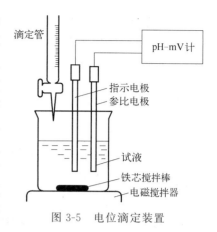

图 3-5　电位滴定装置

原滴定、配合滴定和沉淀滴定。酸碱滴定时使用 pH 玻璃电极为指示电极；在氧化还原滴定中，可以用铂电极作指示电极。在配合滴定中，若用 EDTA 作滴定剂，可以用汞电极作指示电极；在沉淀滴定中，若用硝酸银滴定卤素离子，可以用银电极作指示电极。在滴定过程中，随着滴定剂的不断加入，电极电位 $E$ 不断发生变化，电极电位发生突跃时，说明滴定到达终点。

### 3.2.1　电位滴定仪的结构及功能

电位滴定仪是进行电位滴定分析的装置（仪器）。根据滴定控制的方法，其装置（仪器）可包括手动电位滴定装置和自动电位滴定仪等。

#### 3.2.1.1　手动电位滴定装置

应用酸度计或离子计等常用的电位测定仪器，选择合适的电极系统（视滴定反应类型而定），再配合滴定管、电磁搅拌器等即可组装成一台手动电位滴定装置，如图 3-6 所示。

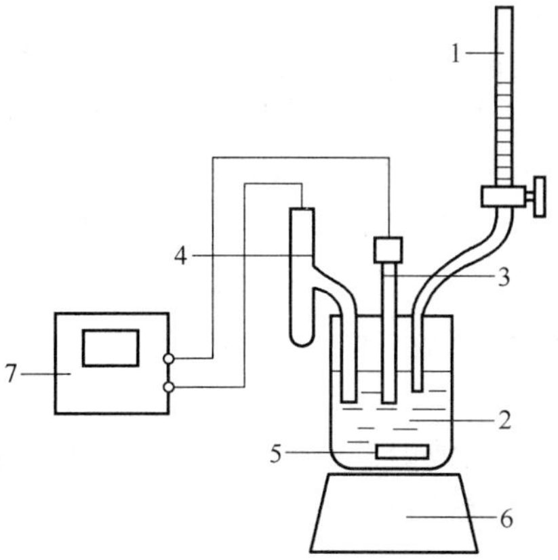

#### 3.2.1.2　自动电位滴定仪

一般的自动电位滴定仪是在手动电位滴定装置的基础上增加一些控制部分装置并使之仪器化而构成的。目前广泛使用的 ZD-2 型自动电位滴定仪即是这方面的一个典型实例。自动电位滴定仪可以对滴定过程进行自动控制使之恰好达到终点时自动停止滴定，从而得到分析结果。

**(1) 仪器的结构**

如 ZD-2 型自动电位滴定仪主要由电位差计部分（ZD-2 型滴定计）和滴定控制部分（DZ-1 型滴定装置）及电磁控制阀等部件组成。

图 3-6　手动电位滴定装置
1—滴定管；2—滴定池；3—指示电极；4—参比电极；5—搅拌子；6—电磁搅拌器；7—电位计

① ZD-2 型滴定计（电位差计部分）。实质上就是一台高输入阻抗的电位差计，既可以作为电压计也可作为酸度计单独进行使用。

② DZ-1 型滴定装置（滴定控制部分）。该装置可以和 ZD-2 型滴定计联用，也可以和其他电位计联用。

③ 电磁控制阀。用来控制滴定开始和结束。

**(2) 仪器的工作原理**

ZD-2型滴定计是按照应用电位法来进行容量分析的原理进行设计的。图3-7是用电位法进行容量分析的典型曲线，它是在滴定分析过程中，把指示电极的电位和当时滴液的加入体积逐点记录下来所绘制成的曲线。

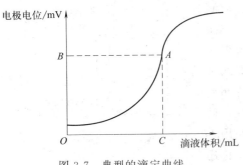

图3-7 典型的滴定曲线

从曲线可看出，$A$点的斜率最大，即此时因滴液的加入而引起指示电极电位值的变化最大，因而该点称为化学计量点或滴定终点；对应的$B$点是等量电位或终点电位；$C$点是滴液的等量容积或终点体积。滴定曲线的斜率虽与滴液和被滴液的浓度有关，但在一般的滴定过程中，$A$点处的斜率总是曲线中最大的。因此，以终点电位来判定滴定终点，具有一定的精度。ZD-2型滴定计是利用化学计量点指示电极电位变化最大这一原理，以终点电位来判定滴定终点的。仪器借助于一套电子控制系统和可控电磁阀门，使得电极电位在到达终点电位时，滴液能自动停止滴入。

由滴定曲线可见，在滴定分析中，当离开化学计量点较远时，即使加入较多的滴液，所引起的电极电位变化也很小；相反地，在接近等量点时，即使加入微量的滴液，也将引起电极电位非常显著的变化。因此，从缩短分析时间的角度来要求，在离开化学计量点较远时，滴液的加入量要大；从提高分析精度的角度来要求，在接近化学计量点时滴液的加入量要小。基于以上两个要求，在ZD-2型滴定计中，采用了由预控制调节器来进行调节的自动变换滴液流速的控制电路，既可以缩短分析时间，又可以提高分析精度，并使操作尽量方便和可靠，不需要在分析过程中人为调节滴液的流速。

预控制调节器的作用是：可以设定一个预控点与终点电位的差值，当离滴定终点较远时，滴液流速很快甚至液路直通无阻，随着滴定的进行，电极电位与终点电位达到预定的差值时，滴液就从液路直通的状态变化到一个较慢的滴定速度，直至到达预定终点时停止滴定为止。预控制调节电位的确切数字无法规定，因为它与滴定曲线的形状、化学反应的速率、滴液的浓度、被滴液的搅拌速率以及电极建立平衡的速率等均有关系。该仪器所设计的预控制调节器是连续性的，与终点电位的差数可在$100\sim300\mathrm{mV}$或者$1\sim3$的pH范围内任意调节。

另外，在滴定分析过程中，电极电位变化的方向取决于滴液的性质，即预控制电位应高于或低于终点电位是由滴液的性质所决定的，应根据实际情况设置。

### 3.2.2 电位滴定仪的维护保养与常见故障排除

#### 3.2.2.1 电位滴定仪的维护及使用注意事项

① 仪器的输入端（电极插座）必须保持干燥、清洁。仪器不用时，将短路插头插入插座，防止灰尘及水汽侵入。

② 测量时，电极的引入导线应保持静止，否则会引起测量不稳定。

③ 用缓冲溶液标定仪器时，要保证缓冲溶液的可靠性，不能配错缓冲溶液，否则将导致测量不准。

④ 取下电极套后，应避免电极的敏感玻璃泡与硬物接触，因为任何破损或擦毛都将使电极失效。

⑤ 甘汞电极使用时，应经常注意补充饱和氯化钾溶液。

⑥ 电极应避免长期浸在蒸馏水、蛋白质溶液和酸性氟化物溶液中。

⑦ 电极应避免与有机硅油接触。

⑧ 滴定前最好先用滴液将电磁阀橡胶管冲洗数次。

⑨ 到达终点后，不可按"滴液"按钮，否则仪器又将开始滴定。

⑩ 滴定前应先调节电磁阀的支头螺钉，变动橡胶管的上下位置，或者更换一根新的橡胶管。橡胶管调换前最好放在略带碱性的溶液中蒸煮数小时。

⑪ 滴定时切勿使用与橡胶管起作用的高锰酸钾等溶液，以免损坏橡胶管。

#### 3.2.2.2 电位滴定仪常见故障及其排除

电位滴定仪常见故障分析见表3-4。

表 3-4 电位滴定仪常见故障分析

| 故障现象 | 故障原因 | 排除方法 |
| --- | --- | --- |
| 打开电源后，指示灯不亮，但其他正常 | 指示灯灯泡坏 | 更换新指示灯灯泡 |
| 打开电源后，指示灯不亮，但灯泡未坏 | ①电源插头及接线存在断线、脱焊现象<br>②接触不良<br>③若插头、插座接触良好，但无交流电6.3V电压输出，则可判断变压器损坏 | ①重新接线并焊好<br>②找出接触不良处，清除氧化层，使接触良好<br>③修理或更换变压器 |
| 调节终点时，电表指针不动 | 读数开关未打开 | 打开读数开关 |
| "滴定开始"开关打开后，"终点"指示灯或"滴定"灯不亮 | 指示灯灯泡失效或供电电路有故障 | 调换新的指示灯灯泡或检修指示灯供电线路 |
| "滴定开始"开关打开后"终点"指示灯和"滴定"指示灯均亮，但无滴液滴入 | ①若电磁阀插头未插错，且完全插入，则为电磁阀故障<br>②若电磁阀关闭后仍有滴液滴入，则说明电磁阀有漏滴现象 | ①重新调节支头螺钉<br>②将电磁阀头从阀体上旋下，用小螺丝刀旋动调节螺钉并用手旋动支头螺钉，直至使电磁阀关闭时无漏滴，而开通时滴液可滴下为止 |
| 若电磁阀无漏滴，但有过量滴定现象 | 滴定控制存在故障 | 将预控制指数适当调大一些（但不宜调得太大，以免滴定时间太长），或将仪器送至生产厂修理 |

## 3.3 实验项目

### 项目 酸度计的维护与检定

#### 1. 说明

本项目适用于新制造、使用中和修理后的实验室酸度计、通用离子计的检定。按电计的分度值（或最小显示值）不同，仪器的级别可分为 0.1 级（分度为 0.1pX 的仪器）、0.01 级（分度为 0.01pX 的仪器）、0.001 级（分度为 0.001pX 的仪器）等。各类仪器采用玻璃电极、甘汞电极在 pX 挡测量 pH 值，检定结果应符合表 3-5 要求。

表 3-5　各类仪器采用玻璃电极和甘汞电极的检定结果

| 计量性能 | 0.2 级 | 0.1 级 | 0.02 级 | 0.01 级 | 0.001 级 |
|---|---|---|---|---|---|
| 仪器示值误差(pH) | ≤±0.2 | ≤±0.1 | ≤±0.02 | ≤±0.02 | ≤±0.01 |
| 仪器示值重复性(pH) | ≤0.1 | ≤0.05 | ≤0.1 | ≤0.01 | ±0.005 |

仪器的检定周期一般定为一年。

2. 实验设计

请参照附录 2 中实验室 pH（酸度）计检定规程（JJG 119—2018），针对 PHS-3C 型酸度计示值总误差和示值重复性的检定设计实验方案。

3. 数据处理

请对本实验相关数据进行处理。

# 第4章 微观结构表征仪器的使用与维护

随着科学技术的发展和研究的深入,对物质微观结构的观察和分析也显得越来越重要。特别是随着材料科学和工程,尤其是纳米科学和技术的飞速发展,以材料表面形貌、微观组织结构、化学成分、物理性能等方面的表征为目的的微观结构分析技术非常活跃,在材料科学和其他相关学科中的应用非常普遍。本章主要介绍微观结构表征仪器中比较常见的扫描电子显微镜、透射电子显微镜和 X 射线粉末多晶衍射仪的结构、原理,学习掌握仪器安装、调试、使用和维护的知识,尤其是在制样、测试和数据处理方面的技术;同时能够对仪器一般故障的产生原因进行分析并进而将故障排除。

## 4.1 扫描电子显微镜

1665 年 Rorbert Hook 发明了第一台光学显微镜,并用这台光镜第一次观察到软木塞的细胞,从此揭开了显微技术的序幕。经过几百年的改进,光学显微镜已经达到非常完善的程度,其分辨率已接近它的理论极限,大约 200nm。但是自然界有些物质的微观结构非常小,如病毒、分子、原子等,光学显微镜已经不能满足人们观测的需要。因此随着科学技术的发展,人们逐步开发出多种利用电子原理来成像的电子显微镜,扫描电子显微镜就是其中较为常见的一种。

扫描电子显微镜(SEM,扫描电镜)于 20 世纪 60 年代问世,是应用最为广泛的用来观察样品表面微观形貌、结构的一种大型精密电子光学仪器。发展到现代,该仪器的理论和实验技术都已经相当成熟,功能也越来越强大,具有观察结果真实可靠、变形性小、样品处理时方便易行等优点。SEM 可以用于观察固体厚试样的表面形貌,具有很高的分辨力和连续可调的放大倍数,图像具有很强的立体感,还能够与电子能谱仪、波谱仪、电子背散射衍射仪相结合,构成电子微探针,用于物质化学成分和物相分析。因此,扫描电子显微镜在医学、生物学、材料学、冶金、地质、矿物、半导体等领域得到了非常广泛的应用。

扫描电子显微镜是一种大型精密仪器,它是机械学、光学、电子学、热学、材料学、真空技术等多门学科的综合应用。其原理和结构比较复杂，由于篇幅所限，本书只做简要介绍。扫描电子显微镜的工作原理是利用一束极细的聚焦电子束扫描样品表面，电子与样品相互作用，激发出某些与样品表面结构有关的信号电子，经探测器收集后转换为光子，再通过电信号放大器加以放大处理，最终成像，如图4-1所示。

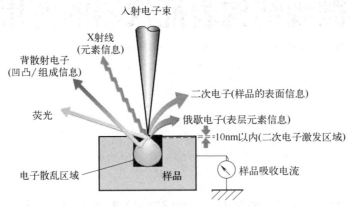

图 4-1 扫描电子显微镜原理示意图

## 4.1.1 扫描电子显微镜简介

如图4-2所示，一台扫描电子显微镜仪器主要由电子光学系统（电子源、磁透镜、偏向线圈等）、信号处理系统（二次电子探头等）、图像显示系统［阴极射线管（CRT）等］、真空系统四大部分构成。

**(1) 电子光学系统**

如图4-3所示，电子光学系统由电子源、磁透镜、偏向线圈、试样台等部分组成，其作用是产生足够细的电子束照射到样品表面，通常装配成一个柱体，又称为镜筒。

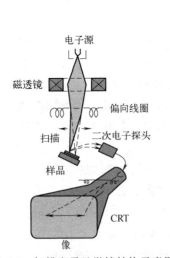

图 4-2 扫描电子显微镜结构示意图

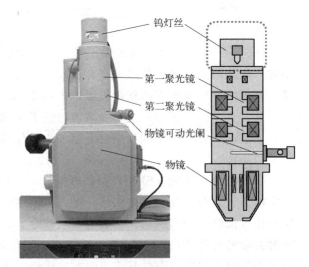

图 4-3 SEM 电子光学系统示意图

**(2) 信号处理系统**

信号处理系统的作用是收集样品在入射电子束作用下产生的各种物理信号并进行放大处

理，不同的物理信号需要不同类型的收集系统。由于扫描电镜成像中最主要的信号是二次电子和背散射电子信号，因此二次电子检测器和背散射电子检测器对扫描电镜来说十分重要。扫描电镜中常用的电子检测器是闪烁体光电倍增管。

(3) 图像显示系统

图像显示系统将信号处理系统输出的调制信号转换为能在阴极荧光屏上显示的图像，这样人们就可以观察到物质放大几万倍后的图像。并且现代的仪器都可以使用计算机直接对观察到的图像进行拍摄。图 4-4 所示就是利用扫描电子显微镜对某材料的微观形貌进行拍摄的图像。

(4) 真空系统

扫描电镜的镜体和样品室都需要保持很高的真空度，一般来说，至少要达到 $1.33×10^{-4} \sim 1.33×10^{-2}$ Pa，因此需要配

图 4-4 扫描电子显微镜图像

备真空系统。常用机械泵和扩散泵抽真空，另外还有价格较高的涡轮分子泵系统和可以得到超高真空度的离子泵系统等。一般来说，扫描电镜还配有水压、停电和真空自动保护装置等。

扫描电子显微镜的主要性能指标包括：分辨力、放大倍数和景深。扫描电镜的分辨力是指图上能确实分辨清楚的两个细节间的最小距离，入射电子束直径是影响分辨力的最主要因素。扫描电镜的放大倍数从几十倍到几十万倍，目前大多数钨灯丝扫描电镜的放大倍数为 20～100000 倍。不过，随着扫描电镜使用年限的增加，仪器逐渐老化，其分辨力和放大倍数都会有所下降。与光学显微镜和透射电子显微镜相比，扫描电镜的景深很长，视场调节范围很宽，制样简单，因此扫描电镜可直接观察粗糙样品表面，图像具有明显的立体感。

## 4.1.2 扫描电子显微镜的使用方法和维护

目前世界上主要的扫描电子显微镜生产商有 FEI 公司（美国）、日立（Hatachi）公司（日本）、日本电子株式会社，（JEOL，日本）、蔡司（Zeiss）公司（德国）。下面介绍日立 S-3400N Ⅱ 型扫描电子显微镜，如图 4-5 所示。

### 4.1.2.1 仪器的安装要求

(1) 对环境的要求

室温要求保持在 15～30℃，温差小于 5℃；湿度要求小于 70%；建议安装空调。仪器要求远离火花电弧、变电设备、高频设备等强磁设备，例如电焊机、无线电台、变压器等设备。空间交流磁场水平方向小于 140nT，垂直方向小于 640nT；空间直流磁场水平方向小于 160nT，垂直方向小于

图 4-5 日立 S-3400N Ⅱ 型扫描电子显微镜示意图

720nT。仪器安放地要求远离公路、铁路、地铁、电梯等地面震动源。

**(2) 对空间的要求**

仪器最小安装尺寸为 2.5m×2.2m，要求安装在一楼，无地下室。推荐实验室内作隔断，宽度不小于 1.5m，安装机械泵、空压机、变压器等设备，减少噪声，提高操作环境的舒适性。电镜主机和电器柜距离墙壁至少保留 800mm 维修空间。

**(3) 对电源的要求**

仪器要求独立供电，电压为交流 220V，误差小于±10%，50Hz。实验室交流配电盒为 40A 以上空气开关，交流配电盒与电镜距离小于 10m，推荐从配电室单独接线，空开为 40A、20A、20A，其中 40A 为电镜主机专用，不可连接其他用电设备（例如空调、制样设备），其余相位可接其他用电设备。

为电镜单独制作地线，不可连接其他设备，接地电阻小于 100Ω。

#### 4.1.2.2 仪器的主要附件

仪器的主要附件主要包括真空镀膜仪等。

对于导电性不好的样品，在样品制备好后要进行真空镀膜（亦称喷金或熬金）处理。喷镀一般使用真空镀膜仪或等离子溅射仪。实际工作中，可根据需求选配。

#### 4.1.2.3 仪器的技术指标

加速电压为 0.3～30kV；放大倍数为 5～300000；电位移为±50μm；工作距离为 10mm。

分辨率：

① 二次电子探头：3.0nm（加速电压 30kV，工作距离 5mm，高真空模式）；10nm（加速电压 3kV，工作距离 5mm，高真空模式）。

② 背散射探头：4.0nm（加速电压 30kV，工作距离 5mm，高/低真空模式）。

低真空范围为 6～270Pa；最大样品尺寸为直径 200mm。

#### 4.1.2.4 仪器的使用操作

**(1) 开机**

① 打开配电箱总电源，开启 UPS（若配备）。

② 合上背面总电源闸，确认 "STAGE" 闸和 "DISPLAY" 闸均为合闸状态。

③ 将前面板钥匙从 "OFF" 转经 "START" 后自动转回 "ON"。

④ 电脑启动后，同时按下 "Ctrl" + "Alt" + "Delete"，随后出现 S-3400N 登录框（图 4-6）。用户名为 "S-3400"，密码无，单击 "OK" 键，进入系统。

**(2) 放置样品**

① 持续按住前面板 "AIR" 按钮 1s 以上至指示灯亮，或单击操作界面右上角 "AIR" 键至该键变为灰色（图 4-7）。

放气过程中，出现 "Specimen Setting" 对话框，同时出现放气进度指示条，当进度条显示 "The chamber has been aired. Changing

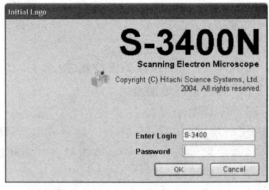

图 4-6 软件登录界面

a sample is now possible"时，单击对话框中的"Specimen Setting"键（图 4-8）。

② 将处理完毕的样品固定于样品台上，精确测量高度后，放入样品仓。在样品仓打开的状态下，在"Specmen/Detector Setting"对话框内选择合适的尺寸和高度，单击"Stage Move"键，等样品台停止上升后，确认样品不能碰到样品仓口的限高片，平稳推入样品台（图 4-9）。

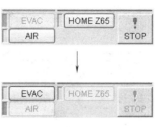

图 4-7　真空控制面板

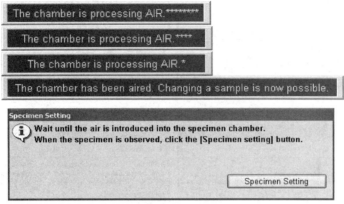

图 4-8　放气过程中屏幕显示

③ 按前面板"EVAC"按钮至指示灯亮，或单击操作界面右上角"EVAC"键至该键变为灰色。

**(3) 样品观察**

确认样品室已高真空，"ON"亮显后，根据不同样品的观察需要，在屏幕右边操作面板中的"Cond"菜单栏"ELECTRON BEAM"选区的"Probe Current"下拉列表中选择合适的探针电流，"Vacc"下拉列表中选择合适的加速电压；在"Image"菜单栏"SCREEN MODE"选区中选择使用"Full（全屏）""Dual（双屏）"或"Small（常规小屏）"观察方法；在"DETECTOR"选区中选择使用"SE"或"BSE"探头；也可以单击操作界面左上角 Vacc 区域，出现"Setup"后，在"Optics"菜单栏下的"Vacc"下拉列表中选择合适的加速电压（图 4-10）。单击操作界面左上角"ON"键，加高压。

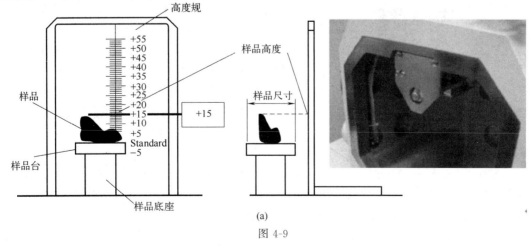

图 4-9

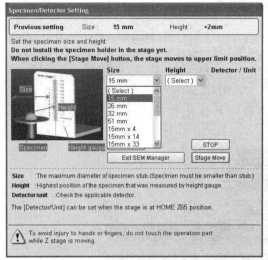
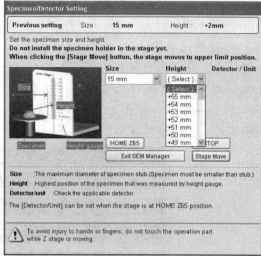
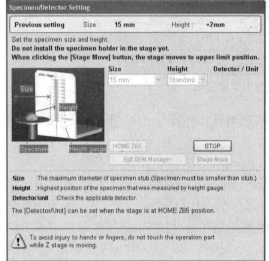
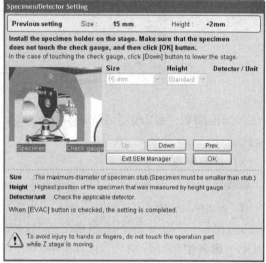

(b)

图 4-9 进样

图 4-10 灯丝开关

在"Stage"菜单栏"Z/TILT"选区单击"Analysis"确定样品台的高度位置。相关参数设置示意图见图 4-11。

探针电流（probe Current）与图像质量、工作距离大小和电镜观察效果关系如图 4-12 所示。

**(4) 对中、聚焦及消像散**（图 4-13）

选择合适的光阑孔后，聚焦样品。若在聚焦过程中图像出现移动，则需进行物镜可动光阑对中。

① 单击操作界面上部"Align"键，出现"Alignment"对话框。

② 选中"Aperture Align"，单击"Reset"键后，微调物镜光阑 X、Y 旋钮至屏幕图像不发生摇摆且亮度最大。一般情况下，可选中"Aperture Align"后，调节控制盘的 STIG-MA/ALIGNMENT 的 X 和 Y 旋钮，至图像不再摇摆。

③ 单击"Close"，关闭对话框。

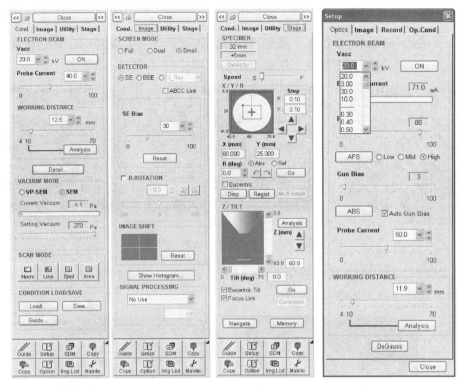

图 4-11 设置参数示意

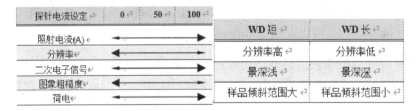

图 4-12 电流设置参考

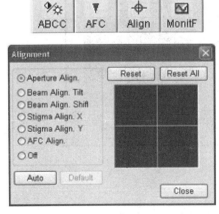

图 4-13 光阑调节

聚焦和像散校正是相互有关的，需要交替重复进行。推荐在消像散时使用 Red1 扫描模式。

当没有像散时，在最佳聚焦点上就获得清晰的图像。当存在像散时，在过焦或欠焦条件下，图像呈某一方向拉长，在最佳聚焦点上聚焦（图 4-14）。

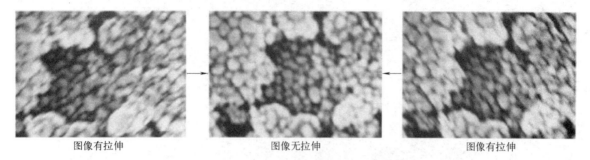

图 4-14　不同聚焦下有像散的情况

④ 在正焦下，交替调节控制盘中 STIGMA/ALIGNMENT 的 X 和 Y 旋钮，调节 X 和 Y 轴的像散以获得清晰的图像（图 4-15）。

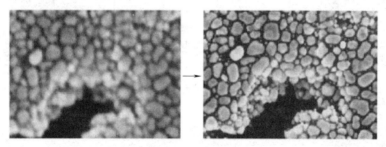

图 4-15　调节像散

若在消像散过程中图像发生移动，则需进行像散基准对中。

⑤ 调出"Alignment"对话框，将放大倍率调节在 1000～5000 之间，选中"Stigma Align. X"，调节控制盘的 STIGMA/ALIGNMENT 的 X 和 Y 旋钮，至图像不再摇摆，而是以十字线中心为中心周期性地放大或缩小。选中"Stigma Align. Y"，同样操作（图 4-16）。

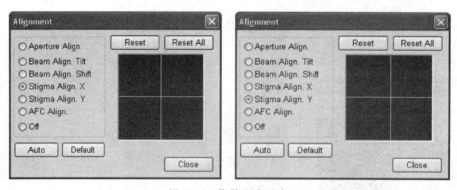

图 4-16　像散基准对中

⑥ 单击"Close"，关闭对话框。
⑦ 再次聚焦，并检查图像的位移和清晰度。

⑧ 重复步骤④~⑦直至调节完成。

(5) 选择扫描模式

单击"Run/Freeze"键，屏幕轮换改变运行和冻结。此时可以单击扫描控制选择区右上角的黑色三角，出现下拉菜单可供选择，单击"OK"后，扫描控制内可选择"TV1"或"TV2"；"Fast1"或"Fast2"；"Slow1"至"Slow5"；"Red1"至"Red3"。各扫描选项功能如图4-17所示。

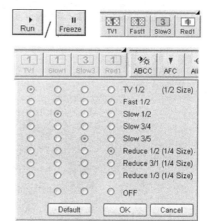

图4-17 扫描选项

① TV扫描 TV1/TV2。无闪烁图像的TV扫描对于搜索样品、粗调等比较方便，该模式主要用以找样品，对观察区域进行初步聚焦。

② 快扫 Fast1/Fast2。快扫是以TV扫描速度的一半运行的，主要用途与TV模式相似。在Fast扫描模式下，可以进行全屏观察。

③ 慢扫 Slow3/Slow5。用于确认图像质量。

④ 小面积扫描 Red1/Red2/Red3。一般使用Reduce1，用于观察、细调、聚焦及消像散。为了移动扫描区域，先将鼠标的光标放在扫描区窗口的边界上，当光标变成移动标志（交叉箭头）按左键就可将扫描区域拖拉到想看的区域。

(6) 拍照

① 选择模式。单击拍照键右上角的黑色三角，出现下拉菜单，不勾选"Scan Speed Link"选项，在TV、Fast、Slow模式下选择合适的分辨率和帧数，点击"OK"后，在相应的扫描模式下，点击拍照键，就可保存图像（图4-18）。

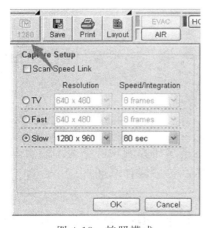

图4-18 拍照模式

扫描模式与保存图像关系如下：

TV/Fast：可在16~1024（帧平均）之间选择帧数，使用帧平均模式进行图像生成。帧数越多，生成图像的时间越长。主要用于拍摄不耐高压、荷电强以及经过慢扫会发生变形的样品。

Slow：可在20~320（秒每帧）之间选择扫描速度。

② 保存。拍摄的照片将出现在屏幕下方的"Captured Image"窗口中（图4-19）。

保存照片时，单击"Captured Image"窗口中的图片。选中的图片背景将变成黄色。可用Ctrl键多图选择，或Shift键连续选择。单击"Captured Image"窗口中的"Save"按钮，出现"Image Save [Direct Save]"对话框，可选择路径、文件名、保存信息和图像类型。在"Setup"对话框的"Record"菜单栏中，可选择照片下方的信息栏所显示的信息。

(7) 关机

① 所有操作结束后，单击操作界面右上角"HOME Z65"键，键左边蓝色指示条开始闪烁。当蓝色指示条停止闪烁时，样品台已恢复至初始位置（图4-20）。

图 4-19　照片浏览窗口

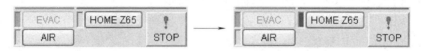

图 4-20　样品台复位按钮

② 关闭高压，等待 1min 后，单击"AIR"键，当放气完成时，打开样品仓，取出样品；关闭样品仓，单击"EVAV"键，当抽气完成时，单击操作界面右上角"关闭"键，出现"PCSEM"进度条。当进度条走完，SEM 程序即退出。

③ 关闭电脑，将前面板钥匙从"ON"转至"OFF"，断开背面总电源闸。

#### 4.1.2.5　仪器使用的注意事项

**(1) 操作前的准备**

在操作仪器之前，必须认真阅读仪器使用说明书，详细了解和熟练掌握仪器各部件的功能。为使仪器能正常运转和获取较好的分析性能，应确保实验室温、湿度等条件在要求的范围内。此外，样品必须按照要求制备完成才能进样。

**(2) 操作过程中注意事项**

在使用仪器的过程中，最重要的是注意安全，避免发生人身、设备事故。同时，严格按照仪器操作规程操作。

#### 4.1.2.6　扫描电子显微镜的应用技术

**(1) 试样的制备**

应用扫描电镜观察各种材料的微观结构和形貌，已经是很多研究领域的重要手段。要想取得满意的观察结果，除了要熟练掌握仪器操作技术外，还必须了解样品的性质、特点，科学地掌握样品的制备技术。

相对透射电子显微镜而言，扫描电镜的样品制备还是比较简单的，可以在保持材料原始形状不变的情况下直接进行观察。一般来说要求试样必须是固体，表面要处理干净，且还必须经过干燥处理，此外，样品尺寸不能太大，必须能安全地放在样品台上。对于导电良好的样品，一般可直接放入样品室中观察；对于不导电或导电不好的样品（如有机材料、塑料、橡胶、玻璃、纤维、陶瓷等），需要根据实际情况进行样品制备，并对样品表面进行喷金镀膜处理后才可放入样品室中观察。

对于块状固体，需要根据要求切割成小块，但不能破坏待观察的表面，然后用导电双面胶固定在样品台上；对于粉末状固体，一般可直接铺撒在导电胶表面；对于生物样品，一般还需要经过脱水、干燥、固定、染色等前处理；对于断面样品，则需要在制样时注意保护断面。

**(2) 真空镀膜**

使用扫描电镜进行观察时，样品的导电性对电镜观察非常重要。如果样品表面导电性能不好，将会直接影响观察效果，观察的图像会不清晰甚至不能进行观察和照相。因此，对于导电性不好的样品，在样品制备好后要进行真空镀膜（亦称喷金或熬金）处理。

喷镀一般使用真空镀膜仪或等离子溅射仪在样品表面蒸涂（沉积）一层重金属（Au 或 Pt）导电膜，因为 Au 或 Pt 导电膜具有导电及导热性能好、化学性质稳定、二次电子发射率高等优点。

镀膜的厚度根据样品状态和观察目的不同而略有差异，一般在 10～30nm 之间。镀膜太厚会影响样品微细结构的分辨，镀膜太薄在观察时会产生放电现象，必须根据样品表面粗糙状况及性质来灵活掌握。另外，有的样品还需要先喷碳再喷金。

**(3) 扫描电镜在分析中的应用**

扫描电镜主要用来观察样品表面微观形貌，但是当它与其他仪器，例如波谱仪、能谱仪、电子背散射衍射仪等联用时还能进行微区成分分析和微区晶体学的研究。

① 微区成分分析。当使用高能电子束照射样品表面时，样品受到激发，会发出特征 X 射线信号，通过分析特征 X 射线的波长（或能量）就能定性地分析样品中所含元素的种类，通过分析 X 射线的强度还可定量地分析对应元素的含量。其中，检测 X 射线波长的仪器叫波谱仪（WDS），检测 X 射线能量的仪器叫能谱仪（EDS）。

a. 波谱仪。不同元素具有不同波长的特征 X 射线，波谱仪利用分光元件将样品表面激发出的 X 射线按波长色散开，再将其转换成电信号输出，形成波长色散谱。

b. 能谱仪。每种元素的特征 X 射线波长取决于能级跃迁过程中释放出的特征能量 $\Delta E$，能谱仪利用半导体检测器测定其能量，将其转换为与之成正比的电信号输出，形成能量色散谱。

能谱仪中最关键的部件是它的探测器，其性能决定了能谱仪的检测范围、分辨力、精度、检测限等。目前最常使用的是锂漂移硅探测器。由于能谱仪仅是对样品表面的微小区域进行分析，所以一般仅用于半定量分析。

能谱仪的分析方法分为三种：点分析、线分析、面分析。点分析是对样品表面选定的点做定点的全谱扫描；线分析是在样品表面沿选定直线轨迹进行扫描；面分析则是在样品表面选定区域做光栅扫描。能谱仪具有快速、高效、简便等优点，近年来随着性能的不断提升，其应用已远远大于波谱仪。

② 微区晶体学研究。扫描电镜和电子背散射衍射仪（EBSD）相结合后可以对材料进行区域晶体学研究。随着技术的发展，现在的 EBSD 已经实现了完全自动化，广泛应用于材料科学、地质学等领域。

电子背散射衍射仪一般安装在扫描电镜或电子探针上，入射电子束照射到样品表面激发出背散射电子，形成背散射衍射。由电子背散射衍射可以得到该微区的晶体学信息，包括晶体对称性信息、晶体取向信息、晶体完整性信息和晶格常数信息。

#### 4.1.2.7 扫描电镜的维护保养

仪器的日常维护保养主要在于真空泵、灯丝和光阑的维护保养，以及定期检查泵油的情况，根据需求清洗或更换泵油。每个厂家的仪器维护保养方法都不相同，要在厂家的指导下进行，避免损坏仪器。

① 保持电镜室洁净无尘，采用空调、抽湿等手段控制好室内环境因素，使室内温度在15~25℃之间，湿度在50%以下。

② 长期保持电镜处于一定的真空状态，真空度一般要求在 $10^{-5}$ Torr 以上。也就是说电镜尽量不关机，关机了也要定期抽真空，雨季里每5天抽一次，其他季节每7天抽一次，以防电镜镜头及能谱仪内部元器件腐蚀。

③ 经常检查机械泵的油液面，看液面是否在窗口油位刻线的水平上。若在窗口油位刻线的水平下，应马上添加机械供油，如果观察到机械泵窗口油呈茶色，应马上更换机械泵油。有些真空泵还需要经常定期进行放气操作。

④ 定期清洗镜筒内的活动光阑、样品台、电子枪室等易受污染的部件，确保电子光路正常工作。在清洗的时候，光阑用真空喷涂以加热清洗，样品台和电子枪室用棉球蘸酒精/丙酮（1:1）混合液清洗。

⑤ 定期开启电镜不常用的背散射电子成像系统、成分成像系统、拓扑成像系统、立体成像系统等功能系统，防止电气元件老化。每次开启时间不应少于1h。

⑥ 电子枪灯丝为易耗件，使用时应注意以下事项：

a. 新灯丝的表面可能吸附一定量的空气、水汽，当它被安装到电镜镜筒里时，会从灯丝表面缓缓释放，影响镜筒的真空度，腐蚀灯丝。因此，新灯丝在更换前要先经过去潮、去气处理，可在45℃电热箱内放置数小时，然后放入透射电镜底片抽气室预抽气数小时以除去新灯丝上吸附的残余空气和水汽。

b. 干燥好的样品若暂时不用，可放在干燥器或真空中保存，样品黏在样品台导电胶上后最好放入透射电镜底片抽气室预抽气数小时再放入电镜观察。

c. 饱和点调低一点，满足要求即可。扫描电镜钨灯丝有两个饱和点：第二饱和点用于高分辨率观察照相，如果对图像要求不高或做EDS，可以在第一饱和点工作，这样可以延长灯丝的寿命。

d. 高真空抽到后等几分钟，让真空度更高。换样品放气前等几分钟，让灯丝冷却下来再放气，避免过热灯丝与大气接触而氧化灯丝。

e. 加速电压不宜用得过高，满足要求即可，能用低电压就不用高电压。放大倍数不超过一万倍时一般15~20kV就可以了。同时，应保持工作电压与工作距离的相对稳定，如无特殊需要，不要经常更换电压与工作距离，因为频繁更改电镜工作参数不利于电镜稳定工作。

f. 平时尽量少频繁开关灯丝，次数过多对灯丝不利。

## 4.2 透射电子显微镜

透射电子显微镜（TEM，透射电镜）的发明在现代科学技术发展史上十分重要。首先，它具有很高的放大倍数。一般来说，光学显微镜最高只能观察到200nm，前文所述的扫描电子显微镜的检测限约为1nm，而透射电子显微镜的检测限可以达到0.1nm左右，并且其观察到的结果清晰、真实可靠、变形小。其次，对于一些研究领域，比如生物学、材料学、医学等等，往往科研人员需要观察的是样品的内部结构，而非表面形貌，此时扫描电子显微镜就不满足人们的需要了，而透射电子显微镜则能够观察到样品内部结构的平面投影像。因此，透射电子显微镜作为一种集多种功能于一身的综合性大型分析仪器，是展示微观世界的一项极为重要的仪器。

透射电子显微镜的基本原理与光学显微镜的成像原理比较类似，不同之处在于，透射电子显微镜使用电子束作为光源，在加速电压的作用下经聚光镜汇聚，然后照射样品。由于高能电子可以穿透样品，穿过样品的电子束携带着样品的结构信息经后面的电磁透镜放大后，在荧光屏上显示出图像。一般来说，透射电子显微镜的成像可以分为三种情况：一是基于样品对电子的散射作用，样品中厚度较大的地方对电子的散射角大，通过的电子少，成像较暗；二是基于样品对电子束的衍射情况，其衍射波振幅分布对应样品晶体中各部分不同的衍射能力，当出现晶体缺陷时，其衍射波振幅分布与晶体完整区域不同，从而在成像上反映出样品的晶体缺陷分布；三是基于样品相位的变化，当样品厚度在 100nm 以内时，电子可以穿透样品，成像主要来自相位的变化。

## 4.2.1 透射电子显微镜简介

一般来说，如图 4-21 所示，一台透射电子显微镜是由电子照明系统、样品装置、成像系统、真空系统、电源系统、记录系统等部分组成的。

**(1) 电子照明系统**

透射电子显微镜的电子照明系统由电子枪、聚光镜两部分组成。电子枪是透射电子显微镜中的电子源，由阴极灯丝、栅极、阳极组成。灯丝发射出所需的电子，在阳极加压后，电子得以加速。电子束的能量与加速电压有关，形状则由栅极来控制。透射电子显微镜中常用的是热阴极三极电子枪。在电子照明系统中还配有聚光镜，主要用来调节电子束的电流强度、束斑大小和孔径角。一般的仪器都使用双聚光镜。经过聚光镜汇聚后，可以得到束斑较小、亮度较高、相干性较好的电子束。

**(2) 样品装置**

透射电子显微镜的样品装置一般由样品杆、样品台和气锁装置组成。样品杆用来放置样品台，可插入透射电镜中，一般分为顶插式和侧插式两种插入方式。样品台用来放置直径不超过 3mm 的样品，连接在样品杆上，在移动装置控制下可以使样品沿 $x$、$y$ 轴移动，从而找到要观察的部位。气锁装置主要是用于保证电镜主体的真空。

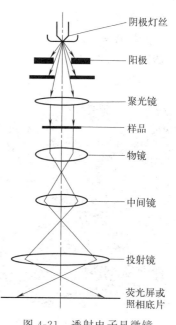

图 4-21 透射电子显微镜结构示意图

**(3) 成像系统**

透射电子显微镜的电子照明系统产生的高能电子束穿过样品后，携带有样品结构的信息，经过电磁透镜的汇聚作用实现电子束的放大和成像功能。成像系统主要包括物镜、中间镜、反差光阑、衍射光阑、投射镜等部件。其中，物镜是成像系统的关键部件，决定了透射电子显微镜的成像质量和分辨率，它负责将样品中的微细结构成像、放大。中间镜是可变倍率的弱磁透镜，主要对电子像进行二次放大。投射镜是短焦距强磁透镜，它将二次像和衍射谱投射到荧光屏上，形成最终的电子像和衍射谱。透射电子显微镜成像原理见图4-22。

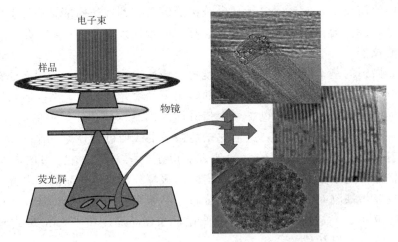

图4-22 透射电子显微镜成像原理

**(4) 真空系统**

透射电子显微镜要求真空度越高越好，一般来说至少要到 $10^{-5}$ Torr 以上。因此，仪器需要真空系统来保持镜体的高真空度。真空系统由机械泵、油扩散泵、离子泵、真空管道、真空仪表等部件组成。

**(5) 电源系统**

透射电镜的电源系统较多，包括高压直流电源、透镜激磁电源、偏转器线圈电源、电子枪灯丝加热电源、真空系统控制电路、真空泵电源、照相驱动装置及自动曝光电路等。

**(6) 记录系统**

电子图像最终反映在荧光屏上，并可照相拍摄成照片保存数据。

## 4.2.2 透射电子显微镜的使用方法和维护

目前世界上透射电子显微镜生产商也不多，主要是FEI公司（美国）、日立（Hatachi）公司（日本）、日本电子株式会社（JEOL，日本）、蔡司（Zeiss）公司（德国）。下面介绍FEI公司生产的 Tecnai $G^2$ 20 ST 透射电镜，如图4-23所示。

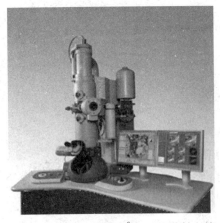

图4-23 FEI Tecnai $G^2$ 20 ST 透射电镜

**4.2.2.1 仪器的安装要求**

**(1) 对环境的要求**

室温要求保持在15～25℃，最好保持恒温；湿度要求小于60%，室内安装空调、除湿器。仪器要求远离火花电弧、变电设备、高频设备等强磁设备，仪器安放地要求远离公路、铁路、地铁、电梯等地面震动源。

**(2) 对电源的要求**

仪器要求独立供电，电压为交流220V，误差小于±10%，50Hz。一般情况下，透射电子显微镜电源是一直开机的，为防止断电损坏仪器，应配有不间断电源（UPS）。电镜单独制作地线，不可连接其他设备。

#### 4.2.2.2 仪器的主要附件

透射电子显微镜的主要附件包括 UPS、样品杆等。UPS 可防止停电等事故对仪器造成损害。

#### 4.2.2.3 仪器的主要技术指标

仪器的主要技术指标如表 4-1 所示。

表 4-1 FEI Tecnai G$^2$ 20 ST 透射电镜主要技术指标

| 最高加速电压 | 200kV | 放大倍数 | 25~1030 倍 |
|---|---|---|---|
| 电子枪 | LaB$_6$ 或 W 灯丝 | 样品台最大倾转角 | A 为±40°,B 为±40° |
| 点分辨率 | 0.24nm | X 射线能谱分辨率 | 136eV |
| 晶格分辨率 | 0.14nm | 分析范围 | Be~U |
| 最小束斑尺寸 | 1.5nm | | |

#### 4.2.2.4 仪器的使用操作

(1) 登录系统

一般情况下,透射电子显微镜的电源是不关闭的,因此无需开电源,可以直接登录仪器操作软件。TecnaiUser Interface 为主程序,通常已经启动,Gatan Digital Micrograph 为拍摄软件,进行形貌观测时使用。

(2) 装液氮

在确定仪器正常运行后,将液氮小心地倒入杜瓦瓶中,装满后盖上盖子。

(3) 进样操作

取下样品杆前端套筒,将专用工具插入夹子前面的孔中,然后提起夹子到最大可能的角度。将待测样品装入样品杆,样品正面需朝下。用工具把夹子小心地降到样品之上,并确保样品保持在正确位置。水平拿持样品杆末端,使样品杆上的定位销对准样品台上的狭缝,慢慢插入样品杆直到不能继续插入为止。这时样品台上的灯亮,机械泵开始预抽样品室气锁处的真空。大约 3min 以后,样品台上的红灯熄灭,逆时针旋转样品杆直到不能继续旋转为止,然后必须握紧样品杆末端(此时真空对样品杆有较强的吸力作用),使样品杆在真空吸力作用下慢慢滑入电镜。

(4) 加灯丝电流

在 Filament 中加上灯丝电流,达到要求后,等镜筒部分的真空数值降到 20 以下才能开始其他操作。

(5) 观测操作

在控制台上,按仪器操作规程操作,包括合轴、找样品、聚焦等,对样品进行观测,拍照后保存图像。

(6) 结束操作

实验完成后,首先关闭 Col. Valves,然后退掉灯丝 Filament,按操作规程取出样品杆,卸载样品,进行真空低温操作,取出杜瓦瓶。关闭操作软件,但一般不能关闭计算机。

#### 4.2.2.5 仪器使用的注意事项

(1) 使用前的注意事项

透射电子显微镜在使用前应注意检查电源、仪器的状态,如果发现真空或高压电状态异常，应及时联系技术员处理。仪器本身比较昂贵，且在使用时存在高压电、低温、高压气流、电离辐射等多种危险因素，因此使用前需详细了解仪器操作规程，未获得授权不得操作仪器。

(2) 使用时的注意事项

① 不能用透射电子显微镜观测磁性样品，否则会损坏仪器。不能用 CCD 相机采集衍射图谱。在进样操作过程中，任何时候都不能用手触摸样品杆 O 形圈到样品杆顶端的任何部位。

② 每周最好进行一次灯丝像的观察和准确的电子枪合轴调整，以得到最好的使用效果，延长灯丝寿命。

③ 每隔一段时间（例如一个月），将合轴好的数据进行保存，以便在出现错误操作时能够还原到正确，建议不要过于频繁地开关电子透镜电源，通常建议常开，稳定系统。如要对冷阱进行烘烤则必须关掉 LENS 电源。

(3) 使用后的注意事项

① 测试结束后，将倍率设置在 40k，调节 BRIGHTNESS 按钮使光斑散开与荧光屏大小一致即可，并将物镜电压设置在标准值 120kV。

② 先关闭灯丝电流，测角台归中后才能拔出样品杆。

③ 如果冷阱加有液氮，测试结束后，关闭高压和 LENS 电源，撤出所有光阑，往冷阱中插入加热棒，烘烤冷阱。

#### 4.2.2.6 仪器的维护保养

仪器的维护保养需在专业人员指导下进行，日常主要注意真空泵的保养以及液氮等耗材的使用情况。

(1) 电镜维护

日常维护和检查主要包括房间卫生保持清洁、注意循环水的温度是否正常、倾听机械泵是否有异常噪声、查看电镜软件界面真空图中各皮氏规是否正常、观察样品杆的清洁度等。

透射电镜要求其所安放的环境必须非常清洁，房间温度必须保持在 15~25℃，且温度波动小于 1℃/h。房间最好配置除湿机，以保证湿度小于 60%。

为保证电镜的最佳使用性能、保持良好的镜筒内部真空度（正常时离子泵真空计指示值应小于 $4 \times 10^{-5}$ Pa），一般情况下是不关闭设备的，所以必须每天关注机械泵是否正常运转，并定期查看泵油是否足够。一旦出现电镜真空系统变差时，即皮氏规和潘宁规数值变大过多甚至发生离子泵停止工作，需逐级排查机械泵、油扩散泵和离子泵的运行情况。

电镜中的循环水主要提供给油扩散泵和灯丝系统，循环水温度不能出现较大的波动（波动不超过 0.1℃/h），以免造成灯丝工作不稳定和影响油扩散泵的正常工作。每个月对循环水散热器片进行清理，观察循环水位是否达到、循环水是否清洁，否则进行补充或更换。

空压机和电镜主机左侧的压缩空气管路需定期进行放水，防止水汽的大量聚集造成对设备的损害。

如果没有测试试样的工作，可以将干燥的空样品杆经预抽彻底后插入镜筒内，既可以防止灰尘进入测角台，也能保持样品杆的清洁。定期对样品杆上的 O 形圈涂抹真空脂，增强其密封性能。压力过低时应及时补充，但必须注意绝对不能在高压开启的情况下补充 $SF_6$ 气体，以免造成对设备和人体的伤害。补充 $SF_6$ 气体时也应注意室内通风，防止 $SF_6$ 气体泄漏使氧浓度降低而造成人体伤害事故的发生。

**(2) CCD 相机维护**

CCD 相机的日常维护项目相对要少得多。工作前必须注意观察底插式 CCD 相机控制盒是否处于制冷状态,绝对禁止在未制冷时进行拍照,以免损坏 CCD 相机。每季度或半年对 CCD 相机进行采集参考图像的校正,以获得最佳的照片效果。对侧插式相机,拍完照片(特别是在衍射模式下),必须立即撤出光路。

当长时间(如周末、休假 2 天以上)不使用 CCD 相机时,可关闭底插的控制盒电源,或设置软件上的停止制冷状态,防止电路发生意外而损坏控制盒。

**(3) 能谱仪的维护**

能谱仪需液氮冷却才能正常工作。一般 3~5 天后即需往能谱仪的杜瓦瓶内添加液氮,保证持续制冷。在湿度大的情况下,杜瓦瓶瓶口周围可能会凝结一些水,可用毛巾擦干清理,或在室内运行除湿机以减少水的凝结。如果长时间不使用,杜瓦瓶可不加液氮,使之处于室温状态,但必须将制冷探头设定为"warm",并把设备的控制盒开关关闭。

### 4.2.2.7 透射电子显微镜的应用技术

**(1) 样品的处理**

对于透射电子显微镜的应用,样品的处理是十分重要的技术。由于电子穿透样品的能力较弱,因此要求样品本身要足够薄,同时制样的时候不能损伤样品本身的结构。对于一般常规的样品而言,常规的制样方法就可以满足要求,但是对于一些特殊的样品,特别是生物样品,其制样方法就较为复杂。

① 粉末法。对于一般粉末、矿物、陶瓷等样品而言,制样常采用粉末法。将样品研磨成细小粉末颗粒,将其加入溶剂中形成均匀的悬浊液,然后将溶液滴在载网上,等溶剂挥发后就完成制样。透射电子显微镜中使用的载网种类很多,有铜网、镍网、银网、金网、铂网、塑料网、不锈钢网、尼龙网等,一般来说直径为 3mm。载网上有网孔,不同规格的载网具有不同的网孔数,透射电子显微镜最常用是直径 3mm 的铜网。为了使得样品有效地负载在载网上,载网上还需要先覆盖一层电子透明的支持膜,常用的为有机膜和碳膜两种,如果要做高分辨率观察,一般来说要使用碳膜。粉末法制样方法简便,但是对于一些单晶或者块状样品来说,其组织结构容易被破坏。

② 离子减薄法。为了保证样品能保持组织结构,可采用离子减薄法制备样品。将样品切割成较小的块体,并用蜡块固定在样品架上,用机械研磨法将样品磨薄至几十微米,然后用环氧树脂固定在直径为 3mm 的铜环上,放入离子减薄机进行离子减薄。离子减薄技术可以用于制备很多种材料的 TEM 样品。

③ 生物样品的制样。使用 TEM 来观测生物样品,样品的处理十分重要,主要的处理技术有超薄切片技术、负染色技术、冷冻蚀刻复型技术等,其中最常用的是超薄切片技术。超薄切片技术要求样品的切片均匀,厚度在 50~70nm 之间,切片无污染,能够耐高真空、耐电子束轰击。使用超薄切片技术来制备生物样品一般来说需要经过以下几步:取材、固定、清洗、脱水、置换、渗透、包埋、聚合、修块、超薄切片、捞片、染色等。从生物体取出要研究的材料后,需要立即对其进行固定,固定的方法包括物理方法(冷冻、加热等)和化学方法,常用的是化学方法,例如戊二醛、锇酸、多聚甲醛等固定液。固定完成后使用固定液的缓冲溶液清洗,并用有机溶剂进行脱水处理。脱水处理后的样品用脱水剂和包埋剂的混合溶液进行渗透,逐渐增加包埋剂的比例,使得包埋剂逐步取代脱水剂,然后将样品置于模具中,加入包埋剂进行包埋。常用的包埋剂是环氧树脂类试剂。包埋聚合完成后,将样品

的包埋块进行修块，再使用超薄切片机进行切片，得到符合要求的样品切片。最后，将符合要求的样品切片负载到载网上。有时为了增加样品在TEM中的反差，常用重金属盐，如醋酸双氧铀和柠檬酸铅对样品进行染色处理。

(2) 功能与应用

作为一种综合性大型分析仪器，TEM在材料、物理、化学、生物、医药、冶金、矿物等多种学科中都有许多应用，已经成为这些学科进行研究工作必不可少的研究工具之一。

① 形貌观测。这是TEM的最基本的功能，这一功能与光学显微镜相似，可以观察样品的大小、厚薄及形状等微观结构。但是现代TEM的放大倍率可以轻易达到几十万倍，从而直接观察纳米级颗粒的形貌，因此在生物、高分子材料、无机非金属材料等方面有比较广泛的应用。

② 物相分析。TEM的另一项最基本的功能就是利用电子衍射技术进行晶体的物相分析。对于粉末材料而言，进行物相分析的最常用手段是X射线衍射分析，但是如果样品中某些相的含量过低，就很难用X射线衍射的方法加以表征，这时，电子衍射方法就是一种极好的补充方法。此外，电子衍射方法还可以通过形貌观察结合电子衍射方法得出某种物相颗粒的分布情况。

除此以外，TEM还可以用来分析某些常规衍射法无法分析的特殊晶体结构，也可以分析晶体材料中的微观结构缺陷，装备有能谱仪（EDS）的TEM还能进行微区成分分析和元素分布分析。

## 4.3 X射线粉末多晶衍射仪

X射线衍射技术是利用X射线的波动性和晶体内部结构的周期性进行晶体结构分析的。早在1895年，德国物理学家伦琴发现了具有特别强的穿透力的X射线，1912年，德国物理学家劳厄等人发现了X射线通过晶体时产生的衍射现象，从而证实了X射线是一种电磁波。同年，英国物理学家Bragg父子提出了著名的布拉格方程，成功解释了劳厄的实验现象以及X射线晶体衍射的形成，并利用X射线衍射测定了NaCl晶体的结构，从此开创了X射线晶体结构分析的历史。1916年德国科学家德拜和谢勒、1917年美国科学家Hull分别提出了X射线粉末多晶衍射，开始了X射线衍射分析多晶聚集体和混合物晶体结构的新时期。

X射线衍射仪具有快速、准确、方便等优点，应用范围非常广泛，现已渗透到物理学、化学、地质学、生命科学、材料科学以及各种工程技术科学中，成为一种重要的实验手段和分析方法。

X射线本质是上一种电磁波，波长很短，大约在$10^{-10} \sim 10^{-6}$cm之间，具有波粒二象性。

固态物质按其原子、离子或分子在三维空间的排列方式分为晶体和非晶体两大类。晶体和非晶体的最主要区别在于晶体的内部结构具有三维空间排列上的周期性，而非晶体则没有。晶体和非晶体在一定条件下可以互相转化。在晶体中，有单晶、多晶、微晶、纳米晶等概念之分。单晶是指整个晶体或晶粒中的原子按同一周期性排列，它通常是由一个核心（晶核）生长而成的；由许多小的单晶体按不同取向聚集而成的晶体则称为多晶，目前自然界中存在的大多数晶体都属于多晶体。

晶体按一定几何规律排列的内部结构就称为晶体结构。晶体结构可分为 7 个晶系、14 种布拉维点阵类型。晶胞是晶体的最小单元，晶体结构参数主要包括：晶向指数、晶面指数、晶系及晶带等。

晶体物质在空间分布的周期性，可用空间点阵结点的分布规律来表示，如图 4-24 所示。空间点阵的结点是晶体中具有完全相同的周围环境，并具有完全相同物质内容的等同点。

连接点阵中相邻结点而形成的多面体，称为晶胞。每种晶体都有它特有的晶体结构，不同种类的晶体可以具有同种类型的空间点阵。晶胞可以有许多选取方式，选取时要较好地表现出晶体的对称性。晶胞是晶体结构的最小单位，如图 4-25 所示，可以由 $a$、$b$、$c$ 和 $\alpha$、$\beta$、$\gamma$ 六个参数决定，这六个参数称为晶胞参数。

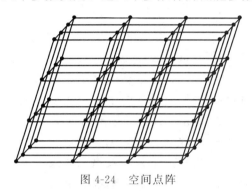
图 4-24 空间点阵

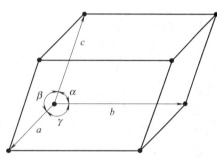
图 4-25 晶胞参数

在晶体学中常用晶向指数、晶面指数来表示点阵平面的空间取向。晶向和晶面是晶体几何学中的重要概念，而晶向指数和晶面指数是描述晶体结构的最基本参数。当单位晶胞确定以后，就可以确定空间点阵中不通过原点，但离原点最近的一些点阵平面的特征。取该平面在 $x$、$y$、$z$ 三轴的截距的倒数并约化为互质整数 $h$、$l$、$k$，再外加圆括弧后用 $(hlk)$ 来表达晶面指数。其余远离原点的平面都可以依次来表达，以基矢为单位测定该平面在 $x$、$y$、$z$ 三轴上的截距，而后取它们的倒数，并乘以截距的倍数的最小公倍数，即可求得这些平面的晶面指数。

一组指数为 $(hlk)$ 的晶面是以等间距排列的，这个间距称为晶面间距，用 $d_{hlk}$ 或简写成 $d$ 来表示，它是晶格常数 $a$、$b$、$c$ 和晶面指数 $h$、$l$、$k$ 的函数。随着晶面指数的增加，晶面间距减小。$d$ 和 $(hlk)$ 的关系式由晶系决定，晶体按其对称特征分为七大晶系，与七大晶系对应的共有 14 种空间点阵（布拉维点阵）。

由于晶体的点阵结构可以看为一组相互平行并且等距离的原子平面，而原子面间距与 X 射线的波长数量级相当，因此当 X 射线照射到晶体上时会产生衍射现象。当光线照射到物体边沿后通过散射继续在空间发射的现象称为衍射。如果采用单色光，则衍射后将产生干涉，从而引起相互加强或减弱的物理现象。X 射线衍射实质上是晶体中各原子散射波之间的干涉现象，当 X 射线照射到晶体上时，会受到晶体中原子的散射，成为一个新的散射源而将入射的电磁波向各个方向散射。由于原子在晶体中是周期排列的，周期性散射源的散射波之间的相位差相同，因而在空间产生干涉。相消干涉相互抵消，相长干涉则增强，干涉增强就会在某些方向出现衍射线。当 X 射线照射到非晶体上时，由于非晶体结构为长程无序、短程有序，因此不会产生明显的衍射线。

衍射必须满足适当的几何条件才能产生，衍射线的方向与晶胞大小和形状有关，目前应用较多的决定晶体衍射方向的基本方程是布拉格方程：

$$2d\sin\theta = n\lambda$$

式中，$d$ 为晶面间距；$\theta$ 为布拉格角或掠射角；$\lambda$ 为入射 X 射线的波长；$n$ 为衍射级数，可取 1，2，3，…（整数）。布拉格方程在解决衍射方向时是极其简单而明确的。波长为 $\lambda$ 的 X 射线，以 $\theta$ 角投射到晶面间距为 $d$ 的晶面系列时，才有可能在晶面的反射方向上产生衍射线。因而当入射线波长选定后，衍射线的方向是晶面间距的函数，从而可以确定晶胞的形状和大小。

### 4.3.1　X 射线粉末多晶衍射仪简介

X 射线粉末多晶衍射仪主要由 X 射线发生器、测角仪、探测器、计算机系统四个部分组成。

**(1) X 射线发生器**

产生 X 射线的装置是 X 射线发生器，它由 X 射线管、高压发生器、冷却装置、安全保护系统等构成，其核心是 X 射线管。其原理是在高真空下，高速运动的电子流在遇到障碍物突然被减速时，由于与物质的能量交换作用从而释放出 X 射线。由于高速运动的电子与靶材碰撞时发生了两种形式的相互作用，因此 X 射线管发出的 X 射线谱有特征 X 射线谱和连续 X 射线谱两种形式。特征 X 射线谱是特定波长的较强的 X 射线，通常情况下，X 射线粉末多晶衍射仪主要使用特征 X 射线作为单色 X 射线光源。特征 X 射线谱的波长主要取决于所用的靶材，靶材的原子序数越大，产生的 X 射线波长越大，从钒到银的金属均能作为靶材材质，最常用的还是 Cu 靶材。

**(2) 测角仪**

图 4-26　测角仪示意图

如图 4-26 所示，测角仪是整个衍射仪的核心部分，包括精密的机械测角器、样品架、狭缝、滤色片或单色仪等。

测角仪的光学系统分为两种，即聚焦光学系统和平行光束光学系统，其中聚焦光学系统较为常用。使用聚焦光学系统的测角仪，其线焦与测角仪转动轴平行，线焦到测角仪转动轴的距离与轴到接收狭缝的距离相等。线焦和接收狭缝位于以样品为中心的圆周上，此圆称为衍射仪圆，半径一般为 185cm。当样品与探测器始终以 1∶2 的转动角速度同步旋转时，无论在何角度，线焦、样品和探测器都在同一个圆面上，而且样品被照射面总与该圆相切，此圆则称为聚焦圆。如果事先设置好测角仪，使入射 X 射线、样品表面、探测器呈一条直线，则样品台绕中心轴线转动 $\theta$ 角时，探测器绕中心轴线转动 $2\theta$ 角。此时，入射 X 射线与样品表面的夹角及衍射线与透射线的夹角始终能保持 $\theta:2\theta$ 的关系。当样品与探测器以 $\theta:2\theta$ 关系连续转动时，衍射仪就自动描绘出衍射强度随 $2\theta$ 变化的衍射谱图。

**(3) 探测器**

探测器是用来记录 X 射线衍射强度的，它包括换能器和脉冲形成电路，换能器将 X 射线光子能量转化为电流，脉冲形成电路再将电流转变为电压脉冲，并被计数装置所记录。较常用的计数装置是正比计数器和闪烁体计数器。

(4) 计算机系统

现代 X 射线粉末晶体衍射仪的操作基本实现了计算机自动化控制，且数据记录与数据处理系统也有相应的软件，可以通过系统软件直接设定管电压、管电流、扫描方式、扫描速度、扫描角度范围、步长、停留时间、各类狭缝宽度等仪器操作条件，十分方便快捷。并且，数据采集完成后可以直接通过数据处理软件进行处理。

### 4.3.2　X 射线粉末多晶衍射仪的使用方法和维护

目前世界上知名的 X 射线粉末多晶衍射仪制造商有理学（Rigagu）公司（日本）、布鲁克（Bruke）公司（德国），帕纳科（Panalytical）公司（荷兰）等。下面介绍帕纳科公司生产的 X′Pert³ Powder 粉末多晶衍射仪，如图 4-27 所示。

#### 4.3.2.1　仪器的安装要求

(1) 对电源的要求

电源可以使用 220V/50Hz/50A 的单相电，但相线、零线和地线均要使用截面积为 10mm² 的电线，需接地且电阻小于 0.5Ω。一般情况，最好配备稳压电源和 UPS。

(2) 对室内环境的要求

仪器放置在水平、坚固的地面上，周边不能有强电磁场干扰，需要配备工作台来放置计算机和打印机；建议房间温度为 15~25℃，温度变化小于 1℃/30min，高分辨仪器的房间温度为 22℃±1℃，室内湿度保持在 20%~80%，最好配有空调和除湿机；机器配有专门的水冷机，需提供足够的室内空间；室内无腐蚀性气体。

图 4-27　帕纳科 X′Pert³ Powder
粉末多晶衍射仪

#### 4.3.2.2　仪器的主要附件

仪器主要的附件包括如下所示。

(1) 水冷机

水冷机主要用于为仪器提供冷却水，主要是防止仪器光管过热而造成损坏。

(2) Highscore Plus 软件包

Highscore Plus 软件是综合物相鉴定、结晶分析和簇分析、谱图拟合和织构（Rietveld）等应用的全套分析软件。

(3) 狭缝

不同规格的狭缝可以实现不同 2θ 角度测量的需要。

#### 4.3.2.3　仪器的主要技术指标

功率为 3kW；测角仪重现性为 0.0001°；最大有效测量范围（取决于配件）：−40°<2θ<220°。

#### 4.3.2.4　仪器的操作与使用

(1) 开机操作

首先打开水冷机电源，再打开仪器电源，按下"Power On"按钮，仪器启动后再打开测角仪电源。最后打开计算机，点击仪器控制软件，与仪器建立连接。

(2) 设定参数

按仪器使用说明，在控制软件中设定管电压、管电流到需要值，再进行光管老化操作，老化完成后才能开始测量。建立分析方法，设定扫描方式、扫描速度、扫描角度范围、步长、停留时间、各类狭缝宽度等仪器操作条件。

(3) 测量样品

样品制备完成后，将样品台放入样品室，关闭仪器仓门后在软件系统中点击测量按钮开始测量，每个样品测试结束后，测角仪会自动回到原位，等待片刻后打开样品室的门，取出样品。测量完成后保存测量数据。

(4) 关机操作

测量完成后，按规程首先将管电压、管电流设回原值，再关闭软件、仪器电源、计算机，最后关闭冷水机电源。

### 4.3.2.5 仪器使用的注意事项

(1) 仪器使用前的注意事项

仪器在使用前应注意检查电源、仪器的状态，如果发现异常，应及时联系技术员处理。特别是要留意仪器门上的铅玻璃是否损坏，如有损坏要立即停用仪器。仪器本身比较昂贵，且在使用时存在X射线辐射等危险因素，因此使用前需详细了解仪器操作规程，未获得授权不得操作仪器。

(2) 仪器使用时的注意事项

X射线管和探测器的窗口都是铍制造的，不能触摸，更不能随意丢弃X射线管和探测器。如果快门无法打开，通常因某个安全回路工作不正常所致，不能试图跳过安全回路。在关门时，应尽量避免过度用力以免影响安全系统。

(3) X射线管的使用注意事项

① 一般规则

a. XRD射线管的使用寿命可以很长，主要的决定因素在于使用和维护。

b. XRD射线管希望始终处于受热状态，在这种状态下可以保持工作状态并且保持良好的真空。

c. 待机功率及电流不能太高，否则会消耗光管寿命。

d. 待机状态下高电压没有问题，它能够有助于光管的稳定工作以避免打火。

e. 铍窗口是易碎和有毒的，在任何情况下，请不要触摸铍窗口（包括清洁）；要避免任何样品掉落到铍窗口。

f. 冷却水总是很重要的，包括其成分、温度及流量。

g. 较冷的水不比较热的水冷却效果更好，最佳的冷却水温度是20～25℃；在较热和高湿环境下，冷却水温度也要较高；最好高于露点温度。

h. 当超过1h不用仪器时，将X射线管设定至待机状态。

i. 当超过两星期不用仪器时，将X射线管高压关闭。

j. 当超过十星期不用仪器时，将X射线管拆下。

k. 对新的X射线管、超过100h未曾使用和曾经从仪器上拆下的X射线管，必须进行正常老化；对超过24h但小于100h未曾使用的X射线管进行自动快速老化。

l. 在升高压时先升电压后升电流。

m. 在降高压时先降电流后降电压。

② 衍射仪开、关机及待机设定

a. 当超过 1h 不用仪器时，将 X 射线管设定至待机状态，这将延长使用寿命。

b. 待机功率和电流至少设定至 40kV、10mA，对于陶瓷 X 射线管请设定至 45kV、20mA。

c. 在关闭高压后 1~2min 内必须完全关闭水冷系统。

d. 千万不要通过关闭冷却水去关闭 X 射线管高压。

③ X 射线管水路系统的维护

a. 干净和不间断的冷却水流量与冷却水本身是一样重要的。

b. 光管水路需要定期检查和清洁。

c. 如果光管的强度不寻常地下降，很大的原因是光管的冷却不好。

④ 阳极和滤网的清洗

a. 每工作 4000h 或 5000 个样品至少清洗一次。通过观察冷却水的流量可以进行判断，新光管在 5.1~5.2L/min，发现显著下降了（比如 4.5L/min），说明需要清洗滤网。

b. 冷却水不干净时需要更频繁地清洗。

c. 用柔软的小毛刷进行清洗。

d. 拆下光管底部，将光管阳极端朝上，然后将醋酸（$CH_3COOH$，10%）或盐酸（$HCl$，4%）倒在阳极上，等待 30min 后用水擦洗干净。

重复以上过程直至将阳极清洗干净。

**(4) 有关安全的注意事项**

① X 射线管和探测器的窗口都是铍制造的，切勿触摸这些铍窗口，同时更不要像普通垃圾一样丢弃 X 射线管和探测器，可以将损坏的 X 射线管和探测器返回厂家，然后由工厂负责进行合理处理。

② 如果快门无法打开，通常因某个安全回路工作不正常所致，千万不要试图跳过安全回路。

③ 如果仪器门上的铅玻璃损坏，请立即停用仪器。

④ 在关门时，尽量避免过度用力以免影响安全系统。

**(5) 测角仪使用的注意事项**

① 测角仪一般 1~2 年内应请厂家维护一次。

② 测角仪 $2\theta$ 角校准有很多方法，通常可采用标准物质测定，比如使用厂家提供的标准硅片，通过对比标准卡片峰位置进行校准，如 28.44°，偏差在 ±0.02° 内为正常。

#### 4.3.2.6 X 射线粉末多晶衍射仪应用技术

**(1) 样品处理技术**

X 射线粉末多晶衍射仪对样品的要求比较严格，样品必须具有一块足够大的光滑平整的表面，且能够固定在样品夹上并保持待测表面与样品板表面完全保持在同一平面上。

样品可以是粉末、薄膜、块状体、片状体、浊液等，不同制样方式对最终衍射结果影响较大。

① 粉末样品的制备。粉末样品要求首先进行研磨，粒度要求约 1~5μm。制作粉末样品时将粉末装填在玻璃制成的特定样品板的凹槽内，用一块光滑平整的玻璃片压紧，然后将高出样品板表面的多余粉末刮去，如此重复几次即可使样品表面平整。

② 薄膜、块状、片状样品的制备。薄膜、块状体、片状体的制备比较简单。一般选用铝制窗式样品板，使其正面朝下放置在一块表面平滑的厚玻璃板上，将待测样品切割成与窗孔大小相一致后，将待侧面朝下置于样品板窗孔内，并用透明胶带、橡皮泥等固定。固定在窗孔内的样品表面必须与样品板平齐。

③ 液状或膏状样品的制备。一般情况下，完全流动的液体样品不能用于X射线粉末多晶衍射。但是，如果液体样品能在玻璃片上形成一定厚度的膜，则可用于检测，如某些高分子溶液溶剂挥发后能在光滑的玻璃片上成膜；一些悬浊液只要浓度合适，滴涂在玻璃片上烘干后也可检测。此外，半流动的膏状体也可检测，将其装填在玻璃样品板的凹槽内，并将样品表面刮平即可。

(2) 应用技术

X射线粉末多晶衍射技术功能强大，应用十分广泛，可以应用于样品的物相定性和定量分析、晶体结构分析、宏观应力和微观应力的测定、晶粒大小的测定、结晶度的测定等方面，是现代开展科研工作十分重要的分析手段之一。本章主要介绍它在物相分析上的应用技术。

物相分析是指根据X射线照射到晶体上所产生的衍射特征来鉴定晶体物相的方法。物相分析除可获得物质所含的元素外，更侧重于元素间的化合状态和聚集态结构的分析。X射线粉末多晶衍射可进行晶态物质的物相定性分析和定量分析。

① 物相定性分析。每种结晶物质都有其特定的结构参数。因此，根据某一待测样品的衍射图谱，能够知道它们的存在状态。多相混合物的粉末衍射谱是由各组成物相的粉末衍射谱叠加而成的，并且在叠加过程中，各组成物相的衍射线位置不会发生变动，同一个物相内各衍射线间的相对强度也不变。因此，将未知物相的各衍射峰位置及相对积分强度与已知相的值进行匹配，如果两者相符，则表明未知物相与已知物相是同一物相。常用的比较方法有以下三种：a. 直接比较已知物相和未知物相衍射谱图的衍射峰位置、峰形和强度；b. 将所测未知物相的实验数据与标准衍射数据进行比对，物相定性分析所使用的标准衍射数据包括粉末衍射卡片（PDF）以及为方便检索而编制的各种索引；c. 利用计算机自动检索，该方法到目前为止还在不断完善中，计算机可根据已知条件，将实测的全部数据值与数据库中标准卡片全部数据进行比对，筛选出可能的物相。

② 物相定量分析。X射线多晶衍射能够测定多相混合物中各物相的含量，其定量分析原理基于各物相的衍射峰互不干涉，且每一物相衍射峰的强度是其含量的函数，通过计算衍射线的强度可以确定物相的含量。定量分析的常用方法有外标法、内标法等，这里不再详细叙述。由于各物相的衍射峰强度容易受到仪器、样品、实验条件等各方面的影响，多相混合物的物相定量分析非常复杂，因此误差较大。

## 4.4 实验项目

### 项目 X射线衍射仪和扫描电子显微镜的使用与维护

**1. 说明**

本项目主要训练XRD和SEM两种仪器的基本使用方法，并演示日常维护手段。

2. **帕纳科 X pert pro 的维护与调试**

① 粉末样品的制样;
② 仪器开、关机和样品测试;
③ 样品台的清洗与维护;
④ HighScore 软件的使用;
⑤ 测试条件的设置与优化。

3. **日立 S-3400N 的维护与调试**

① 粉末样品的制样;
② 仪器开、关机和样品测试;
③ 样品台的清洗与维护;
④ 测试条件的设置与优化。

4. **数据处理**

请将实验相关数据进行处理。

**思考题**

1. XRD 和 SEM 在粉末样品制样时有哪些要求?
2. XRD 和 SEM 的测试可以得到哪些信息?

# 附录 1 仪器的检定与校准

## 一、实验室仪器校准相关问题

### 1. 标准文件中关于校准周期如何解释？

校准周期，也就是确认间隔，它是衡量计量工作质量的关键环节，关系到在用测量仪器的合格率。只有严格执行校准周期，才能保证科研生产等各项活动的顺利进行。为保证量值准确可靠，必须科学地确定校准周期。

CNAS-CL01：2018 中 7.8.4.3 提到校准证书或校准标签不应包含校准周期的建议，除非已与客户达成协议。校准周期由实验室根据计量器具的实际使用情况，本着科学、经济和量值准确的原则自行确定。在这期间需安排核查，如果发现不稳定情况，就需重新校准。

### 2. 校准周期不合理会怎样？

测量仪器的校准周期是否合理，取决于校准合格率，也取决于仪器的历史校准记录，可将其作为最基本的依据。但随着时间的变化，或是操作环境的变化，或者是测量仪器使用方式和条件的变化，可能导致仪器失准。因此，当测量仪器的一个校准周期过后，就该立即校准。另外，在有效校准期内，也应不定期抽查仪器偏离的状态。根据上述信息对校准周期做适当调整，适当延长或缩短校准周期。

### 3. 确定校准周期的原则是什么？

确定校准周期必须遵循两条对立的基本原则：一是在这个周期内测量仪器超出允许误差的风险尽可能最小；二是经济合理，使校准费用尽可能最少。

为了寻求上述风险和费用两者平衡的最佳值，必须使用科学的方法，积累大量的实验数据，经分析研究后确定校准周期。

### 4. 必须按照校准规程规定的周期进行校准吗？

用户的使用情况是千差万别的，若不加区别，一律机械地按照校准规程规定的周期进行校准，很难保证所有的测量仪器在校准周期内都是合格的。因此，必须按照测量仪器的实际使用情况确定校准周期。但是，由于实际情况相当复杂，要绝对正确地确定校准周期，是难以办到的，只能要求大体上正确、合理，使实际情况更加完善、科学，更加经济合理。

注意：盲目地缩短校准周期将造成社会资源的浪费，对测量仪器的寿命、准确度及生产和人力也将带来不利影响；而单纯由于资金缺乏或人员不够而延长校准周期将是十分危险的，使用不准确的测量仪器可能带来更大的风险甚至造成严重的后果。

### 5. 确定校准周期的依据是什么？

校准周期的确定需要各种专业知识，考虑多种因素。若超过一个周期，可能引起质量特性的恶化，这是机械磨损、灰尘、性能和实验频次等所致的。对这些因素变化的敏感性取决于测量仪器的类型，质量好的，可能受的影响小一些；质量不好的，可能受的影响大一些。因此，各个实验室应根据实际情况，确定每种测量仪器的校准周期。

确定校准周期的依据：

① 使用的频繁程度。使用频繁的测量仪器，容易使其计量性能降低，故可以通过缩短校准周期来解决。当然，提高测量仪器所用的原材料性质、制造工艺和使用寿命也是重要的手段。

② 测量准确度的要求。要求准确度高的单位，可适当缩短校准周期。各个单位要根据自己的实际情况决定需要的准确度的等级，该高就高，该低就低，不盲目追求高准确度，以免造成不必要的损失；但准确度也不可过低，否则满足不了使用要求，给工作带来损失。

③ 使用单位的维护保养能力。如果单位的维护保养比较好，则适当缩短校准周期；反之，则长一些。

④ 测量仪器的性能。特别是长期稳定性和可靠性的水平。即使同类型的测量仪器，稳定性、可靠性差的，校准周期也应短一些。

⑤ 其他依据。对产品质量关系较大的，以及有特殊要求的测量仪器，其校准周期则相对短一些；反之，则长一些。

### 6. 如何科学地确定校准周期？

① 统计法。根据测量仪器的结构、预期可靠性和稳定性的相似情况，将测量仪器初步分组，然后根据一般的常规知识初步确定各组仪器的校准周期。对每一组测量仪器，统计在规定周期内超差或其他不合格的数目，计算在给定的周期内，这些仪器与该组合格仪器总数之比。在确定不合格测量仪器时，应排除明显损坏或由用户因可疑或缺陷而返回的仪器。如果不合格仪器所占的比例很高，应缩短校准周期。

如果证明不合格仪器所占的比例很低，则延长校准周期可能是经济合理的。如果发现某一分组的仪器（或某一厂家制造的或某一型号）不能和组内其他仪器一样工作时，应将该组划为具有不同周期的其他组。

② 小时时间法。这种方法以实际工作的小时数表示校准周期。可以将测量仪器与计时指示器相连，当指示器达到规定值时，将该仪器送回校准。这种方法在理论上的主要优点是，进行确认的仪器数目和确认费用与使用的时间成正比，此外可自动核对仪器的使用时间。例如使用某公司的示波器，不用连接计时器，可以直接在示波器上查到连续使用了多长时间，很方便管理。但是，这种方法在实践中有下列缺点：当测量仪器在储存、搬运或其他情况发生漂移或损坏时，则不应使用本方法；提供和安装合适的计时器，起点费用高，而且可能受到使用者干扰而需要在监督下进行，又增加了费用。

③ 比较法。当每台测量仪器按规定的校准周期进行校准时，将校准数据和前几次的校准数据相比，如果连续几个周期的校准结果均在规定的允许范围内，则可以延长它的校准周

期；如果发现超出允许的范围，则应缩短该仪器的校准周期。

④ 图表法。在测量仪器的每次校准中，选择有代表性的同一校准点，将它们的校准结果按时间描点，画成曲线，根据这些曲线计算出该仪器一个或几个校准周期内的有效漂移量，进而由这些图表的数据推算出最佳的校准周期。

### 7. 实验室设备的校准周期可以自己规定吗？

一般证书上都会推荐对校准后的设备进行一年一校准，但有人说一些设备是完全不用每年都校准的。设备的校准周期最好由自己规定，因为校准周期是和设备的使用情况相关的。校准周期虽可以自己确定，但同时还要参照国内的计量法要求（如果申请的是 CNAS 认可）。

所以，可以自行调整设备校准周期，但前提是必须给出调整后的合理依据，否则，审核时仍然不会被接受。

### 8. 校准的问题应该问仪器设备公司吗？

校准公司不了解设备的使用频率、保养情况、使用环境等因素，其所规定的校准周期相对不合理。比如有两把钢尺，其中一把钢尺，保管得很好，一年就用两三次；而另一把钢尺，随便放工作台上，一天 8 个小时都在用。对于这两把钢尺，校准公司给的校准周期肯定都是一年一次，这样对第一把尺子校准周期太短了，对第二把尺子校准周期又太长，三五个月可能就失准了。自动校准周期仅对于企业实验室，第三方实验室因为要通过资质认定，要求不一样，需按照相应标准执行。

### 9. 校准周期和期间核查的联系？

国家规定在校准周期内，设备维修、关键零部件更换、仪器迁移等后要重新校准，在校准周期内还要进行设备的期间核查，来保证设备的稳态和准确性。自己定义的校准周期要小于国家规定的周期。

实验室可以根据仪器特点、使用频率等等特性，自定义校准周期，只要保证设备处于正确使用状态，能达到预期使用即可。通常需要提供期间核查等措施，来证明仪器处于良好状态。但校准周期也不是越长越好，因为时间越长，不确定性越大。

根据标准方法要求、技术规定要求、检定规程和核查实施细则等，对实验室仪器设备期间核查结果进行判定（见表附 1-1）。若在实施期间核查过程中，发现被核查检测设备技术状态异常，应查找、分析原因，可更换核查方法，必要时应提前进行检定或校准。

表附 1-1　期间核查表

| 仪器设备 | 核查方式 | 核查内容 | 结果评价 |
| --- | --- | --- | --- |
| 浊度仪 | 测量重复性 | 配制 0~10NTU 或 0~100NTU 的浊度标准溶液，连续测定 11 次，记录每次测定值，计算相对标准偏差 | RSD<2% |
| pH 计 | 误差 | 用 pH 标准缓冲溶液，连续测定 7 次，记录测定数据，计算出标准差 | 0.02pH |
| 电子天平 | 误差 | 连续调至"0"位，加 100g 标准砝码称量读数 7 次，以称量的最大值和最小值的差值计算允许误差 | 1.0mg |
| 电导率仪 | 测量重复性 | 用氯化钾溶液有证标准物质，连续测定 7 次，计算相对标准偏差 | RSD<1.0% |

续表

| 仪器设备 | 核查方式 | 核查内容 | 结果评价 |
|---|---|---|---|
| 紫外-可见分光光度计 | 测量重复性 | 配制150mg/L $CuSO_4$ 标准溶液,在波长为690nm条件下,测得吸光度,连续测定11次,记录每次测定值,计算相对标准偏差 | RSD<0.5% |
| 液相色谱仪 | 测量重复性 | 配制标准系列中间某点浓度样品,连续测定7次,记录测定数据,计算出标准差 | RSD<5% |
| 火焰原子吸收分光光度计 | 测量重复性 | 配制铜空白溶液(或浓度为三倍检出限的铜溶液),连续测定11次,记录每次测定值,计算相对标准偏差 | RSD<1.5% |
| 石墨炉原子吸收分光光度计 | 测量重复性 | 配制镉空白溶液(或浓度为三倍检出限的镉溶液),连续测定11次,记录每次测定值,计算相对标准偏差 | RSD<7% |
| 原子荧光分光光度计 | 测量重复性 | 配制浓度为三倍检出限的硒溶液,连续测定11次,记录每次测定值,计算相对标准偏差 | RSD<5% |
| 气相色谱仪 | 测量重复性 | 配制标准系列中间某点浓度样品,连续测定7次,记录测定数据,计算出标准差 | RSD<3% |

## 二、实验室仪器校准和检定

计量校准是提高实验室效率的重要环节,而确定校准周期是计量工作的一项关键环节,在产品质量和服务质量方面起着十分重要的作用。测量仪器的校准周期,要在对测量仪器的实际使用情况进行科学分析后评估决定。

实验室哪些仪器需要校准,哪些需要检定,很多人都会纠结这个问题。校准是自愿的民事行为,检定是强制的法律行为,可以这样认为:除了强制检定的仪器设备外,其他的都可以适用校准。校准与检定的区别见表附1-2。

实验室中强制检定的器具的必须满同时满足下列两个条件:

① 器具用于贸易结算、安全防护、医疗卫生、环境监测(未来可能增加:法定评价、公正计量)。

② 器具是《中华人民共和国强制检定的工作计量器具检定管理办法》中规定的强制检定工作计量器具。

《中华人民共和国强制检定的工作计量器具检定管理办法》中规定,下列工作计量器具,凡用于贸易结算、安全防护、医疗卫生、环境监测的,实行强制检定:

① 尺
② 面积计
③ 玻璃液体温度计
④ 体温计
⑤ 石油闪点温度计
⑥ 谷物水分测定仪
⑦ 热量计
⑧ 砝码
⑨ 天平

⑩ 秤
⑪ 定量包装机
⑫ 轨道衡
⑬ 容量器
⑭ 计量罐、计量罐车
⑮ 燃油加油机
⑯ 液体量提
⑰ 食用油售油器
⑱ 酒精计
⑲ 密度计
⑳ 糖量计
㉑ 乳汁计
㉒ 煤气表
㉓ 水表
㉔ 流量计
㉕ 压力表
㉖ 血压计
㉗ 眼压计
㉘ 感器
㉙ 出租汽车里程计价表
㉚ 测速仪
㉛ 测振仪
㉜ 电度表
㉝ 测量互感器
㉞ 绝缘电阻、接地电阻测量仪
㉟ 场强计
㊱ 心、脑电图仪
㊲ 照射量计（含医用辐射源）
㊳ 电离辐射防护仪
㊴ 活度计
㊵ 激光能量、功率计（含医用激光源）
㊶ 超声功率计（含医用超声源）
㊷ 声级计
㊸ 听力计
㊹ 有害气体分析仪
㊺ 酸度计
㊻ 瓦斯计
㊼ 测汞仪
㊽ 火焰光度计
㊾ 分光光度计

(50) 比色计
(51) 烟尘、粉尘测量仪
(52) 水质污染监测仪
(53) 呼出气体酒精含量探测器
(54) 血球计数器
(55) 屈光度计

**表附 1-2 校准与检定的区别**

| 项目 | 校准 | 检定 |
| --- | --- | --- |
| 目的 | 自行确定监视及测量装置量值是否准确。属自下而上的量值溯源，评定示值误差 | 对计量特性进行强制性的全面评定，检定是否符合规定要求，属量值统一。属自上而下的量值传递 |
| 对象 | 除强制检定之外的计量器具和测量装置 | 国家强制检定：用于贸易结算、安全防护、医疗卫生、环境监测，共 55 种 |
| 依据 | 校准规范或校准方法，可采用国家统一规定，也可由组织自己制定 | 由国家授权的计量部门统一制定的检定规程 |
| 性质 | 不具有强制性，属组织自愿的溯源行为 | 具有强制性，属法制计量管理范畴的执法行为 |
| 周期 | 由组织根据使用需要，自行确定，可以定期、不定期或使用前进行 | 按我国法律规定的强制检定周期实施 |
| 方式 | 可以自校、外校或自校与外校结合 | 只能在规定的检定部门或经法定授权具备资格的组织进行 |
| 内容 | 评定示值误差 | 对计量特性进行全面评定，包括评定量值误差 |
| 结论 | 不判定是否合格，只评定示值误差。发给校准证书或校准报告 | 依据检定规程规定的量值误差范围，给出合格与不合格的判定，发给检定合格证书 |
| 法律效力 | 校准结论属没有法律效力的技术文件 | 检定结论属具有法律效力的文件，作为计量器具或测量装置检定的法律依据 |

# 附录 2 常见分析仪器的检定规程

1. JJG 1036—2022《电子天平》
2. JJG 646—2006《移液器》
3. JJG 178—2007《紫外、可见、近红外分光光度计》
4. JJG（苏）75—2008《傅里叶变换红外光谱仪》
5. JJG 694—2009《原子吸收分光光度计》
6. JJG 768—2005《发射光谱仪》
7. JJG 700—2016《气相色谱仪》
8. JJG 705—2014《液相色谱仪》
9. JJG 119—2018《实验室 pH（酸度）计》

# 附录 3　分析仪器附加设备的使用与维护

为保证分析仪器正常使用和检测需要，通常需配备一系列附加设备，主要包括空气压缩机、真空泵、气体发生器和一些制样辅助设备等。下面对几种分析仪器常见的附加设备的使用与维护方法进行介绍。

## 附3.1　空气压缩机

空气压缩机简称空压机，是提供压缩空气的设备，通过螺杆、栓柱等结构将从外界吸入的常压空气予以压缩，存储于压力容器中，通过管路送至分析设备。一些需要使用压缩空气的设备如原子吸收光谱仪、原子发射光谱仪，都需要在压力为 0.4～1.0MPa 的高压空气来运行，空压机的使用就是为了制造高压空气。

### 附 3.1.1　空气压缩机的分类、原理和结构

(1) 空气压缩机分类

空气压缩机按工作原理可分为容积式压缩机、活塞式压缩机（往复式压缩机）、离心式压缩机。

(2) 空气压缩机原理

容积式压缩机的工作原理是压缩气体的体积，使单位体积内气体分子的密度增加，以提高压缩空气的压力；活塞式压缩机（也称往复式压缩机）的工作原理是直接压缩气体，当气体达到一定压力后排出；离心式压缩机的工作原理是提高气体分子的运动速度，使气体分子具有的动能转化为气体的压力能，从而提高压缩空气的压力。

(3) 空气压缩机结构

实验室常用的是活塞式压缩机（往复式压缩机），下面主要介绍活塞式压缩机。

活塞式空压机一般由电动机、空压机头、储气罐、安全控制阀、皮带轮、防护罩等组成。

① 空气压缩、输送都由空压机头实现，空压机头由活塞壳体（活塞缸体）、曲轴壳体、

曲轴、活塞、活塞曲柄连杆等组成。如图附3-1是空压机机头结构示意图。

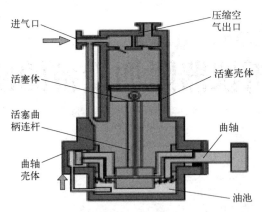

图附3-1 空压机机头结构示意图

② 活塞连杆组件是活塞式空压机的主要部件，如图附3-2是活塞连杆组件结构示意图。

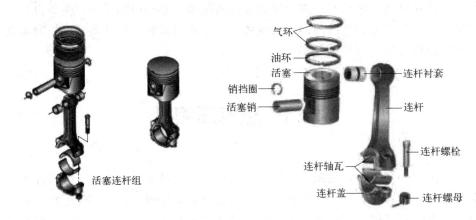

图附3-2 活塞连杆组件结构示意图

## 附3.1.2 空气压缩机的维护保养

**(1) 空压机的使用注意事项**

① 进气滤清消声器的滤芯要定期清洗，正常工作环境下每月清洗一次（用压缩空气吹净），累计工作500h后更换滤芯。保证空气滤清器（空滤）清洁是保证空压机完好的主要因素，在日常的维护保养中必须及时清洗或更换空气滤清器。

② 曲轴箱内的压缩机油要定期更换，新机运行一星期后应换油，以后每运行500h更换一次新油，换油时注意将曲轴箱内的沉淀物擦洗干净。注意随季节的变化更换压缩机油牌号（19号或13号）。

③ 气罐内的污物要定期排除，每星期至少排污一次。将储气罐底部的排污螺塞打开，让空压机以0.2MPa压力运行数分钟，带压排污。

④ 每月检验安全阀的可靠性。

⑤ 进、排气阀定期清洗，每半年至少一次，将气阀拆出，清除积碳，清洗干净。

⑥ 每年对主机进行一次全面维护保养，检查各主要动力零件的配合间隙，磨损过大、

影响机器性能的应更换。

⑦ 三角皮带定期张紧，三角皮带使用一段时间后会变松弛，为防止打滑，应及时张紧。用手在三角皮带中部施力约 3~4kg，压下 10~15mm 为宜。如磨损过大，则更换新带。

(2) 活塞式空压机的常见故障

① 发热

a. 原因：空滤脏或损坏；缺油（油液脏）；活塞拉伤；活塞环坏。

b. 维修方法：检查空滤（清洗或更换）；检查油液（添加、更换油液）；拆检活塞组件；更换活塞环，清除积碳。

c. 保养方法：及时添加润滑油，保持清洁，及时更换空滤。

② 窜油、烧缸

a. 原因：活塞环坏。

b. 维修方法：更换活塞环，清除积碳。

c. 保养方法：及时更换空滤，不要让灰尘和杂质吸入活塞缸内。

③ 不打气

a. 原因：活塞环坏；进气或出气蝶阀损坏。

b. 维修方法：更换活塞环，清除积碳；修复进气或出气口蝶阀，或更换气缸盖组件。

c. 保养方法：及时更换空滤，不要让灰尘和杂质吸入活塞缸内。

④ 连杆断裂、曲轴弯曲

a. 原因：缺油活塞烧死、连杆螺栓松脱、曲轴没有安装到位。

b. 维修方法：更换损坏件。

c. 保养方法：及时检查油液并保持清洁；及时更换空滤，不要让灰尘和杂质吸入活塞缸内；每次维修后认真检查零部件是否安装正确。

⑤ 输出压缩空气含有水分和油污

a. 原因：没有按时排除储气罐中积水；活塞有窜油。

b. 维修方法：检查活塞有无拉缸；更换活塞环。

c. 保养方法：及时排除储气罐积水；及时更换空滤，不要让灰尘和杂质吸入活塞缸内。

## 附3.2 真空泵

把气体从设备内抽吸出来，从而使设备内的压力低于一个大气压的机器称为真空泵。实际上，真空泵是一种气体输送机械，它把气体从低于一个大气压的环境中输送到大气中或与大气压力相同的环境中。分析仪器的附属设备中经常使用真空泵，如气-质联用仪、电子显微镜等。

### 附3.2.1 真空泵的分类、结构及功能

真空泵均为容积式，常见的有活塞式真空泵、液环式真空泵及旋片式（刮板式）真空泵等。

按真空泵的工作原理，真空泵基本上可以分为两种类型，即气体传输泵和气体捕集泵。

随着生产和科学研究领域对真空应用技术的应用压强范围的要求越来越宽，大多需要由几种真空泵组成真空抽气系统共同抽气后才能满足生产和科学研究过程的要求，因此选用不同类型的真空泵组成真空抽气机组进行抽气的情况较多。为了方便起见，将这些泵按其工作原理或其结构特点进行一些具体、详细的分类是有必要的。现分述如下：

#### 附3.2.1.1 气体传输泵

气体传输泵是一种能使气体不断地吸入和排出，借以达到抽气目的的真空泵，这种泵基本上有两种类型。

**(1) 变容真空泵**

变容真空泵是利用泵腔容积的周期性变化来完成吸气和排气过程的一种真空泵。气体在排出前被压缩。这种泵分为往复式及旋转式两种。往复真空泵，是利用泵腔内活塞做往复运动，将气体吸入、压缩并排出，因此，又称为活塞式真空泵；旋转真空泵，是利用泵腔内活塞做旋转运动，将气体吸入、压缩并排出。旋转真空泵又有如下几种类型：

① 油封式真空泵。它是利用油类密封各运动部件之间的间隙，减少有害空间的一种旋转变容真空泵。这种泵通常带有气镇装置，故又称气镇式真空泵。按其结构特点分为如下五种类型。

a. 旋片式真空泵。转子以一定的偏心距装在泵壳内并与泵壳内表面的固定面靠近，在转子槽内装有两个（或两个以上）旋片，当转子旋转时旋片能沿其径向槽往复滑动且与泵壳内壁始终接触，此旋片随转子一起旋转，可将泵腔分成几个可变容积。最典型的是2X型旋片式真空泵。

2X型旋片式真空泵（简称旋片泵）的工作压强范围为 $1.33\times10^{-2}\sim101325$，属于低真空泵。它可以单独使用，也可以作为其他高真空泵或超高真空泵的前级泵。旋片泵可以抽除密封容器中的干燥气体，若附有气镇装置，还可以抽除一定量的可凝性气体。但它不适用于抽除含氧过高、对金属有腐蚀性、对泵油会起化学反应以及含有颗粒尘埃的气体。

旋片泵是真空技术中最基本的真空获得设备之一。旋片泵多为中小型泵。旋片泵有单级和双级两种。所谓双级，就是在结构上将两个单级泵串联起来。一般多串联成双级的，以获得较高的真空度。

旋片泵的抽速与入口压强的关系规定如下：在入口压强为 1333Pa、1.33Pa 和 $1.33\times10^{-1}$Pa 下，其抽速值分别不得低于泵的名义抽速的 95%、50% 和 20%。

2X型旋片式真空泵工作原理如图附3-3所示。

b. 滑阀式真空泵。在偏心转子外部装有一个滑阀，转子旋转带动滑阀沿泵壳内壁滑动和滚动，滑阀上部的滑阀杆能在可摆动的滑阀导轨中滑动而把泵腔分成两个可变容积。

c. 定片式真空泵。在泵壳内装有一个与泵内表面靠近的偏心转子，泵壳上装有一个始终与转子表面接触的径向滑片，当转子旋转时，滑片能上、下滑动将泵腔分成两个可变容积。

d. 余摆线式真空泵。在泵腔内装有一个余摆线型的转子，它沿泵腔内壁转动并将泵腔分成两个可变容积。

e. 多室旋片式真空泵。在一个泵壳内并联装有由同一个电动机驱动的多个独立工作的

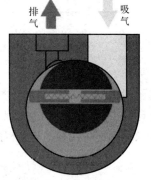

图附3-3 2X型旋片式真空泵工作原理图

旋片真空泵。

② 干式真空泵。它是一种不用油类（或液体）密封的变容真空泵。

③ 液环式真空泵。带有多叶片的偏心转子装在泵壳内，当它旋转时，把液体（通常为水或油）抛向泵壳形成泵壳同心的液环，液环同转子叶片形成了容积周期变化的几个小容积，故亦称旋转变容真空泵。

④ 罗茨真空泵。泵内装有两个相反方向同步旋转的双叶形或多叶形的转子，转子间、转子同泵壳内壁之间均保持一定的间隙。它属于旋转变真空泵。机械增压泵即为这种类型的真空泵。

(2) 动量传输泵

动量传输泵依靠高速旋转的叶片或高速射流，把动量传输给气体或气体分子，使气体连续不断地从泵的入口传输到出口。具体可分为下述几种类型：

① 分子真空泵。它是利用高速旋转的转子把能量传输给气体分子，使之压缩、排气的一种真空泵。它有如下几种类型：

a. 牵引分子泵。气体分子与高速运动的转子相碰撞而获得动量，被送到出口，因此，是一种动量传输泵。

b. 涡轮分子泵。泵内装有带槽的圆盘或带叶片的转子，它在定子圆盘（或定片）间旋转。转子圆周的线速度很高。这种泵通常在分子流状态下工作。

c. 复合分子泵。它是由涡轮式和牵引式两种分子泵串联组合起来的一种复合式分子真空泵。

② 喷射真空泵。它是利用文丘里（Venturi）效应的压力降产生的高速射流把气体输送到出口的一种动量传输泵，适于在黏滞流和过渡流状态下工作。这种泵又可详细地分成以下几种：

a. 液体喷射真空泵。以液体（通常为水）作为工作介质的喷射真空泵。

b. 气体喷射真空泵。以非可凝性气体作为工作介质的喷射真空泵。

c. 蒸气喷射真空泵。以蒸气（水、油或汞等蒸气）作为工作介质的喷射真空泵。

③ 扩散泵。以低压高速蒸气流（油或汞等蒸气）作为工作介质的喷射真空泵。气体分子扩散到蒸气射流中，被送到出口。在射流中气体分子密度始终是很低的，这种泵适于在分子流状态下工作，可分为：

a. 自净化扩散。泵液中易挥发的杂质经专门的机械输送到出口而不回到锅炉中的一种油扩散泵。

b. 分馏式扩散。这种泵具有分馏装置，使蒸气压强较低的工作液蒸气进入高真空工作的喷嘴，而蒸气压强较高的工作液蒸气进入低真空工作的喷嘴，它是一种多级油扩散泵。

④ 扩散喷射泵。它是一种由有扩散泵特性的单级或多级喷嘴与具有喷射真空泵特性的单级或多级喷嘴串联组成的一种动量传输泵。油增压泵即属于这种类型。

⑤ 离子传输泵。它是将被电离的气体在电磁场或电场的作用下，输送到出口的一种动量传输泵，如图附 3-4 所示。

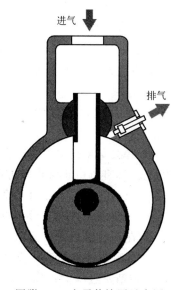

图附 3-4　离子传输泵示意图

#### 附 3.2.1.2 气体捕集泵

这种泵是一种使气体分子被吸附或凝结在泵的内表面上,从而减小容器内的气体分子数目而达到抽气目的的真空泵,有以下几种类型:

(1) 吸附泵

它是主要依靠具有大表面的吸附剂(如多孔物质)的物理吸附作用来抽气的一种捕集式真空泵。

(2) 吸气剂泵

它是一种利用吸气剂以化学结合方式捕获气体的真空泵。吸气剂通常是以块状或沉积新鲜薄膜形式存在的金属或合金。升华泵即属于这种类型。

(3) 吸气剂离子泵

它是使被电离的气体通过电磁场或电场的作用吸附在有吸气材料的表面上,以达到抽气的目的的真空泵。它有如下几种类型:

① 蒸发离子泵。泵内被电离的气体吸附在以间断或连续方式升华(或蒸发)而覆在泵内壁的吸气材料上,以实现抽气。

② 溅射离子泵。泵内被电离的气体吸附在由阴极连续溅射散出来的吸气材料上,以实现抽气目的。

(4) 低温泵

利用低温表面捕集气体的真空泵。

### 附 3.2.2 真空泵的维护保养与常见故障排除

旋片真空泵长期工作后,会出现以下问题:

① 真空泵排气口冒烟。

② 真空泵喷油、漏油。

③ 真空泵噪声超标。

④ 真空度下降。

⑤ 真空泵发烫等现象。

如果真空泵问题不是很严重,可自行拆开真空泵,更换真空泵易损件之后对真空泵进行清洗组装,达到保养真空泵的目的。

对真空泵正确保养可减少真空泵维修的难度,适当地对真空泵进行保养才能更好地使用真空泵:

① 旋片式真空泵应安装在清洁、干净的环境里,不宜放在有杂物、粉尘、水源或温度过高的区域。

② 首次安装真空泵应检查电机是否正转,也就是电机与泵内转子转向是否一致,一般电机上方标有电机正常运转方向。

③ 长时间停机,在启动真空泵前,应断续多次启动真空泵。

④ 在使用完真空泵后,应对真空泵进行放气。

⑤ 在真空泵运转时油温不应高于 75℃,如故障原因不明应及时联系真空泵厂家。

⑥ 如果真空泵有吸入杂质、粉尘、水分、化学物质等潜在危险,应该在真空泵进气口位置加装精密过滤器;如果杂质、粉尘、水分量过大,必须加装储蓄罐进行过滤,以防止粉尘以及水分等杂质进入真空泵。

⑦ 如果真空泵需 24h 运转，必须每半年对真空泵进行一次保养维修。

⑧ 真空泵的正常运转中，应保持泵内真空泵油不低于油标线，应在油镜 2/3 处，加油时，严禁不同牌号、型号真空泵油混合使用。

⑨ 应定期更换真空泵油，一般 3~6 个月进行一次更换，如发现泵油乳化、炭化等情况，还应及时更换真空泵专用油。

真空泵更换真空泵使用油的方法：

① 重力法。拧开排油阀，将泵体油箱抬高让真空泵内旧油自动地流到旋油螺帽位置，让油流出。旧油放尽后，从真空泵加油处注入少量的干净真空泵油（100~500mL），冲洗真空泵腔内部，接着开动真空泵运转 1min 左右，再关真空泵，将注入的新油放出。若放出的油仍不干净，应继续注入新的泵油冲洗，直到干净为止。拧紧排油阀，拧下加油孔上的加油帽，向真空泵内加入新的真空泵油，使油面达到油标线，再旋上加油帽。

② 加压法。将容器放在放油口下方，旋下放油口螺钉。关闭抽气口，同时开启真空泵，打开气镇阀并遮盖真空泵的部分排气口，以产生一个足够的内部压强，使脏油迅速地放出。然后，按方法①冲洗真空泵腔内部，换新油。

更换真空泵油需注意事项：

① 使用正规提供的真空泵专用油，普旭、贝克、莱宝、里其乐等系列真空泵使用 VM100 真空泵专用油。

② 严禁使用煤油、汽油、酒精等对真空泵进行非拆卸的清洗。

## 附3.3  氢气发生器

气体发生器以其安全性好、性能稳定、使用方便、所得气体纯度高等特点，得到了越来越多的应用。尤其是在气相色谱分析中，逐步取代高压气瓶作为气相色谱仪的气源。同类产品的结构、原理及维护情况基本相同。

### 附3.3.1  氢气发生器的分类、结构及功能

氢气发生器产出的氢气有两种不同的来源。

**(1) 纯水电解制氢**

把满足要求的电解水（电阻率大于 1MΩ/cm，电子或分析行业用的去离子水或二次蒸馏水皆可）送入电解槽阳极室，通电后水便立刻在阳极分解：

$$2H_2O = 4H^+ + 2O^{2-}$$

分解成的负氧离子（$O^{2-}$），随即在阳极放出电子，形成氧气（$O_2$），从阳极室排出，携带部分水进入水槽。水可循环使用，氧气从水槽上盖小孔放入大气。氢质子以水合离子（$H_3^+O$）的形式，在电场力的作用下，通过 SPE 离子膜到达阴极，吸收电子形成氢气，从阴极室排出后，进入气水分离器，在此除去从电解槽携带出的大部分水分。含微量水分的氢气再经干燥器吸湿后，纯度便达到 99.999% 以上。

**(2) 碱液电解制氢**

碱液电解制氢的工作原理是传统隔膜碱液电解法。电解槽内的导电介质为氢氧化钾水溶

液，两极室的分隔物为航天电解设备用优质隔膜，与端板合为一体的耐蚀、传质良好的格栅电极等组成电解槽。向两极施加直流电后，水分子在电解槽的两极立刻发生电化学反应，在阳极产生氧气，在阴极产生氢气。反应式如下：

阳极：$2OH^- -2e^- \longrightarrow H_2O+1/2O_2 \uparrow$

阴极：$2H_2O +2e^- \longrightarrow 2OH^- +H_2 \uparrow$

总反应式：$2H_2O =\!\!=\!\!= 2H_2 \uparrow +O_2 \uparrow$

本法对压控、过压保护、流量显示、流量追踪等均实行自动控制；输出氢气能在恒压下，根据气相色谱仪氢气用量，实现全自动调节（在产气量范围内）。本法是目前实验室使用的高纯氢气发生器产生氢气的主要来源。

## 附3.3.2 氢气发生器的维护及使用注意事项

**(1) 启动前的准备**

加氢氧化钾电解液（称取KOH 100g溶解于1L的高纯水中），充分搅拌、溶解，等电解液完全冷却后再倒入储液桶中使用，然后加入高纯水（不要超过上限水位线，也不要低于下限水位线），拧上外盖。液位管中的白色物体是液位管接口处的润滑剂，不影响使用。

**(2) 更换电解液**

装好后的溶液可以长期使用，每次快低于水位线时应立即加入高纯水，但加水需防止水漏，以免在仪器内部造成短路。长时间不开机或长时间使用后，电解液残渣积累较多，应更换电解液，正常情况下当仪器使用半年后，应更换电解液。更换电解液先要将储液桶内的电解液和残渣吸干净，再将仪器向前倾斜90°，此时电解池内的电解液就会流到储液桶内，接着用洗耳球或移液管把桶内的电解液吸干净，同时注意防止溶液流到其他管路上造成管路腐蚀。

**(3) 仪器的自检**

打开电源开关，关闭净化器的气流开关，此时仪器压力表开始上升。若仪器面板上电解指示（绿灯）发亮，数字流量显示（数显表）大于300、小于350，且在6min内压力指示（压力表）达到0.4MPa、数字流量显示降至"000"，说明仪器系统工作正常，自检合格。

**(4) 检查漏气现象**

如在5min后，流量指示还在"300"左右，压力指示在"0"，说明开关没有旋紧，有漏气现象，应继续旋紧开关，使仪器的压力、流量达到合格标准。若依旧如此，需打开外盖用肥皂水检查各处旋钮的螺母，对漏气开关旋紧，直到仪器进入正常工作状态。

**(5) 检查示数**

仪器使用时应注意流量指示是否与色谱仪用气量一致，如流量指示超出色谱仪实际用量较大时，应停机检漏，参照仪器的故障原因与排除方法进行调整，再用自检方法检查合格后方可使用。

**(6) 更换硅胶**

定期检查过滤器中的硅胶是否变色，如变色应马上更换或再生。其方法：拧下过滤器，再拧开过滤器上盖，更换硅胶后拧紧过滤器上盖，将过滤器装到底座上拧紧，并检查是否漏气。

**(7) 切勿压力空载**

仪器切勿在压力为"0"时空载运行。空载运行时会将电解池和开关电源部件烧坏，造成整个仪器损坏。

(8) 检查压力

如发现压力表指示的压力低或数码显示比平时大,一般是由漏气造成的,应用皂液全面检漏。尤其是重新更换变色硅胶时,更应特别注意上下螺纹密封圈处不要挤压异物。

# 附3.4 氮气发生器

## 附3.4.1 氮气发生器的分类、结构及功能

氮气发生器根据电催化法分离空气的原理制成,其中电解池利用燃料电池的逆过程设计而成。当压力稳定且纯净的原料空气进入电解池中,空气中的氧在阴极被吸附而获得电子,与水作用生成氢氧根并迁移到阳极,最后在阳极处失去电子析出氧气,因此空气中的氧不断被分离,只留下氮气,经过过滤、稳压、稳流处理从而得到高纯的氮气。

工作原理见图附3-5。

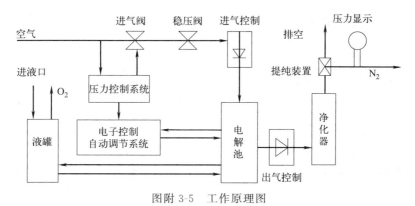

图附3-5　工作原理图

氮气发生器一般需要空压机提供稳定的空气气源。

## 附3.4.2 氮气发生器的维护及使用注意事项

### 附3.4.2.1 氮气发生器的维护

**(1) 变色硅胶的更换**

关闭电源,待压力指示为零后把仪器左侧干燥净化器按顺时针方向旋下,再按逆时针方向旋下净化器顶盖,倒出变色硅胶进行更换,之后按反方向将净化器旋紧,确保密封。仪器使用一段时间后,发现干燥管内的硅胶由下而上逐渐变色,超过一定高度时就应该更换硅胶,操作步骤如下:

① 关闭电源,待压力指示为零后按图附3-6所示方向旋转,卸下干燥管。
② 拧下干燥管顶盖,取出棉团,倒出硅胶,见图附3-7。
③ 装进新的(或烘干后的)硅胶,量以不超过中心细蓝管管口为宜。盖上棉团,注意不能有棉丝沾到干燥管口端面上(否则易导致漏气)。旋紧顶盖。
④ 拧上干燥管,保证密封。

图附 3-6　卸下干燥管

图附 3-7　更换硅胶

(2) **活性炭的更换**

关闭电源，待压力指示为零后，把仪器右侧板打开，然后把装有活性炭的脱油净化器底脚的固定螺钉拆下，将其上连接的两条蓝色高压管卸下（要记住对应接头）。把顶盖按逆时针方向旋下，倒出活性炭（铅笔芯式）进行更换，之后按反方向将净化器旋紧，确保密封。按原位置把脱油管装到仪器上，注意蓝色高压管的对应接头，不能装反。

(3) **气密性检测**

仪器使用一段时间后，如发现压力达不到规定值或显示的数值比平时使用时的数值大，一般说来这是由漏气造成的，应用皂液全面检漏，尤其是重新换过变色硅胶的净化器上下两端处更应特别注意检查。

#### 附 3.4.2.2　使用注意事项

① 氮气发生器一般设定自动排空，因此，每次开机 10min 后，"氮气输出"口处才有氮气输出。

② 要经常从观察窗观察硅胶的变色情况，可根据需要更新硅胶或进行干燥处理。

③ 仪器工作时消耗蒸馏水，平时可根据需要补充蒸馏水，并保证液位始终处于 1.2～1.8L 刻度线之间（建议半年左右更换电解液一次，也可根据实际情况重新配制新液）。

④ 进气口过滤器需定期清洗（周期视室内粉尘情况而定，可用超声波清洗），以保持进气通畅，否则易引起压缩机工作负载增大并发热，温度过高时会发生过热保护而导致停机。

## 参考文献

[1] 曾祥燕,丁佐宏. 分析技术与操作(Ⅲ)——电化学与光谱分析及操作. 北京:化学工业出版社,2011.
[2] 张荣,刘筱琴. 分析技术与操作(Ⅳ)——色谱分析及操作. 北京:化学工业出版社,2008.
[3] 郭旭明,韩建国. 仪器分析. 北京:化学工业出版社,2014.
[4] 张纪梅. 仪器分析. 北京:中国纺织出版社,2013.
[5] 李志富. 仪器分析实验. 武汉:华中科技大学出版社,2012.
[6] 杨根元. 实用仪器分析. 北京:北京大学出版社,2010.
[7] 郭素枝. 电子显微镜技术与应用. 厦门:厦门大学出版社,2008.
[8] 叶恒强,王元明. 透射电子显微学进展. 北京:科学出版社,2003.
[9] 郭素枝. 扫描电镜技术与应用. 厦门:厦门大学出版社,2006.
[10] 姜传海,杨传铮. X射线衍射技术及其应用. 上海:华东理工大学出版社,2010.
[11] 刘玉海,杨润苗. 电化学分析仪器使用与维护. 北京:化学工业出版社,2011.
[12] 刘崇华. 光谱分析仪器使用与维护. 北京:化学工业出版社,2010.
[13] 吴朝华,徐瑾. 实用分析仪器操作与维护. 北京:化学工业出版社,2015.
[14] 陈宏. 常用分析仪器使用与维护. 北京:高等教育出版社,2007.
[15] 穆华荣. 分析仪器维护. 北京:化学工业出版社,2006.
[16] 刘玉海. 分析与表征. 北京:教育科学出版社,2017.
[17] 李卫华. 现代仪器分析方法与技术. 北京:高等教育出版社,2012.